室内设计节点做法

收口工艺

装饰空间细部，以细节展示大美

吴静 / 编著

中国电力出版社
CHINA ELECTRIC POWER PRESS

内容提要

本书针对室内饰面材料的收口方式进行了全面介绍，包括涂料、壁纸、软硬包、石膏板、装饰线、木饰面、木地板、金属、透光材料、瓷砖和石材。每类材料均从不同材料间的相接、阳角、阴角、灯光等几处位置的收口构造进行了详细地解析。每个收口的 CAD 节点图都有对应的三维解析图和细部图来剖析结构，让读者能够更加了解节点的构造。书中还通过 Sketch Up 来模拟施工流程，展示出每步的施工方法，帮助读者直观、清晰地了解施工工艺，掌握收口的做法。

图书在版编目（CIP）数据

室内设计节点做法：收口工艺 / 吴静编著 . — 北京：中国电力出版社，2022.12
ISBN 978-7-5198-7401-8

Ⅰ.①室… Ⅱ.①吴… Ⅲ.①室内装饰设计—研究 Ⅳ.① TU238.2

中国版本图书馆 CIP 数据核字（2022）第 249620 号

出版发行：中国电力出版社
地　　址：北京市东城区北京站西街 19 号（邮政编码 100005）
网　　址：http://www.cepp.sgcc.com.cn
责任编辑：曹　巍（010-63412609）
责任校对：黄　蓓　于　维
装帧设计：张俊霞
责任印制：杨晓东

印　　刷：三河市万龙印装有限公司
版　　次：2023 年 3 月第一版
印　　次：2023 年 3 月北京第一次印刷
开　　本：889 毫米 ×1194 毫米　16 开本
印　　张：20.5
字　　数：607 千字
定　　价：178.00 元

前言
PREFACE

室内空间装饰都是由不同装饰材料组合、拼接而成的。不同的装饰材料，相应的施工方式也不同，因此，绘制的节点图也会有所不同。单一材料的施工方式也会有多种，那么，两种不同的材料在进行衔接的时候，也会有不同的节点做法。

不论是单一材料间的相接、不同材料间的相接还是阳角、阴角、灯光等这类特殊位置都可以统称为收口。收口的目的就是对过渡部位进行装饰，增强装修的效果，以细节展现大美。因此，在选择收口方式的时候，只需要根据设计效果与成本预算进行选择，在保证收口的目的前提下，应切实地根据空间的设计风格、材料特性、构件形式等特性去选择收口方式，达到与周边材料和造型相协调的效果。

材料收口的复杂程度会直接影响到最终的造价，因此，在保证设计效果的前提下，一般会选用相对简洁的收口方式来降低成本。本书中所讲的收口形式都是更加简单易行的方式，针对室内空间中常见的材料，涂料、壁纸、软硬包、石膏板、装饰线、木饰面、木地板、金属、透光材料、瓷砖和石材这 11 种材料的收口方式进行了详细地讲解。书中采用 CAD 节点图、三维解析图、三维细部图及施工步骤图 4 种类型的图解形式，来讲解材料收口的工艺。CAD 节点图比较专业难懂，因此利用三维解析图和细部图，旨在更为直观地展示收口的结构，让读者能够容易理解其中的构造。施工部分使用 Sketch Up 来模拟施工流程，展示了步骤图，帮助读者更好地掌握收口的类型及做法。

本书在编写时，从设计师的实际需求出发，较为全面地覆盖了室内材料收口的常见形式，以期读者全方位地掌握材料收口的相关知识。同时还赠送了所有节点的 CAD 源文件，可通过链接进行下载（https://pan.baidu.com/s/1Hc9ZvaQbPcMFi_JGA_i1Qw 提取码：su95）。

由于编者水平有限，书中不足之处在所难免，希望广大读者批评指正。

编者

2023 年 1 月

目录

CONTENTS

第一章　涂料

一、顶棚涂料与其他材料收口　002

1. 顶棚涂料与石材收口　002

2. 顶棚涂料与墙面玻璃收口　006

3. 顶棚涂料与铝方通相接（灯光）　008

4. 顶棚涂料与其他材料收口　010

5. 顶棚涂料与出风口收口　014

6. 顶棚涂料与石材收口 1　016

7. 顶棚涂料与石材收口 2　018

二、墙面涂料与其他材料收口　020

1. 墙面涂料与软硬包收口　020

2. 墙面涂料与木饰面收口　022

3. 墙面涂料与灯光收口　024

第二章　壁纸

一、墙面壁纸与顶棚材料收口　030

墙面壁纸与石膏板顶棚收口　030

二、墙面壁纸与地面材料收口　032

墙面壁纸与环氧磨石地面收口　032

三、墙面壁纸与其他材料收口　034

墙面壁纸与木饰面收口　034

3

第三章　软硬包

墙面软硬包与其他材料收口　　　038

1. 墙面软硬包收口　　　038

2. 墙面软硬包与石材收口　　　040

3. 墙面软硬包与灯光收口　　　042

4. 墙面软硬包阴角收口　　　044

5. 墙面软硬包与石膏板收口　　　046

6. 墙面软硬包与木饰面收口　　　048

4

第四章　石膏板

一、顶棚石膏板与其他材料收口　　　052

1. 顶棚石膏板（做窗帘盒）与玻璃墙收口　　　052

2. 顶棚石膏板与圆柱收口　　　054

3. 顶棚石膏板与灯光收口　　　056

4. 顶棚石膏板（出风口处）与灯光收口　　　060

5. 顶棚石膏板（做窗帘盒）与灯光收口　　　064

二、顶棚石膏板与墙面材料收口　　　066

1. 顶棚石膏板与玻璃隔断收口　　　066

2. 顶棚石膏板与木饰面墙面收口　　　068

三、墙面石膏板与其他材料收口　　　074

墙面石膏板与木饰面收口　　　074

第五章　装饰线

一、顶棚装饰线与其他材料收口 　　　078

1. 顶棚装饰线与石膏板收口（胶粘法）　　078

2. 顶棚装饰线与石膏板收口（钉接法）　　080

3. 顶棚装饰线与软硬包收口　　082

二、顶棚装饰线与灯光收口 　　　084

顶棚装饰线与暗藏灯光收口　　084

第六章　木饰面

一、顶棚木饰面与其他材料收口 　　　088

1. 顶棚木饰面与透光软膜收口　　088

2. 顶棚木饰面与壁纸收口　　090

二、墙面木饰面与其他材料收口 　　　092

1. 墙面木饰面与不锈钢面板收口　　092

2. 墙面木饰面与木饰面收口　　094

3. 墙面木饰面阳角收口　　112

4. 墙面木饰面阴角收口　　122

5. 墙面木饰面与木饰面收口（平缝线）　　124

6. 墙面木饰面与灯光收口　　126

7. 窗台木饰面阳角收口1　　132

8. 窗台木饰面阳角收口2　　134

三、墙面木饰面与地面材料收口 　　　136

1. 墙面木饰面与地砖收口　　136

2. 墙面木饰面与石材地面收口（内凹式）　　138

第七章　木地板

一、地面木地板与其他材料收口　142

1. 地面木地板与环氧磨石收口　142

2. 地面木地板与地毯收口　144

3. 地面木地板与自流平收口　148

4. 地面木地板与石材、砖材收口　150

5. 地面木地板间收口（T形）　158

6. 木地板踏步收口　160

7. 木地板灯光收口　166

8. 木地板阳台悬浮地台　170

二、地面木地板与墙面材料收口　172

1. 地面木地板与墙面金属条收口　172

2. 木质踢脚线　174

第八章　金属

一、墙面金属与其他材料收口　178

1. 墙面镜面与瓷砖收口（做平）　178

2. 墙面镜面与瓷砖收口（凸起）　180

3. 墙面镜面与瓷砖收口（阳角处）　182

4. 墙面镜面与石材收口　184

5. 墙面镜箱与石材收口　186

6. 墙面镜箱与墙砖收口　188

7. 墙面试衣镜与石膏板收口　190

8. 墙面试衣镜与涂料收口　194

9. 墙面金属垭口　196

10. 墙面金属板与双轨道防火卷帘收口　198

11. 墙面金属板收口　200

二、墙面金属与地面材料收口　202

1. 墙面阴角金属踢脚线收口　202

2. 墙面直面金属踢脚线与灯光收口　204

3. 极窄明装金属踢脚线 1　210

4. 极窄明装金属踢脚线 2　212

5. 极窄明装金属踢脚线 3　214

第九章　透光材料

一、顶棚透光材料与其他材料收口　218

1. 顶棚亚克力与涂料收口　218

2. 顶棚玻璃挡烟垂壁与涂料收口　220

二、墙面透光材料与其他材料收口　222

1. 墙面玻璃与木饰面收口　222

2. 墙面玻璃与防火卷帘收口　224

3. 墙面玻璃与水泥墙面收口　226

4. 墙面玻璃阳角收口　228

5. 墙面镜面玻璃阴角收口　230

6. 墙面镜面玻璃阳角收口　232

7. 墙面玻璃隔断与墙面收口　234

三、墙面透光材料与地面材料收口　236

墙面玻璃隔断与地面石材收口　236

第十章　瓷砖

一、墙面瓷砖与其他材料收口　240

1. 墙面瓷砖与涂料收口　240

2. 墙面瓷砖与墙纸收口　242

3. 墙面瓷砖阳角收口（斜角）　244

4. 墙面瓷砖阳角收口（直角1）　246

5. 墙面瓷砖内凹收口　248

6. 墙面瓷砖与涂料收口处灯带做法　250

7. 墙面瓷砖阳角处灯光收口　252

8. 墙面瓷砖与木饰面阳角相接　254

二、墙面瓷砖与地面材料收口　256

1. 墙面瓷砖与地砖收口（直角）　256

2. 墙面瓷砖与墙砖收口（凹面）　258

3. 墙面瓷砖与墙砖收口（斜角）　260

三、地面瓷砖与其他材料收口　262

1. 地面瓷砖与木地板收口（L形）　262

2. 地面瓷砖与木地板收口（T形）　264

3. 地面瓷砖与PVC地板收口　266

4. 地面瓷砖踏步收口　268

5. 地面瓷砖踏步金属防滑收口　270

6. 地面瓷砖踏步金属条收口1　272

7. 地面瓷砖踏步金属条收口2　274

8. 地面瓷砖踏步灯光收口　276

11

第十一章　石材

一、墙面石材与其他材料收口 　　　280

1. 墙面石材与壁纸收口 　　　280

2. 墙面马赛克阳角收口 　　　282

3. 墙面石材与防火卷帘收口 　　　284

4. 墙面石材与灯光收口 　　　288

5. 墙面石材与马赛克收口 　　　298

6. 墙面石材与木饰面收口 　　　300

二、地面石材与其他材料收口 　　　302

1. 地面石材与环氧磨石收口 　　　302

2. 地面石材与木地板收口 　　　304

3. 地面石材踏步与灯光收口 　　　306

三、石材洗手盆收口 　　　308

1. 石材洗手盆收口 1 　　　308

2. 石材洗手盆收口 2 　　　310

3. 石材洗手盆收口 3 　　　312

四、石材收口 　　　314

1. 石材台面收口（直角） 　　　314

2. 石材平角收口 1 　　　316

3. 石材平角收口 2 　　　318

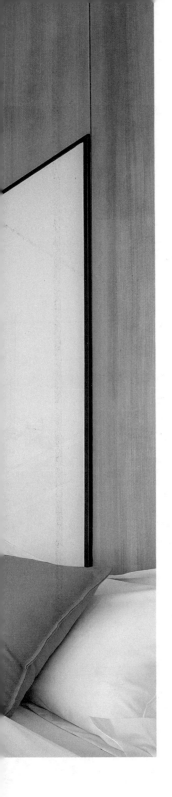

第一章

涂料

涂料通常以树脂、油或乳液为主，添加或不添加颜料、填料，添加相应助剂，用有机溶剂或水配制而成的黏稠液体。它属于饰面材料的一种，施工简单，装饰效果出色，翻新容易，在室内设计中运用的频率非常高。

一、顶棚涂料与其他材料收口

1. 顶棚涂料与石材收口

（1）顶棚涂料与石材收口（高差较大）

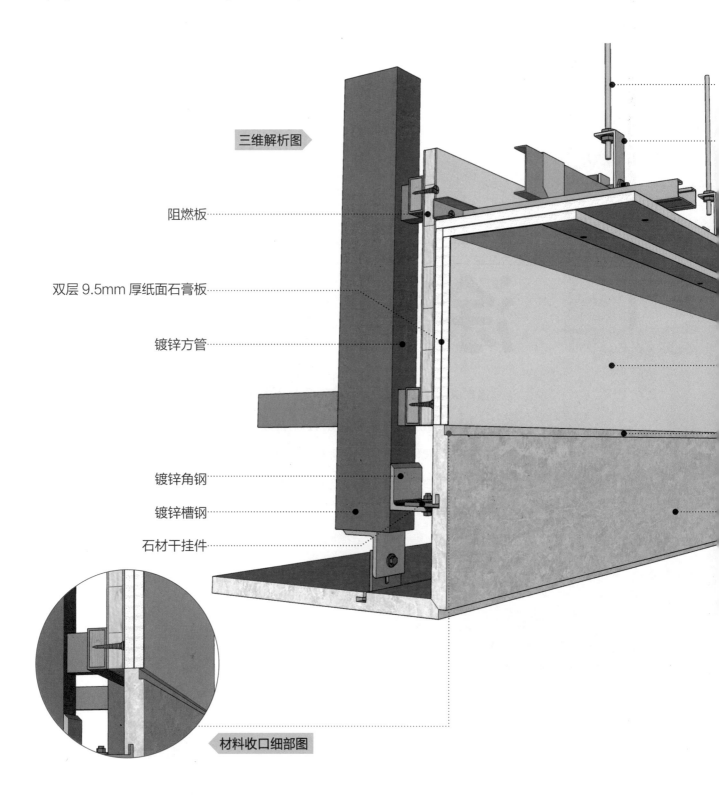

三维解析图

阻燃板

双层 9.5mm 厚纸面石膏板

镀锌方管

镀锌角钢

镀锌槽钢

石材干挂件

材料收口细部图

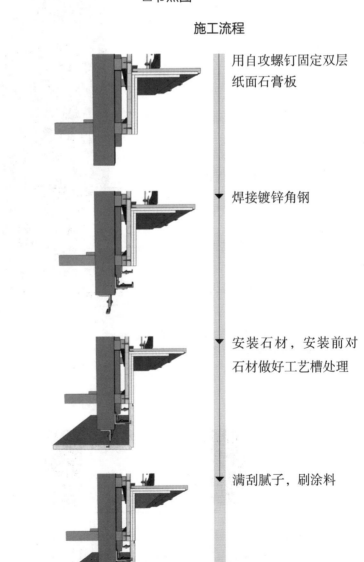

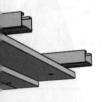

·········· φ8mm 吊杆

·········· 吊件

·········· 满刮腻子3遍，乳胶漆3遍

·········· 工艺槽

·········· 石材

石材一般采用干挂等方式安装在顶棚上，而且纸面石膏板和石材相接的位置留有工艺槽，工艺槽一般为3~5mm，是常见的收口方式之一。这种收口方式施工简单，大部分场景下都适用。

························· φ8mm吊杆

························· 双层9.5mm厚纸面石膏板

························· 阻燃板

························· 镀锌方管

························· 石材

························· 石材干挂件

························· 镀锌角钢

△节点图

施工流程

用自攻螺钉固定双层纸面石膏板

▼ 焊接镀锌角钢

▼ 安装石材，安装前对石材做好工艺槽处理

▼ 满刮腻子，刷涂料

（2）顶棚涂料与石材收口（高差较小）

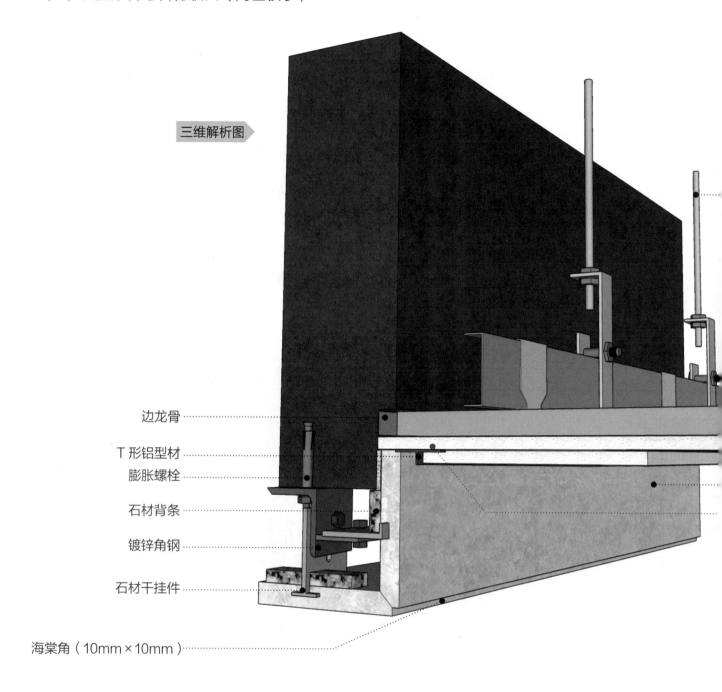

三维解析图

边龙骨

T形铝型材

膨胀螺栓

石材背条

镀锌角钢

石材干挂件

海棠角（10mm×10mm）

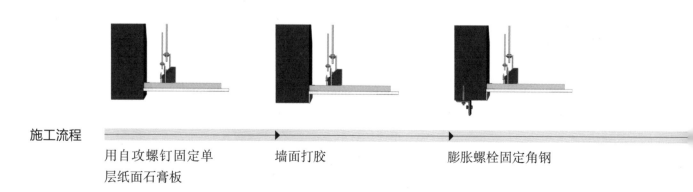

施工流程

用自攻螺钉固定单
层纸面石膏板

墙面打胶

膨胀螺栓固定角钢

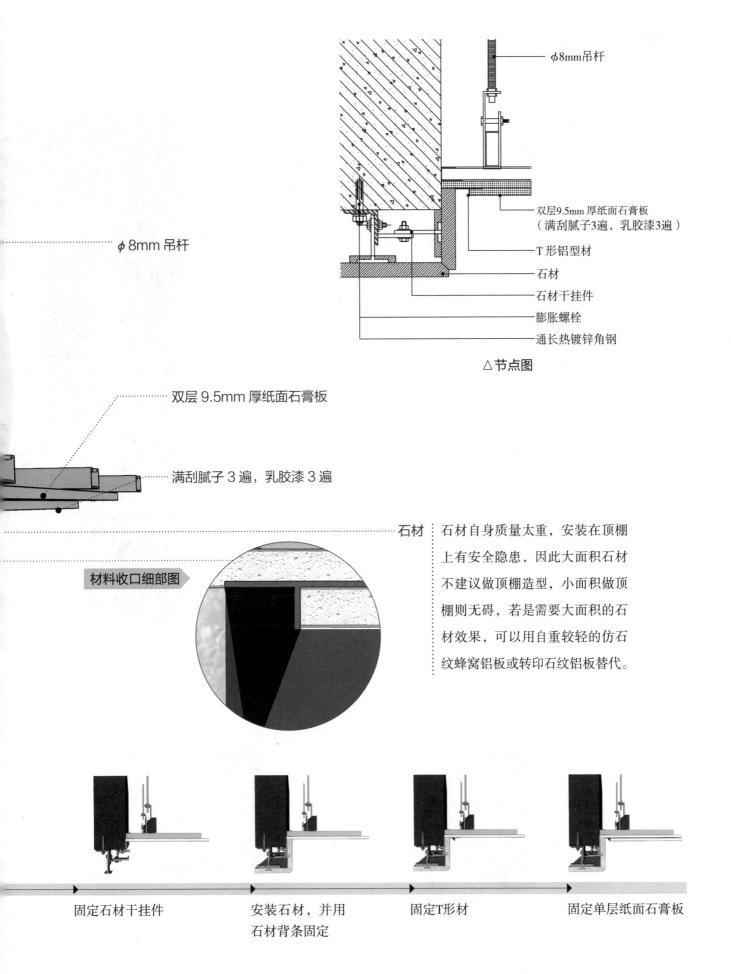

φ8mm吊杆

φ8mm吊杆

双层9.5mm厚纸面石膏板
（满刮腻子3遍，乳胶漆3遍）

T形铝型材

石材

石材干挂件

膨胀螺栓

通长热镀锌角钢

△节点图

双层9.5mm厚纸面石膏板

满刮腻子3遍，乳胶漆3遍

石材

材料收口细部图

石材自身质量太重，安装在顶棚上有安全隐患，因此大面积石材不建议做顶棚造型，小面积做顶棚则无碍，若是需要大面积的石材效果，可以用自重较轻的仿石纹蜂窝铝板或转印石纹铝板替代。

固定石材干挂件

安装石材，并用石材背条固定

固定T形材

固定单层纸面石膏板

2. 顶棚涂料与墙面玻璃收口

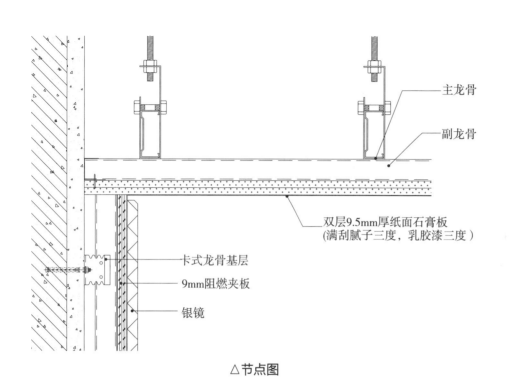

主龙骨

副龙骨

双层9.5mm厚纸面石膏板
(满刮腻子三度，乳胶漆三度)

卡式龙骨基层

9mm阻燃夹板

银镜

△节点图

银镜在室内面积较小的情况下
使用次数较多，因为它可以通
过光学效应扩大空间，给人提
供新鲜的视觉印象。

银镜

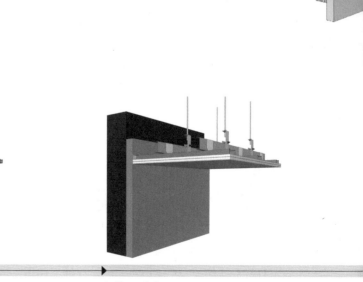

施工流程

安装龙骨   安装石膏板

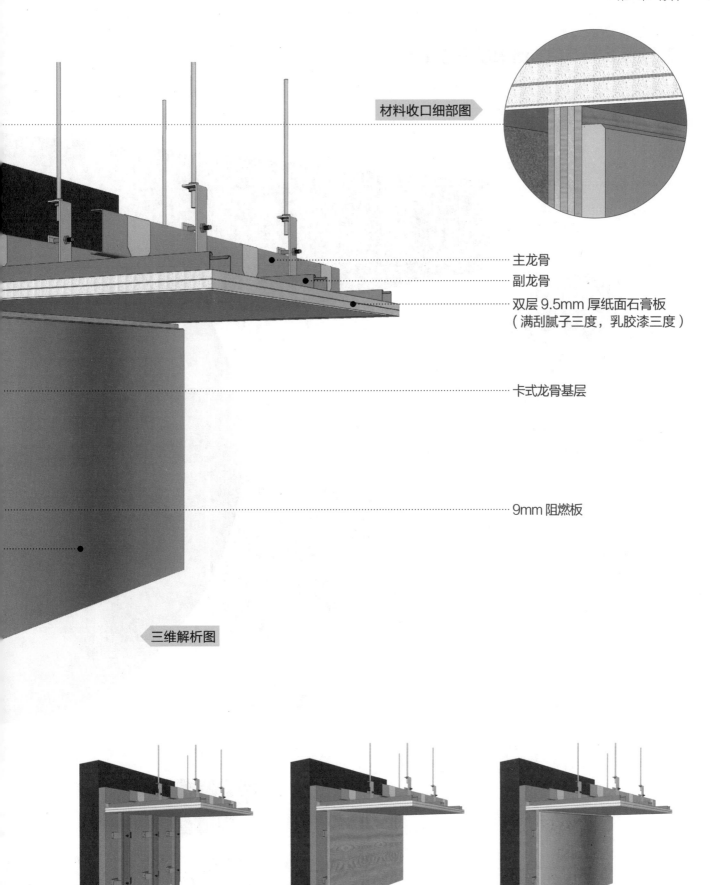

材料收口细部图

主龙骨

副龙骨

双层 9.5mm 厚纸面石膏板
（满刮腻子三度，乳胶漆三度）

卡式龙骨基层

9mm 阻燃板

三维解析图

墙面安装卡式龙骨   固定阻燃板   安装玻璃镜面

3. 顶棚涂料与铝方通相接（灯光）

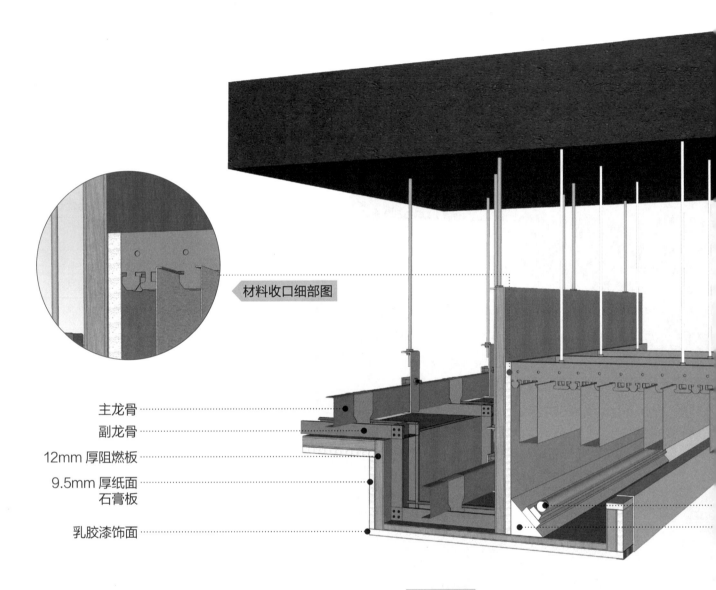

材料收口细部图

主龙骨
副龙骨
12mm 厚阻燃板
9.5mm 厚纸面
石膏板
乳胶漆饰面

三维解析图

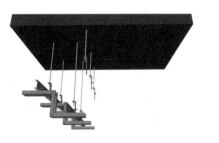

施工流程

安装龙骨

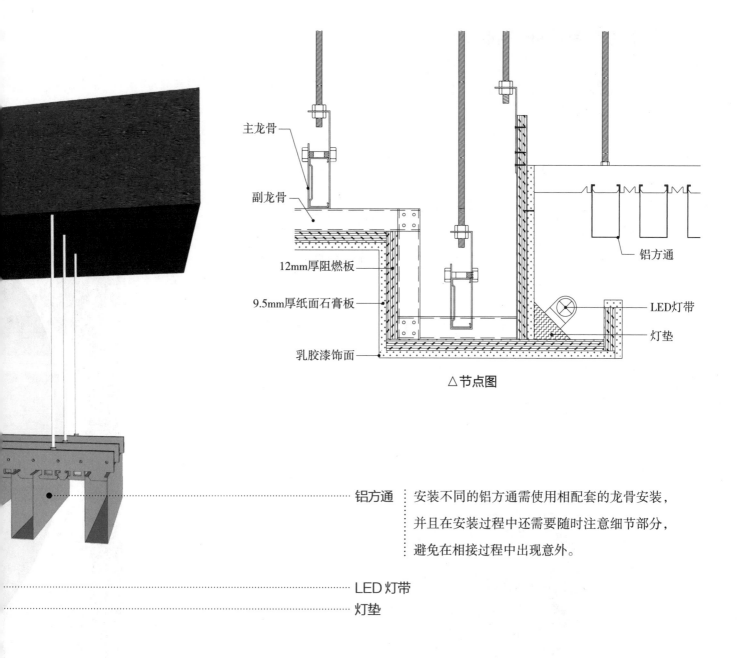

主龙骨

副龙骨

12mm厚阻燃板

9.5mm厚纸面石膏板

乳胶漆饰面

铝方通

LED灯带

灯垫

△节点图

铝方通

LED 灯带

灯垫

铝方通 安装不同的铝方通需使用相配套的龙骨安装，并且在安装过程中还需要随时注意细节部分，避免在相接过程中出现意外。

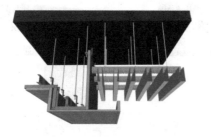

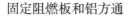

固定阻燃板和铝方通

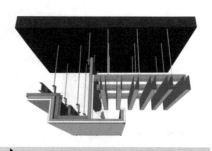

安装灯带并安装石膏板和满刮腻子，刷涂料

4.顶棚涂料与其他材料收口

（1）顶棚涂料与其他材料收口（阴影缝）（1）

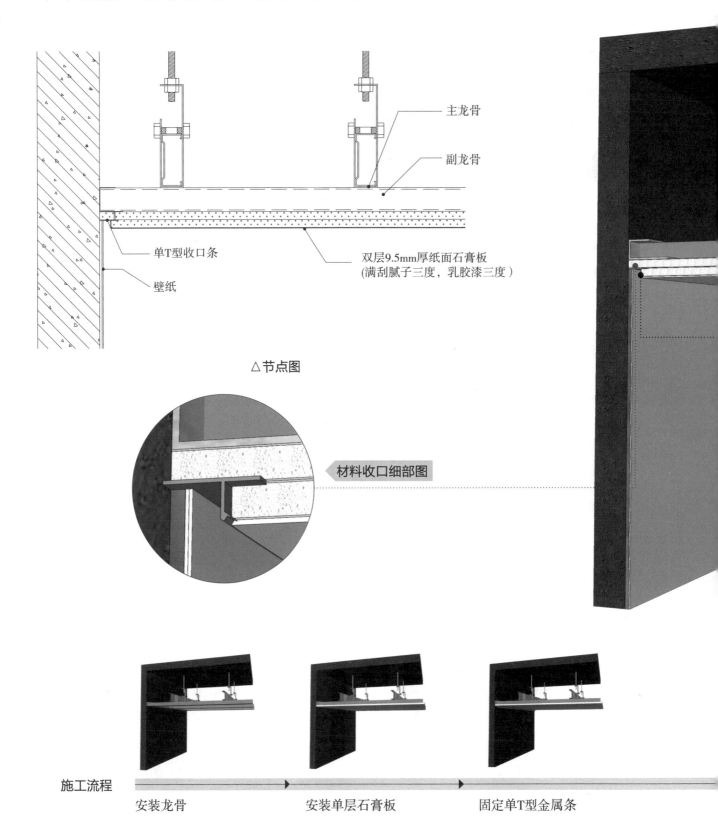

主龙骨

副龙骨

单T型收口条

壁纸

双层9.5mm厚纸面石膏板
(满刮腻子三度，乳胶漆三度)

△节点图

材料收口细部图

施工流程

安装龙骨　　　　　　安装单层石膏板　　　　　固定单T型金属条

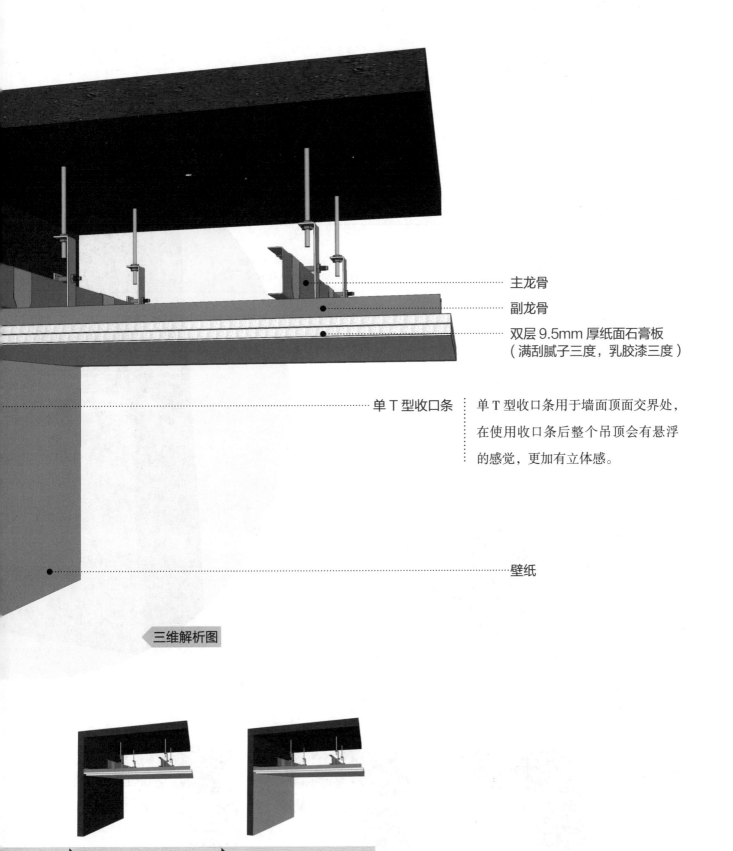

主龙骨

副龙骨

双层 9.5mm 厚纸面石膏板
（满刮腻子三度，乳胶漆三度）

单 T 型收口条

单 T 型收口条用于墙面顶面交界处，在使用收口条后整个吊顶会有悬浮的感觉，更加有立体感。

壁纸

三维解析图

安装石膏板并满刮腻子，刷涂料

墙面粘贴壁纸

（2）顶棚涂料与其他材料收口（阴影缝）（2）

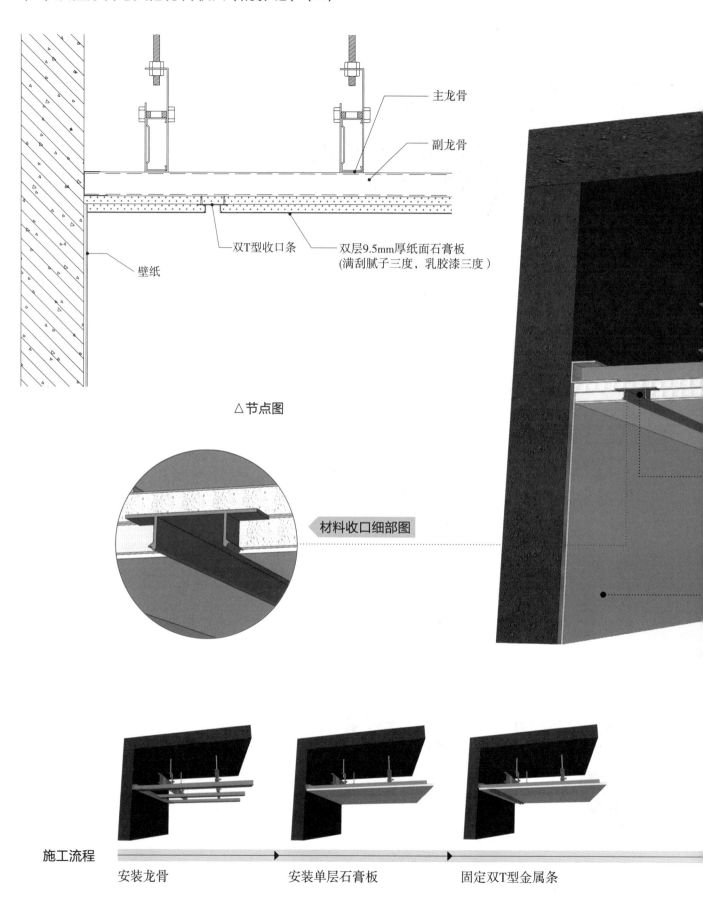

主龙骨

副龙骨

双T型收口条

双层9.5mm厚纸面石膏板
（满刮腻子三度，乳胶漆三度）

壁纸

△ 节点图

材料收口细部图

施工流程

安装龙骨　　　　　　　　安装单层石膏板　　　　　　　固定双T型金属条

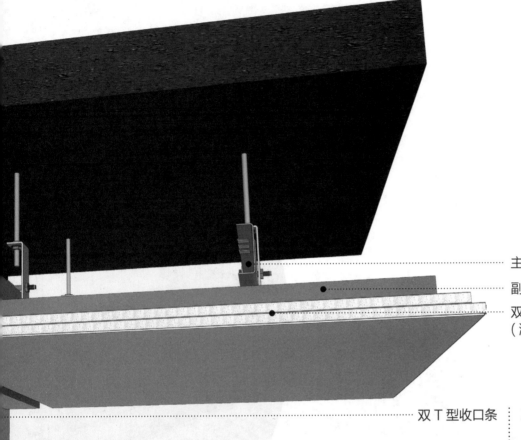

主龙骨

副龙骨

双层 9.5mm 厚纸面石膏板
（满刮腻子三度，乳胶漆三度）

双 T 型收口条 | 双 T 型收口条用于顶面，可以用来做顶面造型。根据不同的造型有不同的视觉效果，能够提升整体空间的层次感。

壁纸

三维解析图

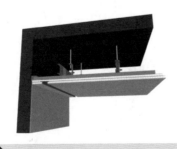

安装石膏板并满刮腻子，
刷涂料

墙面粘贴壁纸

5. 顶棚涂料与出风口收口

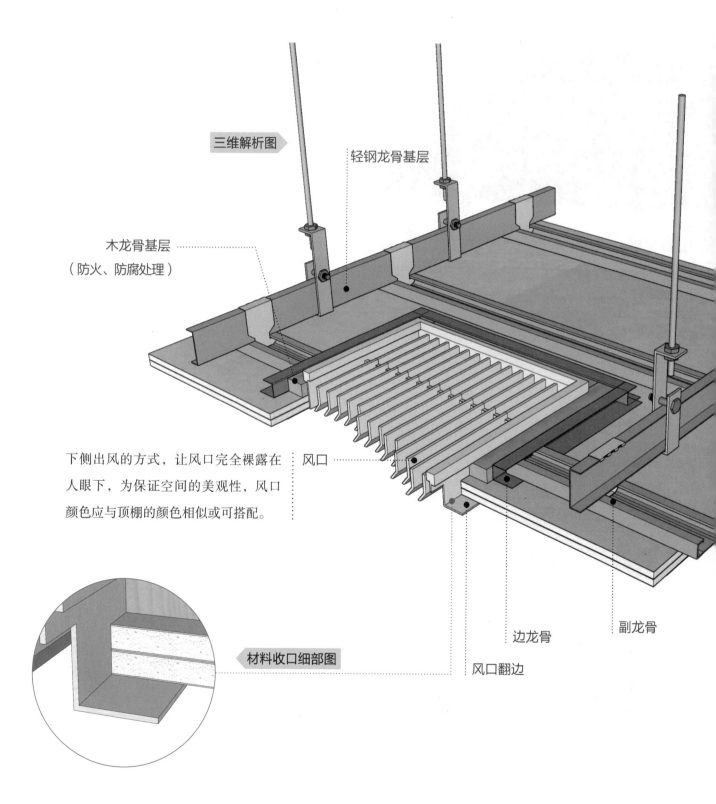

三维解析图

木龙骨基层
（防火、防腐处理）

轻钢龙骨基层

下侧出风的方式，让风口完全裸露在人眼下，为保证空间的美观性，风口颜色应与顶棚的颜色相似或可搭配。

风口

材料收口细部图

副龙骨

边龙骨

风口翻边

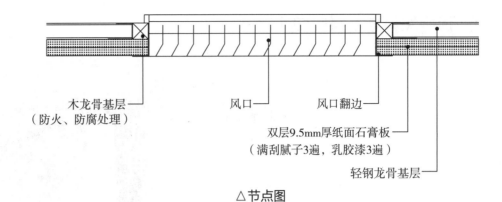

木龙骨基层
（防火、防腐处理）

风口 　风口翻边

双层9.5mm厚纸面石膏板
（满刮腻子3遍，乳胶漆3遍）

轻钢龙骨基层

△节点图

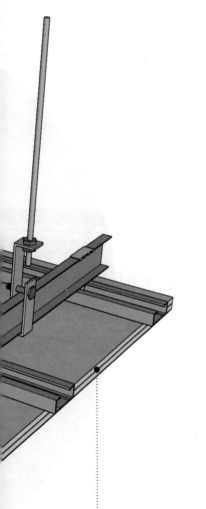

双层 9.5mm 厚纸石膏板
（满刮腻子 3 遍，乳胶漆 3 遍）

施工流程

安装轻钢龙骨基层，预留出风口的位置，并在其周围设置边龙骨

顺着边龙骨的方向安装木方

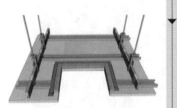
安装双层纸面石膏板

最后安装出风口，结束后再涂刷乳胶漆

6. 顶棚涂料与石材收口 1

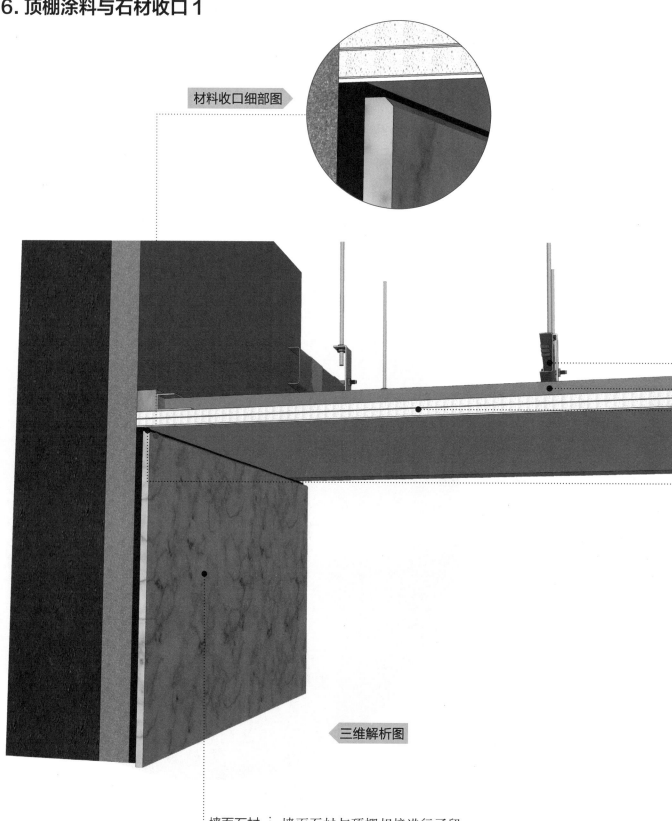

材料收口细部图

三维解析图

墙面石材 ⦙ 墙面石材与顶棚相接进行了留
缝处理。为了更好的增加石材
的美观性和耐用度，将石材边
缘打磨成 45 度或斜角。

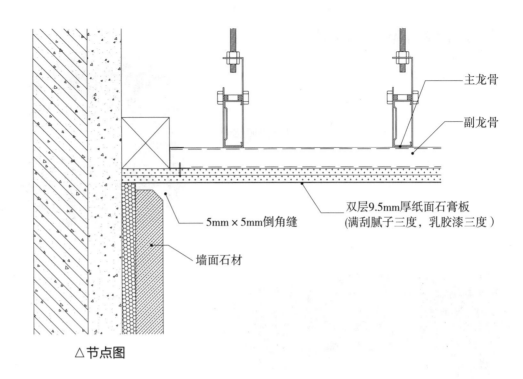

主龙骨

副龙骨

双层9.5mm厚纸面石膏板
(满刮腻子三度，乳胶漆三度)

5mm×5mm倒角缝

墙面石材

△ 节点图

主龙骨

副龙骨

双层 9.5mm 厚纸面石膏板
（满刮腻子三度，乳胶漆三度）

5mm×5mm 倒角缝

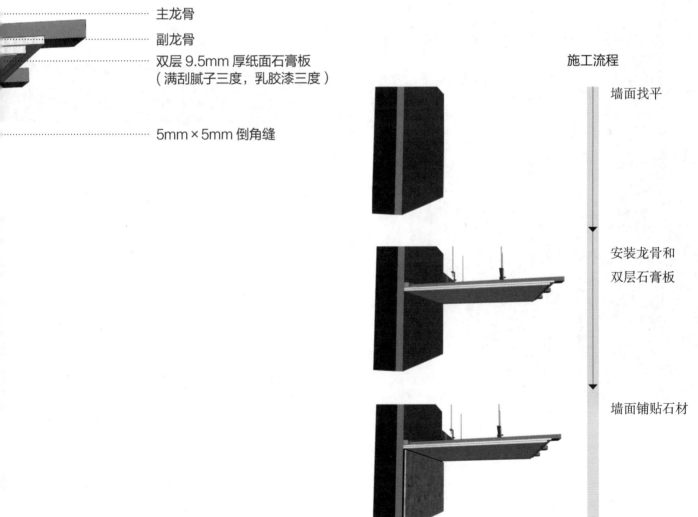

施工流程

墙面找平

安装龙骨和
双层石膏板

墙面铺贴石材

7. 顶棚涂料与石材收口 2

材料收口细部图 ▶

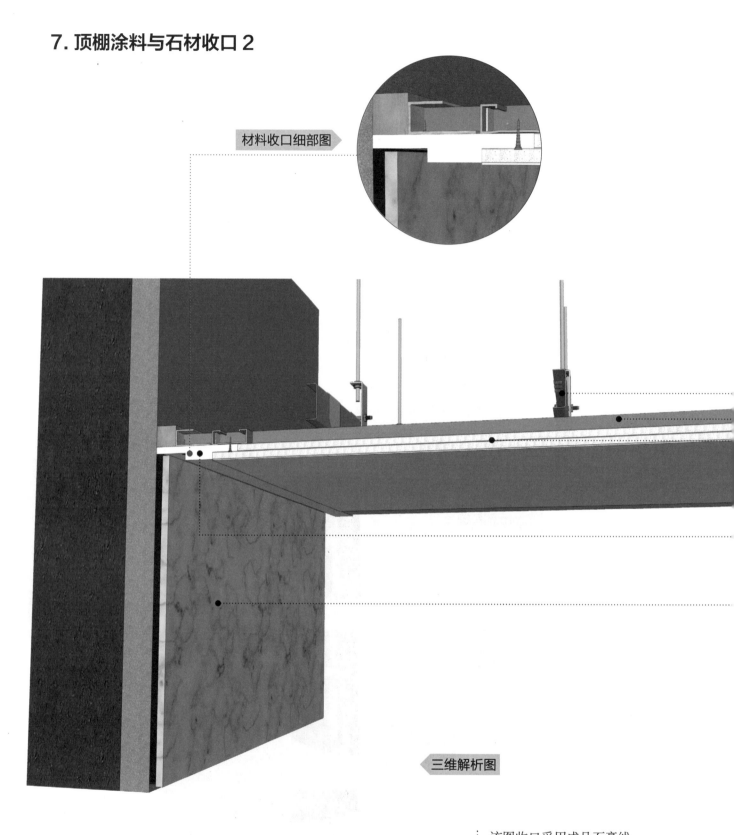

◀ 三维解析图

该图收口采用成品石膏线条来与石材进行收口。成品石膏线条可与各种材料进行连接收口。

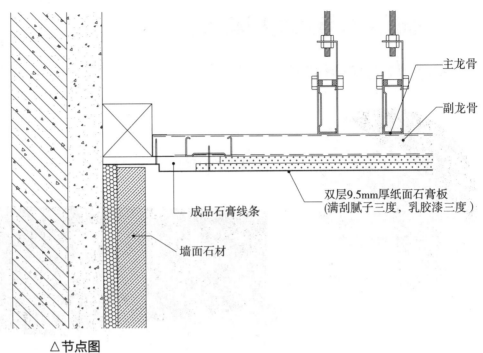

△ 节点图

主龙骨

副龙骨

主龙骨
副龙骨
双层9.5mm厚纸面石膏板
(满刮腻子三度,乳胶漆三度)

成品石膏线条

墙面石材

双层9.5mm厚纸面石膏板
(满刮腻子三度,乳胶漆三度)

成品石膏线

墙面石材

施工流程

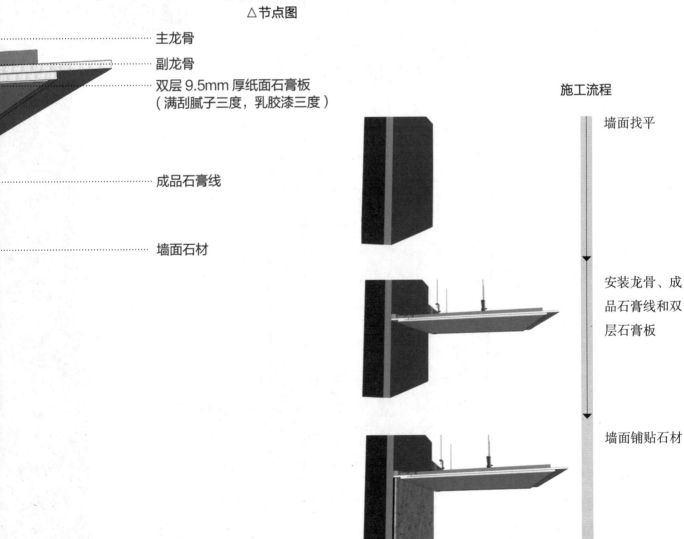

墙面找平

安装龙骨、成品石膏线和双层石膏板

墙面铺贴石材

二、墙面涂料与其他材料收口

1. 墙面涂料与软硬包收口

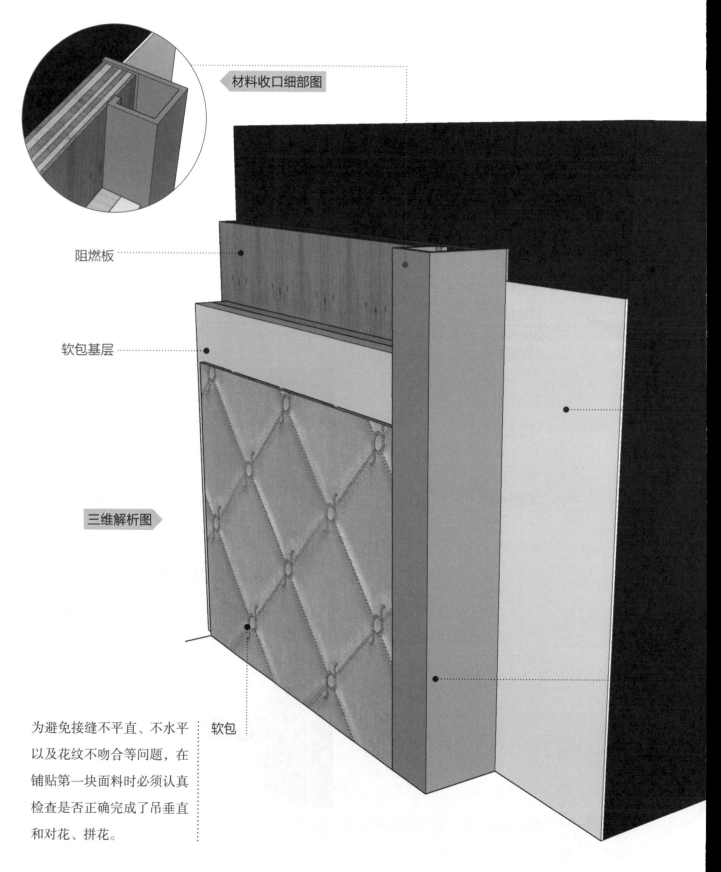

材料收口细部图

阻燃板

软包基层

三维解析图

软包

为避免接缝不平直、不水平
以及花纹不吻合等问题，在
铺贴第一块面料时必须认真
检查是否正确完成了吊垂直
和对花、拼花。

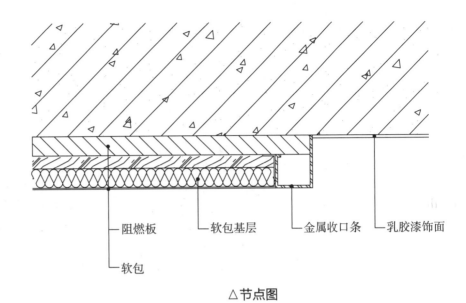

├─ 阻燃板　　├─ 软包基层　　├─ 金属收口条　　├─ 乳胶漆饰面

└─ 软包

△ 节点图

· · · · · · · · · · · · ─ 原建筑墙体

· · · · · · · · · · · · ─ 乳胶漆饰面

· · · · · · · · · · · · ─ 金属收口条

施工流程

固定阻燃板基层

安装软硬包

固定收口条

2. 墙面涂料与木饰面收口

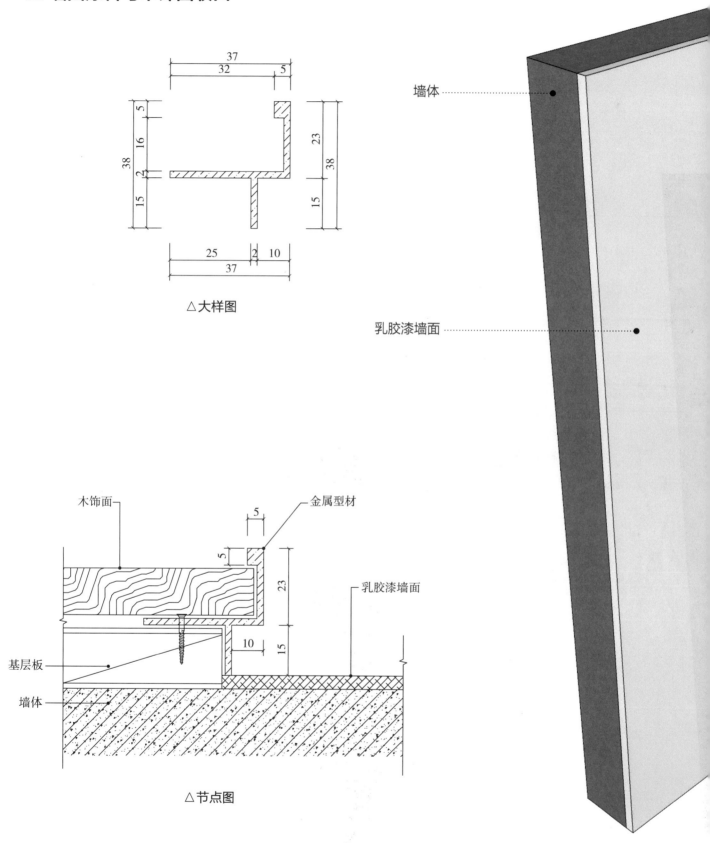

△大样图

木饰面

金属型材

乳胶漆墙面

基层板

墙体

△节点图

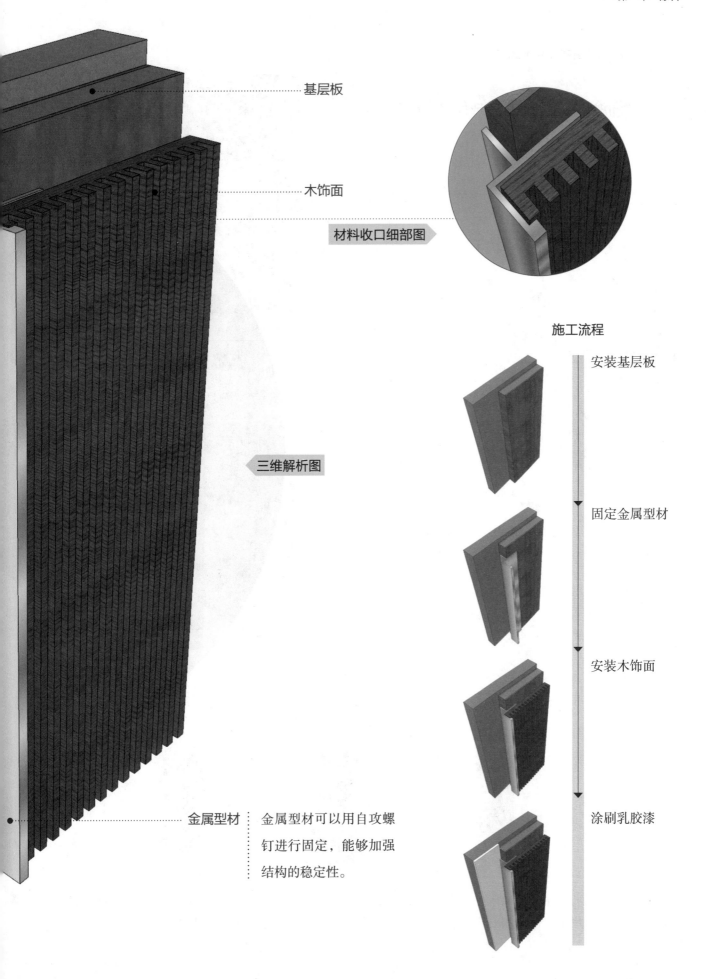

基层板

木饰面

材料收口细部图

三维解析图

金属型材　金属型材可以用自攻螺
钉进行固定，能够加强
结构的稳定性。

施工流程

安装基层板

固定金属型材

安装木饰面

涂刷乳胶漆

3. 墙面涂料与灯光收口

（1）墙面涂料与灯光收口（成品金属构件）

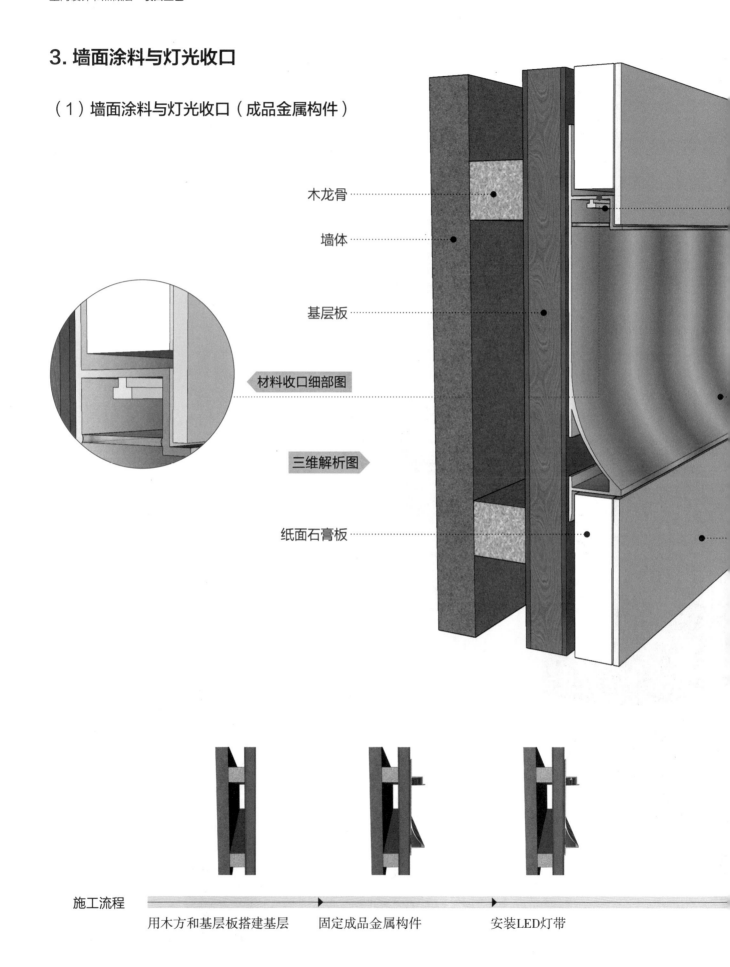

木龙骨

墙体

基层板

材料收口细部图

三维解析图

纸面石膏板

施工流程

用木方和基层板搭建基层   固定成品金属构件   安装LED灯带

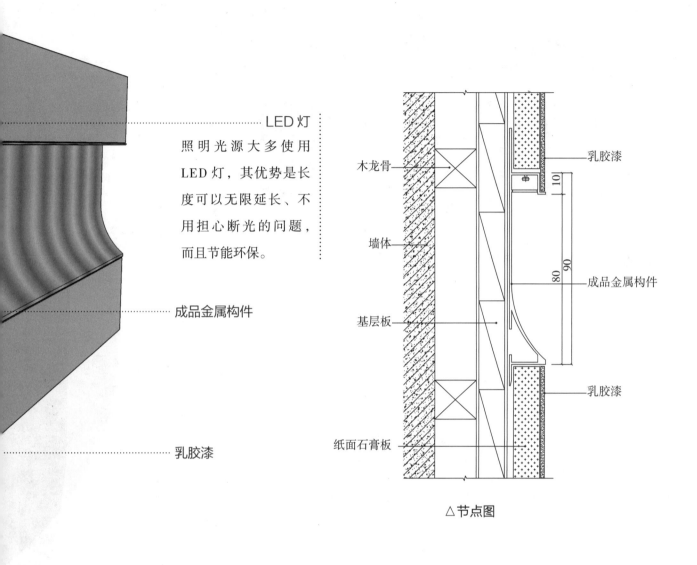

LED 灯
照明光源大多使用
LED 灯，其优势是长
度可以无限延长、不
用担心断光的问题，
而且节能环保。

成品金属构件

乳胶漆

木龙骨

墙体

基层板

纸面石膏板

乳胶漆

成品金属构件

乳胶漆

△节点图

在灯带外安装透光板　　固定上下两侧的石膏板　　在石膏板上涂刷涂料

（2）墙面涂料与灯光收口（光龛效果）

L50mm×50mm×5mm
镀锌角钢

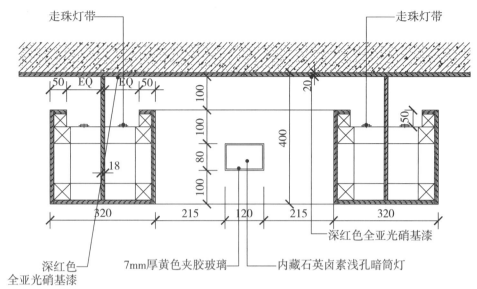

走珠灯带
走珠灯带
深红色全亚光硝基漆
7mm厚黄色夹胶玻璃
内藏石英卤素浅孔暗筒灯

△横向剖面节点图

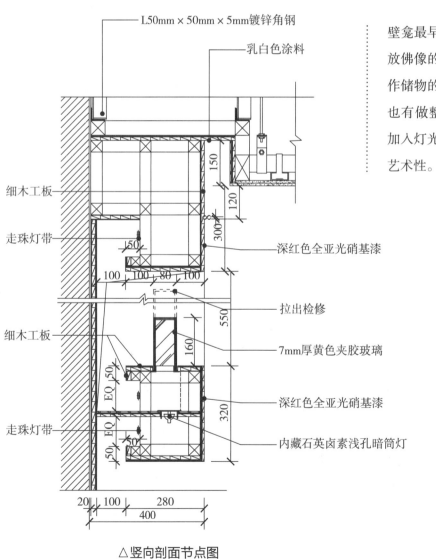

L50mm×50mm×5mm镀锌角钢
乳白色涂料
细木工板
走珠灯带
细木工板
走珠灯带
深红色全亚光硝基漆
拉出检修
7mm厚黄色夹胶玻璃
深红色全亚光硝基漆
内藏石英卤素浅孔暗筒灯

壁龛最早在宗教上是用于排放佛像的小空间，现今常用作储物的空间，通常都很小，也有做整体背景墙的情况，加入灯光会让墙壁更加具有艺术性。

△竖向剖面节点图

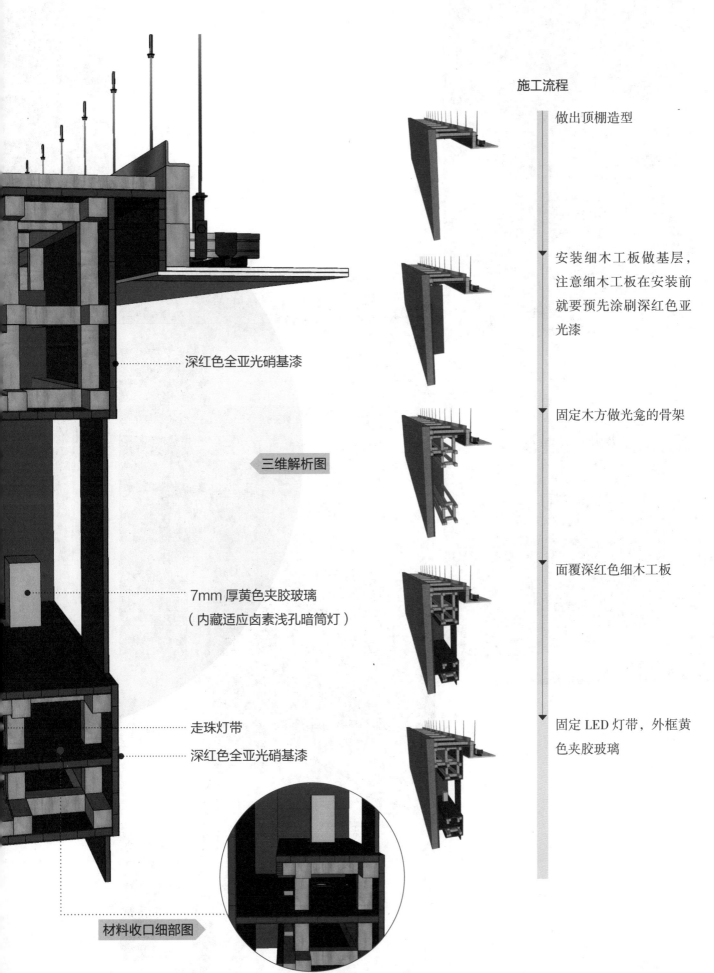

施工流程

做出顶棚造型

安装细木工板做基层，注意细木工板在安装前就要预先涂刷深红色亚光漆

固定木方做光龛的骨架

面覆深红色细木工板

固定 LED 灯带，外框黄色夹胶玻璃

深红色全亚光硝基漆

三维解析图

7mm 厚黄色夹胶玻璃
（内藏适应卤素浅孔暗筒灯）

走珠灯带

深红色全亚光硝基漆

材料收口细部图

第二章

壁纸

壁纸是目前使用率很高的一类室内软性装饰材料，在塑造空间的能力上，有着非常大的空间。随着科技的发展，具有各种肌理、图案、功能性的壁纸层出不穷，带来无限的创造力。总的来说，市面上的壁纸可分为合成壁纸、天然壁纸和艺术壁纸三种类型。

一、墙面壁纸与顶棚材料收口

墙面壁纸与石膏板顶棚收口

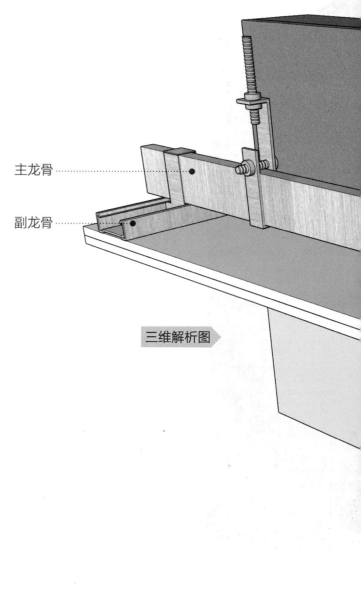

主龙骨

副龙骨

三维解析图

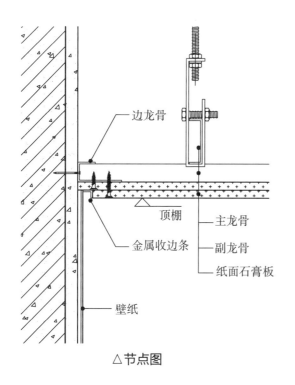

边龙骨

顶棚

金属收边条

主龙骨

副龙骨

纸面石膏板

壁纸

△ 节点图

施工流程

清理墙面并做找平

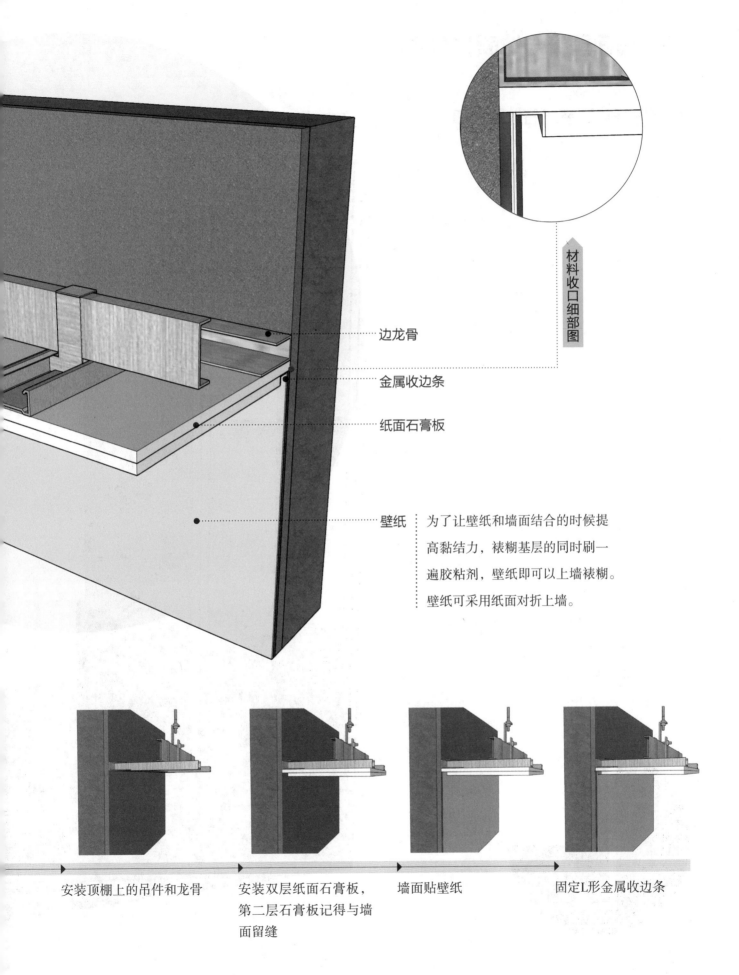

材料收口细部图

边龙骨

金属收边条

纸面石膏板

壁纸 | 为了让壁纸和墙面结合的时候提高黏结力，裱糊基层的同时刷一遍胶粘剂，壁纸即可以上墙裱糊。壁纸可采用纸面对折上墙。

安装顶棚上的吊件和龙骨

安装双层纸面石膏板，第二层石膏板记得与墙面留缝

墙面贴壁纸

固定L形金属收边条

二、墙面壁纸与地面材料收口

墙面壁纸与环氧磨石地面收口

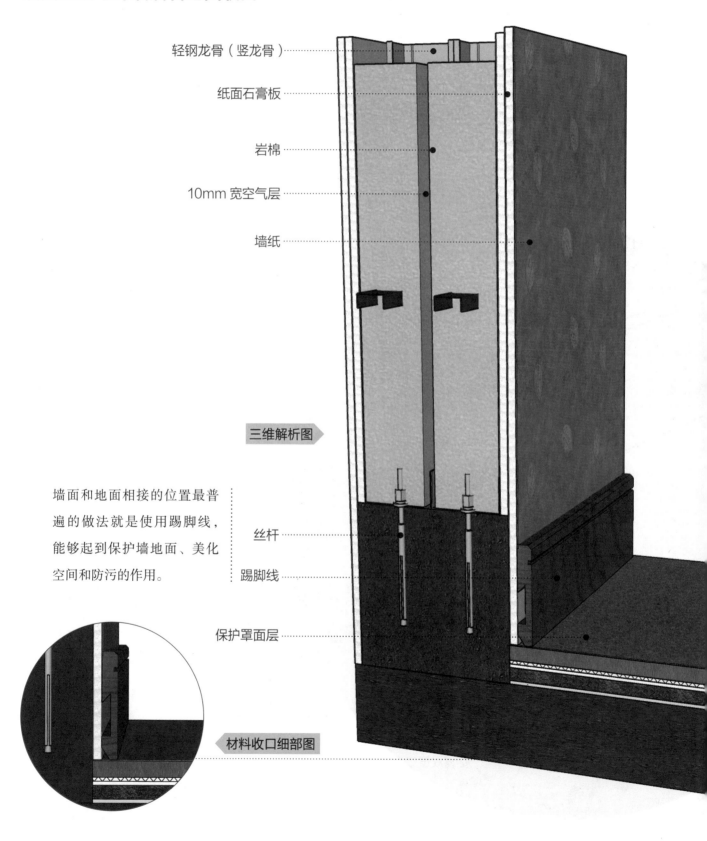

轻钢龙骨（竖龙骨）

纸面石膏板

岩棉

10mm 宽空气层

墙纸

三维解析图

墙面和地面相接的位置最普遍的做法就是使用踢脚线，能够起到保护墙地面、美化空间和防污的作用。

丝杆

踢脚线

保护罩面层

材料收口细部图

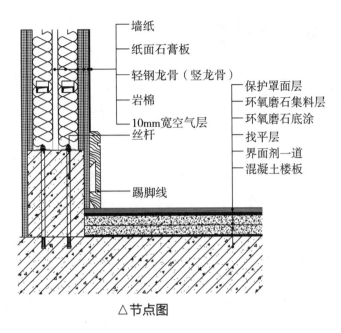

墙纸
纸面石膏板
轻钢龙骨（竖龙骨）
岩棉
10mm宽空气层
丝杆
踢脚线

保护罩面层
环氧磨石集料层
环氧磨石底涂
找平层
界面剂一道
混凝土楼板

△节点图

施工流程

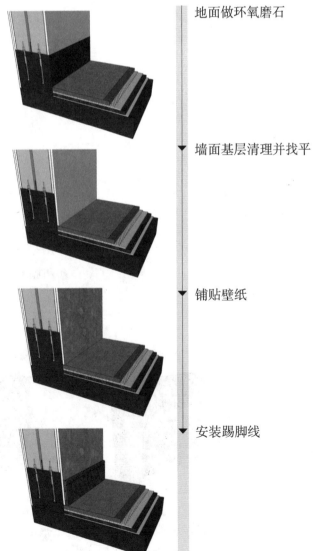

地面做环氧磨石

墙面基层清理并找平

铺贴壁纸

安装踢脚线

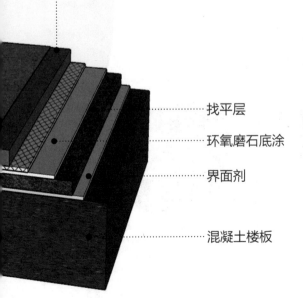

环氧磨石集料层
环氧磨石是在水磨石中添加环
氧材料的新型水磨石，与无极
水磨石相比，环氧磨石韧性更
强，可以做到无缝拼接。

找平层
环氧磨石底涂
界面剂
混凝土楼板

三、墙面壁纸与其他材料收口

墙面壁纸与木饰面收口

建筑墙体 ·········

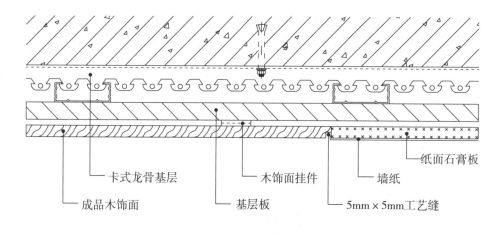

卡式龙骨 ·········

纸面石膏板

卡式龙骨基层　　木饰面挂件　　墙纸

成品木饰面　　基层板　　5mm×5mm工艺缝

木饰面挂件 ·········

△节点图

基层板 ·········

木饰面靠近墙纸一侧 5mm×5mm 工艺槽的作用是，在墙纸在裱贴时将边沿伸进工艺槽内贴合平坦，使墙纸槽口不在主视野范围内，可以明显提高观感质量。

成品木饰面 ·········

施工流程 ⟶

固定卡式龙骨　　安装基层板　　固定木饰面挂件

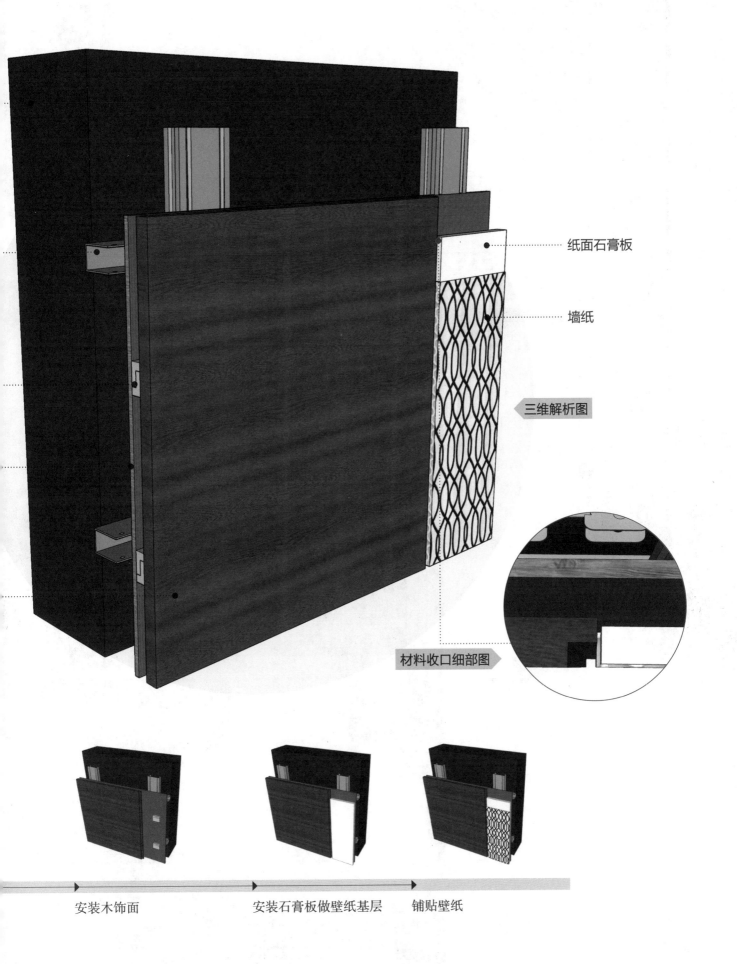

纸面石膏板

墙纸

三维解析图

材料收口细部图

安装木饰面　　　　　安装石膏板做壁纸基层　　铺贴壁纸

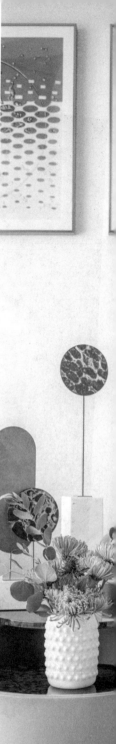

第三章

软硬包

软包和硬包具有相似的结构，其面层材料也可通用。软包和
硬包的最大区别就是其填充材料，软包是采用大量软性填充
物进行填充处理的，硬包则是用较硬的材料，如密度板等做
造型，相对来说触感稍硬。

墙面软硬包与其他材料收口

1. 墙面软硬包收口

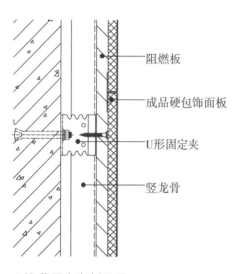

△沿龙骨方向剖面图

阻燃板

成品硬包饰面板

U形固定夹

竖龙骨

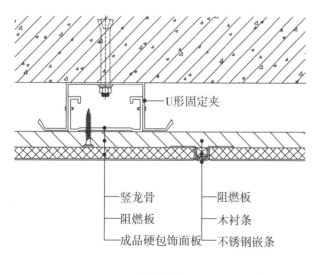

U形固定夹

竖龙骨
阻燃板
阻燃板
木衬条
成品硬包饰面板
不锈钢嵌条

△节点图

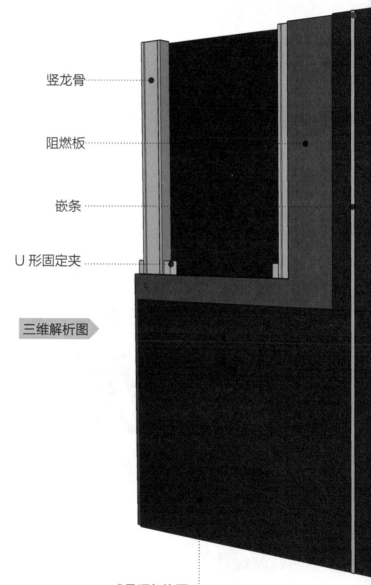

竖龙骨

阻燃板

嵌条

U 形固定夹

三维解析图

成品硬包饰面

硬包饰面是用面料贴在基层板上包装的装饰墙面。基层板做成想要的形状后,把板材的边做成45°角的斜边,然后再用布艺或人造皮革进行粘贴。

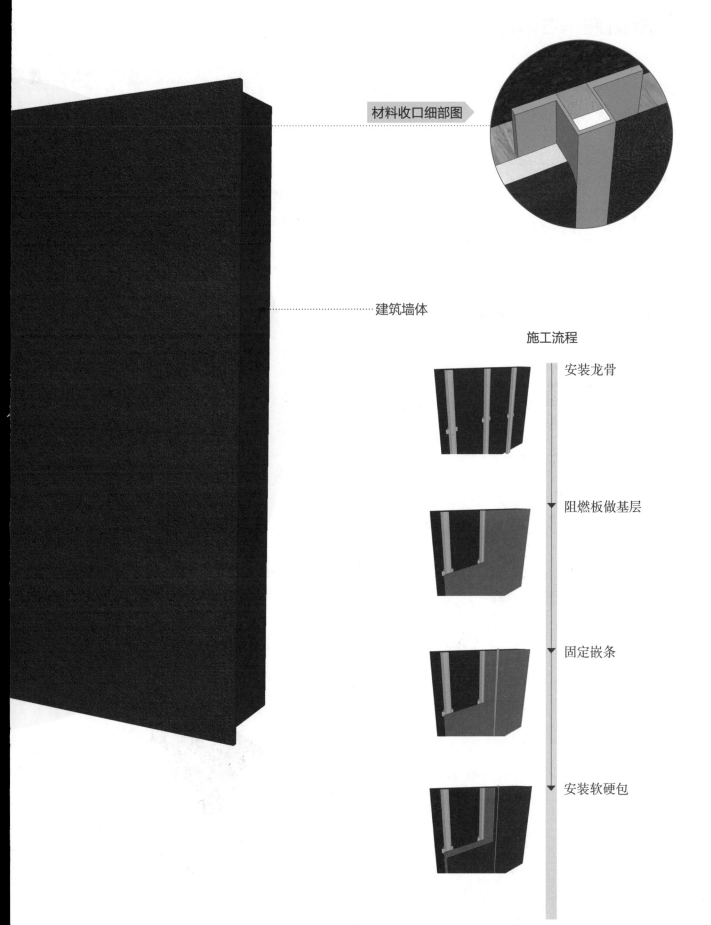

材料收口细部图

建筑墙体

施工流程

安装龙骨

阻燃板做基层

固定嵌条

安装软硬包

2. 墙面软硬包与石材收口

皮革软包
不锈钢嵌条
基层板
石材饰面
镀锌角钢基层

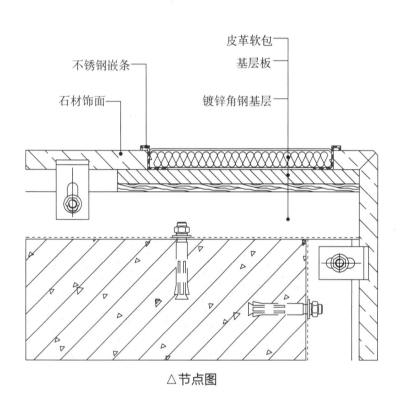

△ 节点图

三维解析图

施工流程

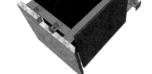

轻钢龙骨做框架，并在
需要做软硬包的位置安
装多层板

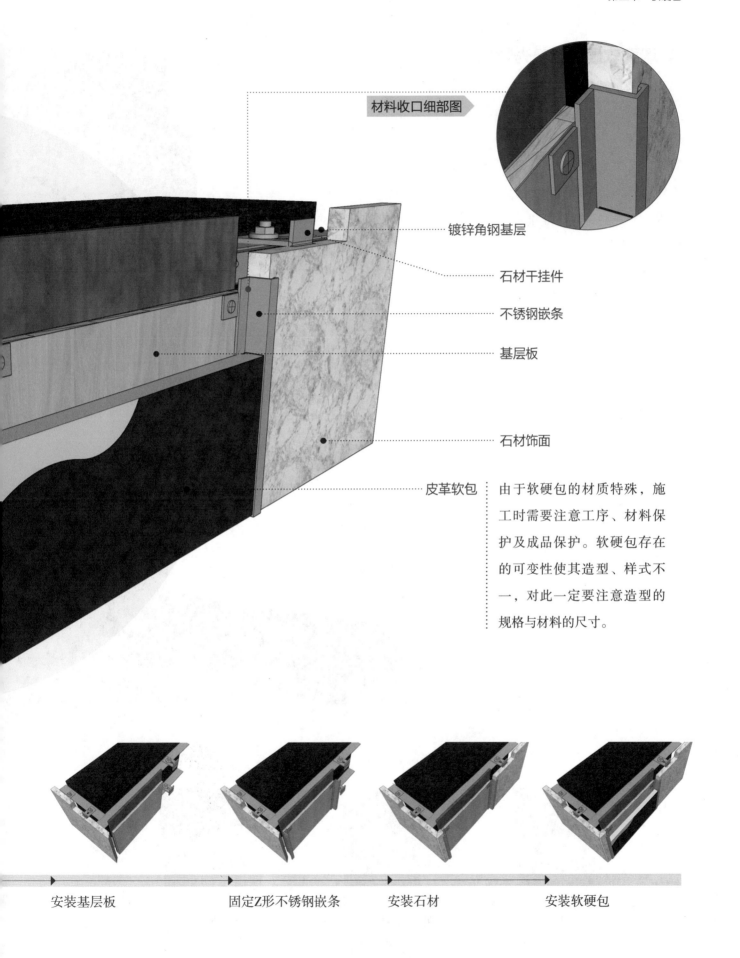

材料收口细部图

镀锌角钢基层

石材干挂件

不锈钢嵌条

基层板

石材饰面

皮革软包

由于软硬包的材质特殊，施工时需要注意工序、材料保护及成品保护。软硬包存在的可变性使其造型、样式不一，对此一定要注意造型的规格与材料的尺寸。

安装基层板　　固定Z形不锈钢嵌条　　安装石材　　安装软硬包

3. 墙面软硬包与灯光收口

卧室床头的暗藏灯带通常亮度较弱，不会影响普通人的睡眠，对一些喜欢开灯睡觉的人来说十分的友好。

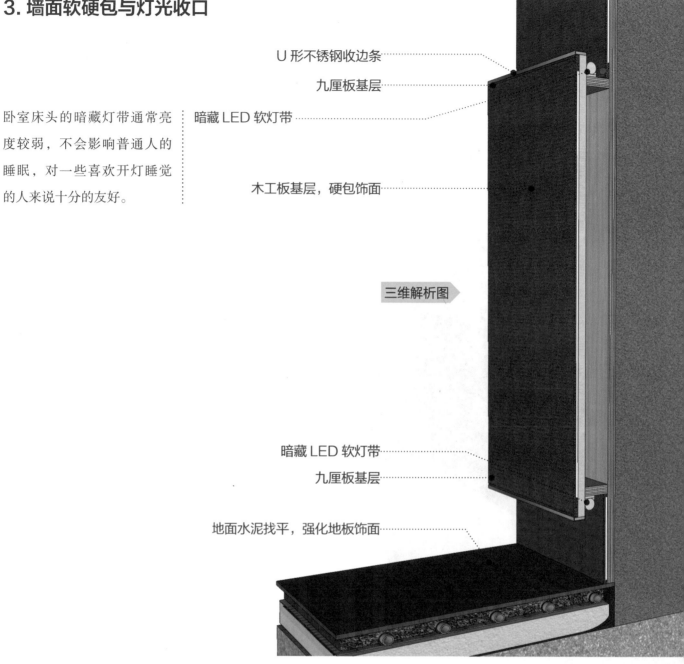

U 形不锈钢收边条 ......

九厘板基层 ......

暗藏 LED 软灯带

木工板基层，硬包饰面 ......

三维解析图

暗藏 LED 软灯带 ......

九厘板基层 ......

地面水泥找平，强化地板饰面 ......

施工流程

多层板做基层

在需要安装灯带的
位置固定多层板

固定灯带

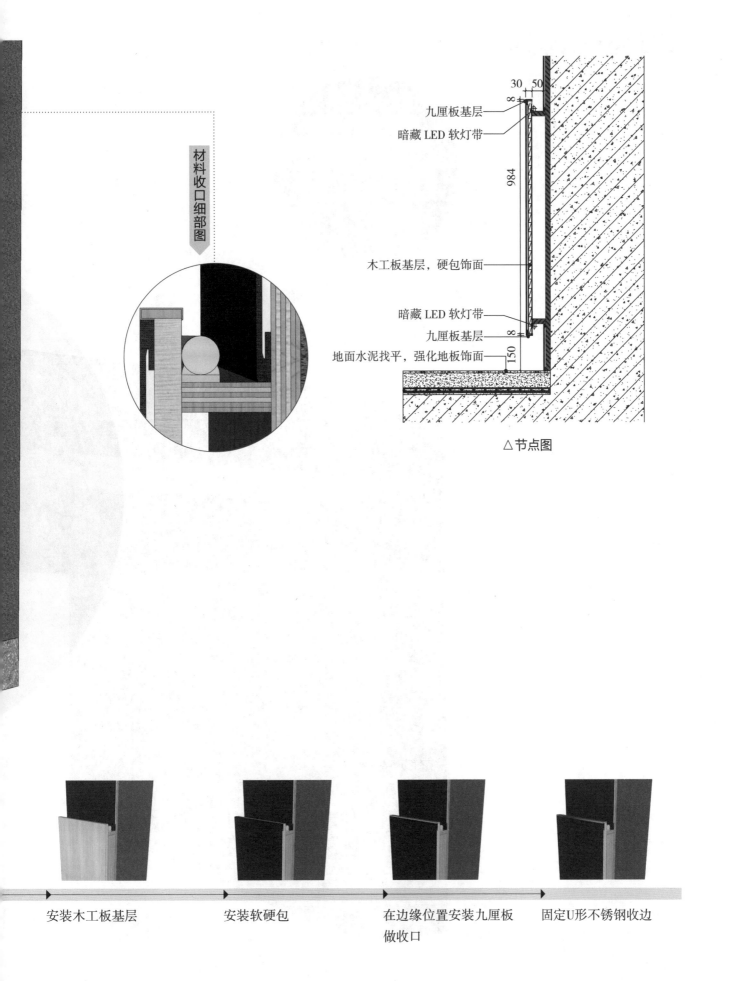

材料收口细部图

30　50
8
九厘板基层
暗藏 LED 软灯带
984

木工板基层，硬包饰面

暗藏 LED 软灯带
8
九厘板基层
地面水泥找平，强化地板饰面
150

△节点图

安装木工板基层　　　安装软硬包　　　在边缘位置安装九厘板　　固定U形不锈钢收边
　　　　　　　　　　　　　　　　　　做收口

4. 墙面软硬包阴角收口

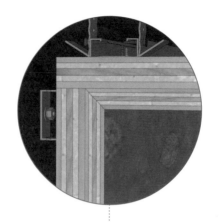

材料收口细部图

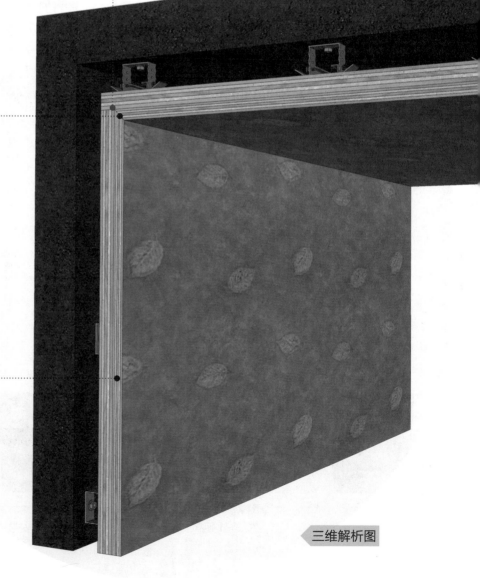

阴角收口采用
45° 斜拼的方式。
在完美解决收口
问题同时，还提
高了美观性。

阴角收口 ·········

9mm 阻燃夹板 ·········

三维解析图

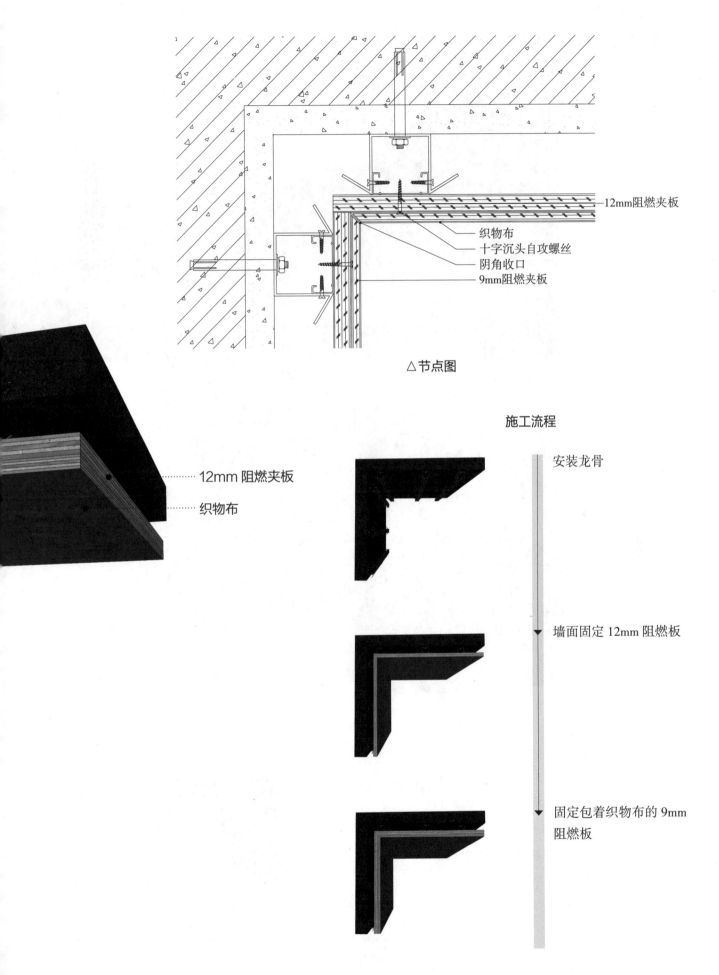

△节点图

12mm阻燃夹板

织物布
十字沉头自攻螺丝
阴角收口
9mm阻燃夹板

12mm 阻燃夹板

织物布

施工流程

安装龙骨

墙面固定 12mm 阻燃板

固定包着织物布的 9mm
阻燃板

5. 墙面软硬包与石膏板收口

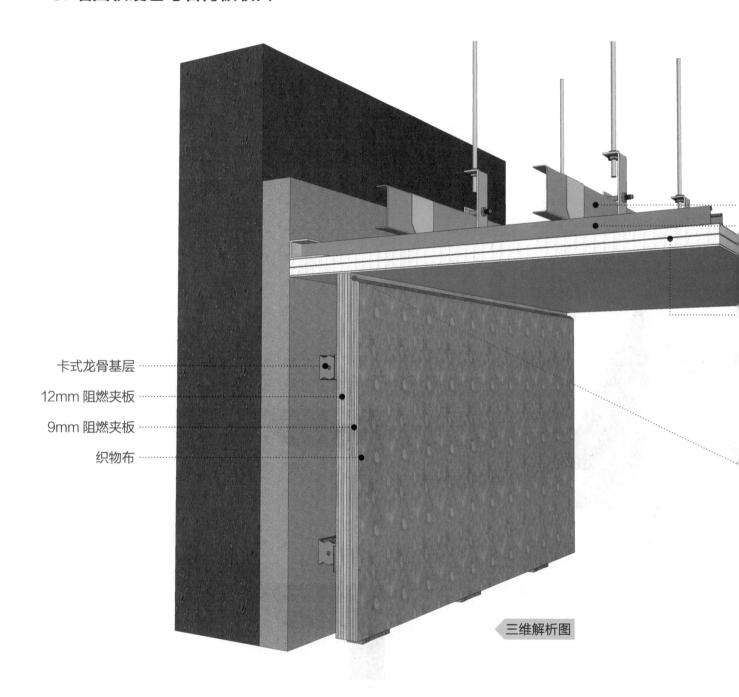

卡式龙骨基层 ......

12mm 阻燃夹板 ......

9mm 阻燃夹板 ......

织物布 ......

三维解析图

在顶面石膏板与墙面完成
面之间留一条缝隙来过渡，
在功能上起到材料缓冲作
用，在视觉上达到美观精
致的效果。

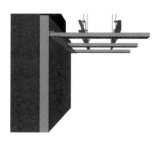

施工流程

安装龙骨

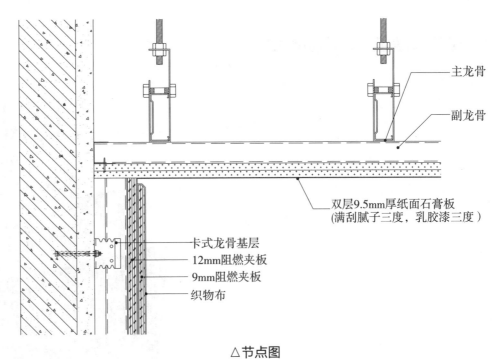

主龙骨
副龙骨
双层9.5mm厚纸面石膏板
(满刮腻子三度,乳胶漆三度)
卡式龙骨基层
12mm阻燃夹板
9mm阻燃夹板
织物布

△节点图

主龙骨
副龙骨
双层 9.5mm 厚纸面石膏板
(满刮腻子三度,乳胶漆三度)

材料收口细部图

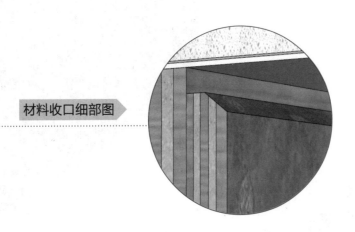

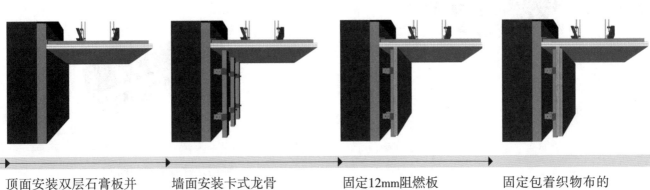

顶面安装双层石膏板并
满刮腻子,刷涂料

墙面安装卡式龙骨

固定12mm阻燃板

固定包着织物布的
9mm阻燃板

6. 墙面软硬包与木饰面收口

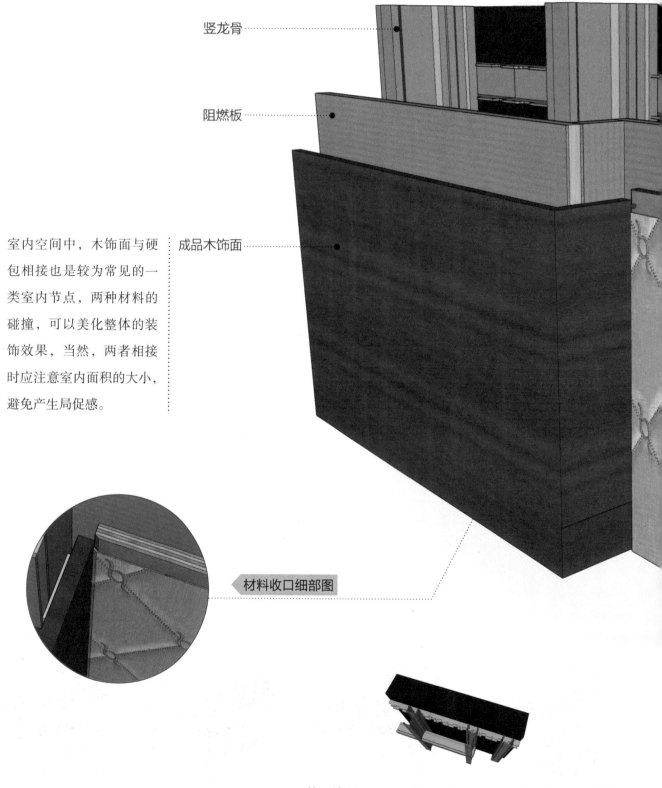

竖龙骨

阻燃板

成品木饰面

室内空间中，木饰面与硬包相接也是较为常见的一类室内节点，两种材料的碰撞，可以美化整体的装饰效果，当然，两者相接时应注意室内面积的大小，避免产生局促感。

材料收口细部图

施工流程 ━━━━━━━
轻钢龙骨做框架并调平

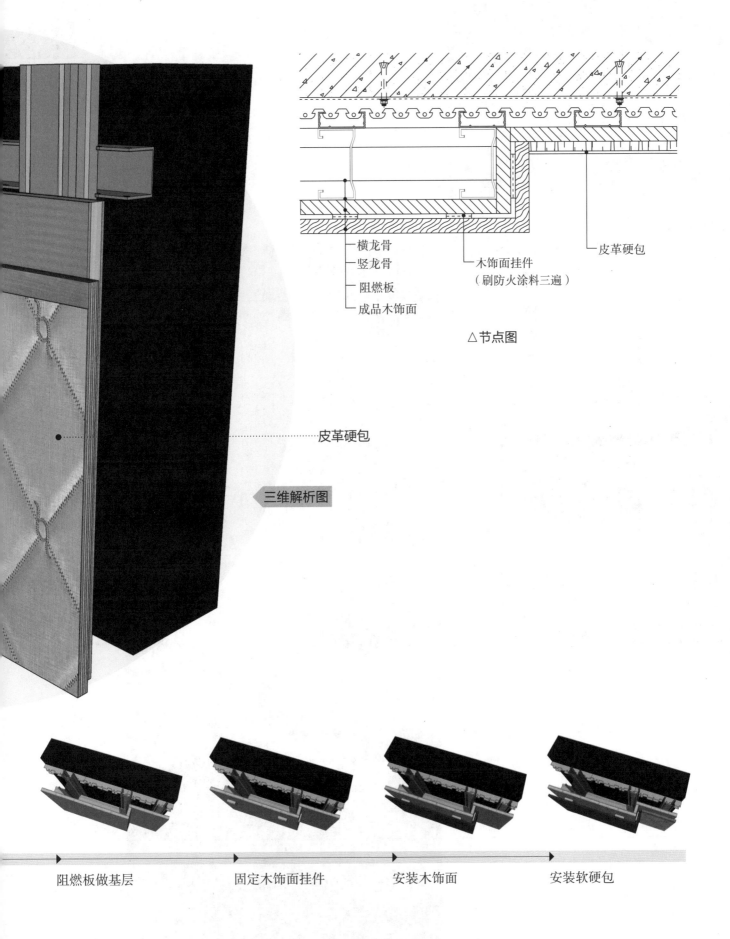

横龙骨
竖龙骨
阻燃板
成品木饰面

木饰面挂件
（刷防火涂料三遍）

皮革硬包

△ 节点图

皮革硬包

三维解析图

阻燃板做基层　　　固定木饰面挂件　　　安装木饰面　　　安装软硬包

第四章

石膏板

石膏板是以建筑石膏为主要原料制成的一种材料，是当前着重发展的新型轻质板材之一，不仅可用作吊顶还可制作隔墙。其质轻、防火性能优异，可钉、可锯、可粘，施工方便，用它作装饰，比传统的湿法作业效率更高。石膏板的种类较多，吊顶工程中常用的为纸面石膏板和装饰石膏板。

一、顶棚石膏板与其他材料收口

1. 顶棚石膏板（做窗帘盒）与玻璃墙收口

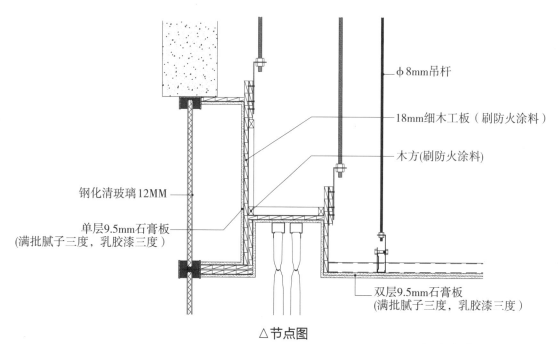

φ8mm吊杆

18mm细木工板（刷防火涂料）

木方(刷防火涂料)

钢化清玻璃12MM

单层9.5mm石膏板
(满批腻子三度，乳胶漆三度）

双层9.5mm石膏板
（满批腻子三度，乳胶漆三度）

△ 节点图

钢化清玻璃12MM

单层9.5mm 石膏板
（满批腻子三度，乳胶漆三度）

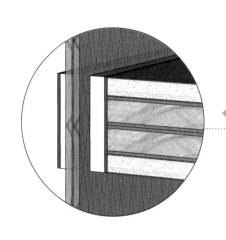

材料收口细部图

施工流程

安装轻钢龙骨和
细木工板

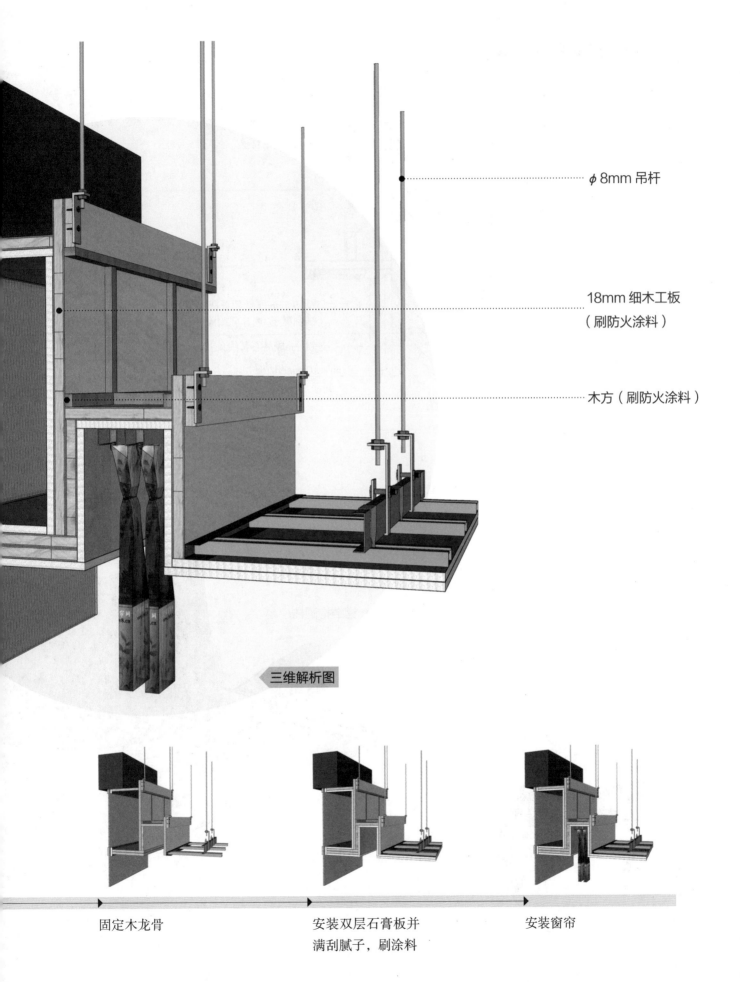

φ 8mm 吊杆

18mm 细木工板
（刷防火涂料）

木方（刷防火涂料）

三维解析图

固定木龙骨

安装双层石膏板并
满刮腻子，刷涂料

安装窗帘

2. 顶棚石膏板与圆柱收口

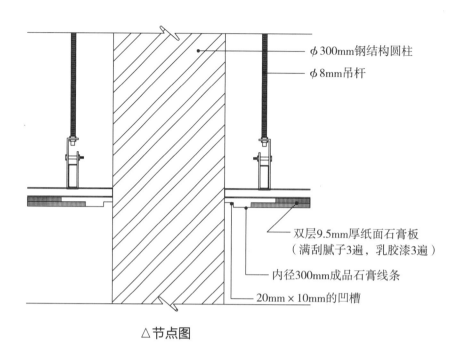

φ300mm钢结构圆柱
φ8mm吊杆

双层9.5mm厚纸面石膏板
（满刮腻子3遍，乳胶漆3遍）

内径300mm成品石膏线条

20mm×10mm的凹槽

△节点图

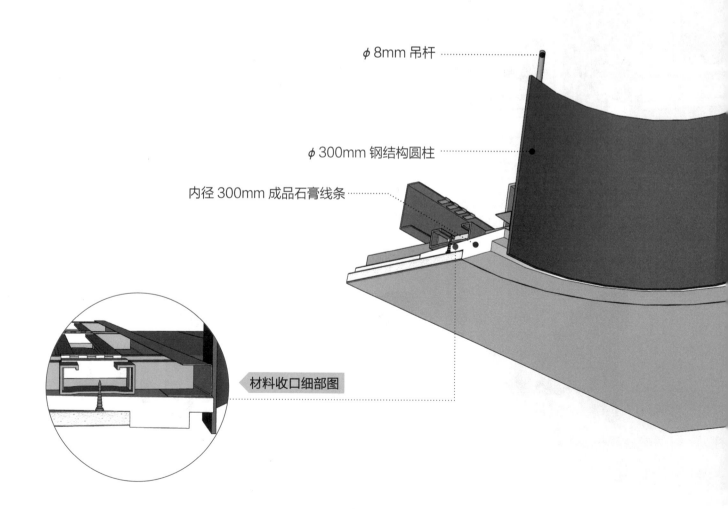

φ8mm 吊杆

φ300mm 钢结构圆柱

内径 300mm 成品石膏线条

材料收口细部图

双层 9.5mm 厚纸面石膏板（满刮腻子 3 遍，乳胶漆 3 遍）该顶棚做法，其表面材料也可换为防水石膏板（FC 板），且必须与龙骨连接牢固、平整，缝隙控制在 5~8mm。双层纸面石膏板第一层与第二层拼缝应错开安装并加胶水黏结。

施工流程

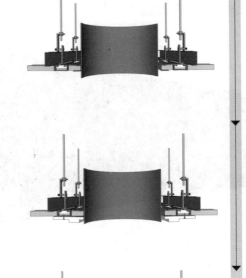

安装龙骨

固定石膏线条，要在与圆柱靠近的位置预留 20mm × 10mm 的凹槽

安装双层石膏板

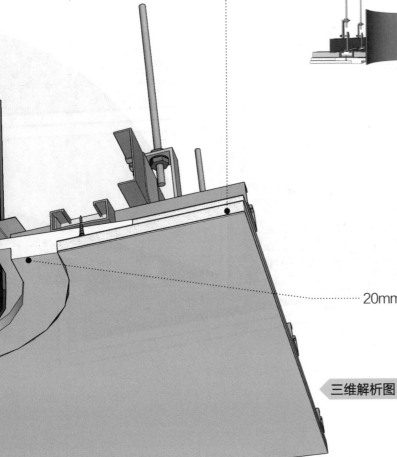

20mm×10mm 的凹槽

三维解析图

3. 顶棚石膏板与灯光收口

（1）顶棚直线石膏板与灯光收口

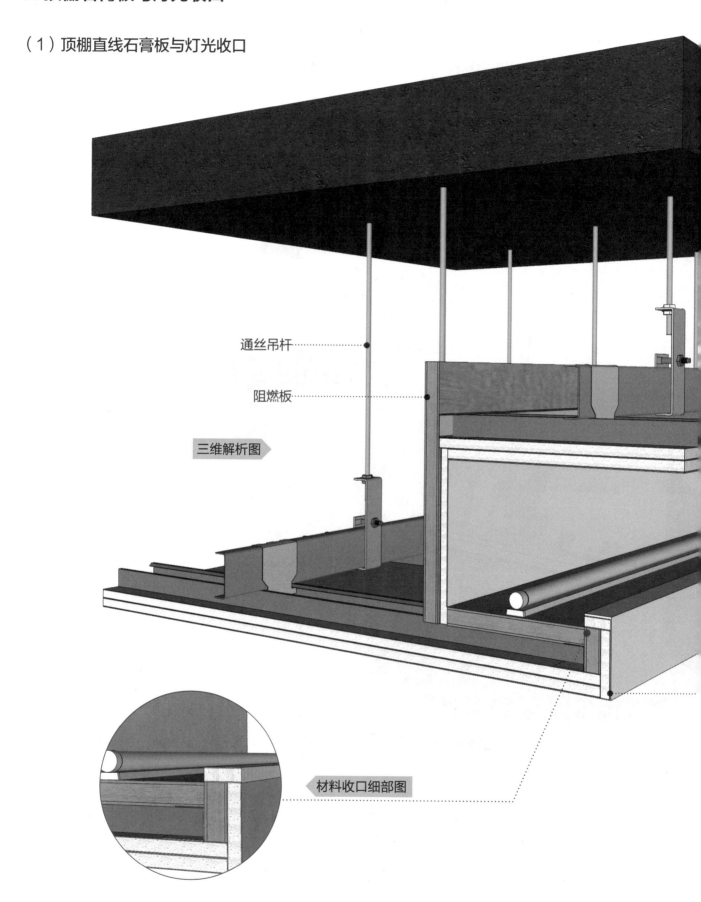

通丝吊杆

阻燃板

三维解析图

材料收口细部图

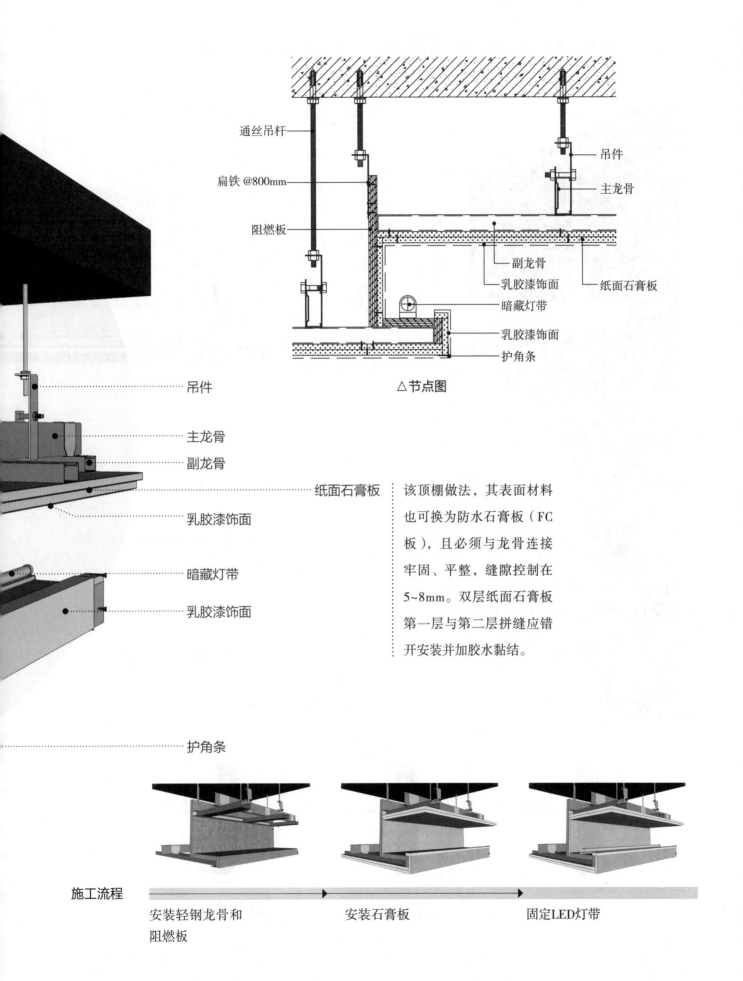

通丝吊杆

扁铁 @800mm

阻燃板

吊件
主龙骨

副龙骨
乳胶漆饰面
暗藏灯带
乳胶漆饰面
护角条

纸面石膏板

△节点图

吊件

主龙骨
副龙骨

纸面石膏板

乳胶漆饰面

暗藏灯带

乳胶漆饰面

护角条

该顶棚做法，其表面材料也可换为防水石膏板（FC板），且必须与龙骨连接牢固、平整，缝隙控制在5~8mm。双层纸面石膏板第一层与第二层拼缝应错开安装并加胶水黏结。

施工流程

安装轻钢龙骨和
阻燃板

安装石膏板

固定LED灯带

（2）顶棚弧形石膏板（300mm＜曲面半径＜1000mm）与灯光收口

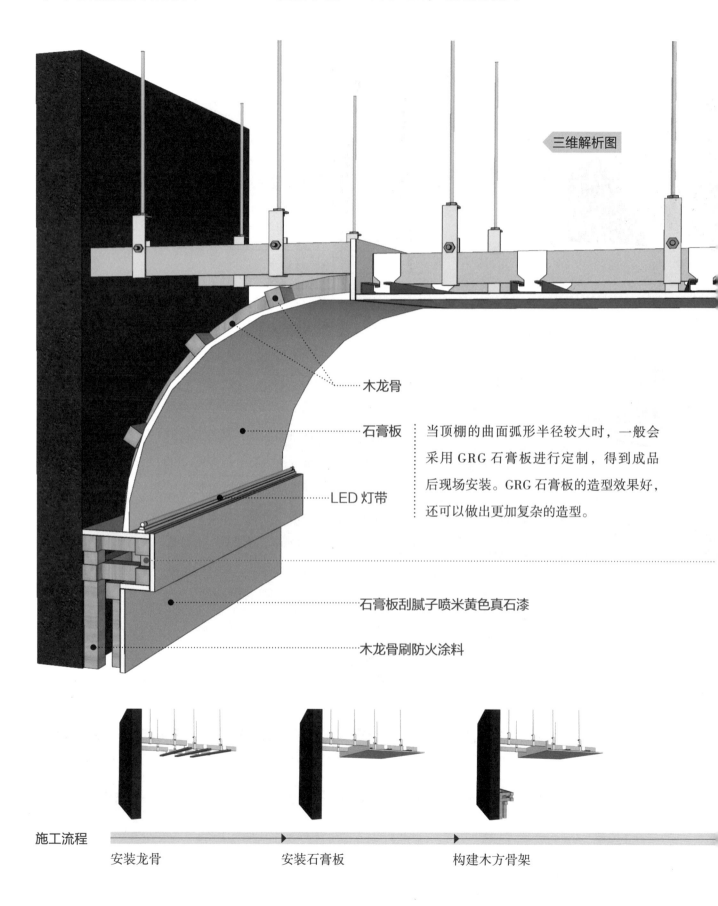

三维解析图

木龙骨

石膏板

LED灯带

当顶棚的曲面弧形半径较大时，一般会采用GRG石膏板进行定制，得到成品后现场安装。GRG石膏板的造型效果好，还可以做出更加复杂的造型。

石膏板刮腻子喷米黄色真石漆

木龙骨刷防火涂料

施工流程

安装龙骨　　　　　　　　安装石膏板　　　　　　　　构建木方骨架

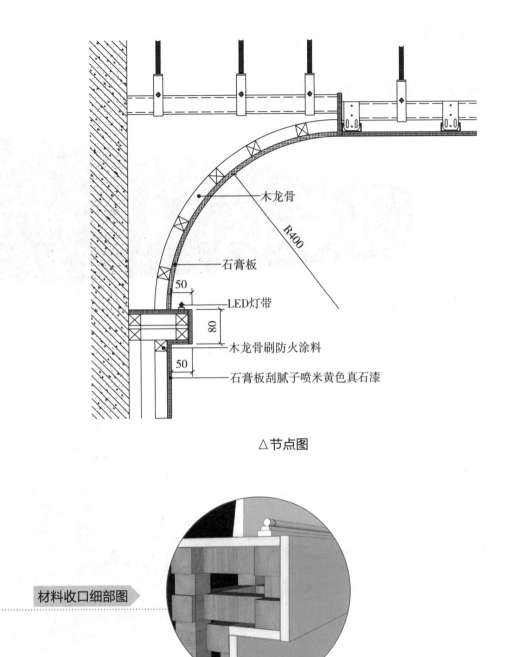

木龙骨

石膏板

R400

50

LED灯带

80

木龙骨刷防火涂料

50

石膏板刮腻子喷米黄色真石漆

△ 节点图

材料收口细部图

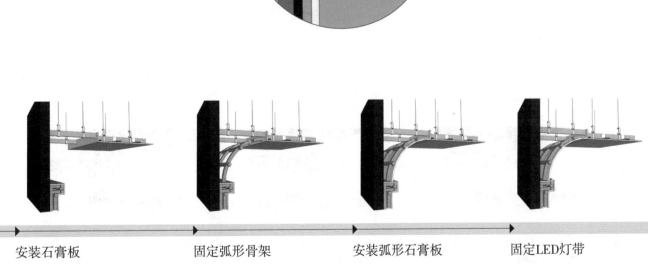

安装石膏板　　　　　固定弧形骨架　　　　安装弧形石膏板　　　　固定LED灯带

4. 顶棚石膏板（出风口处）与灯光收口

（1）顶棚石膏板（侧出风口）与灯光收口

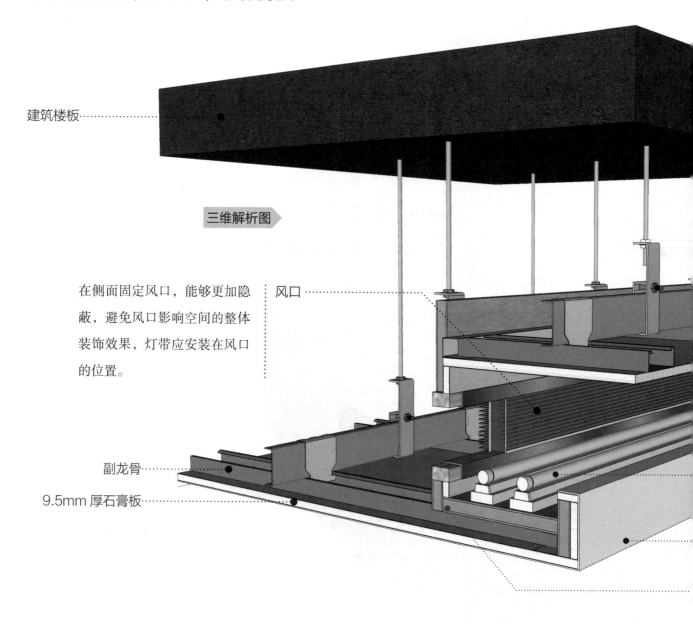

建筑楼板

三维解析图

在侧面固定风口，能够更加隐蔽，避免风口影响空间的整体装饰效果，灯带应安装在风口的位置。

风口

副龙骨

9.5mm 厚石膏板

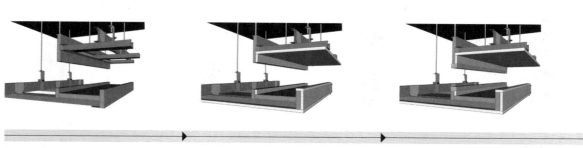

施工流程

安装轻钢龙骨和阻燃板　　　　安装石膏板　　　　固定木方

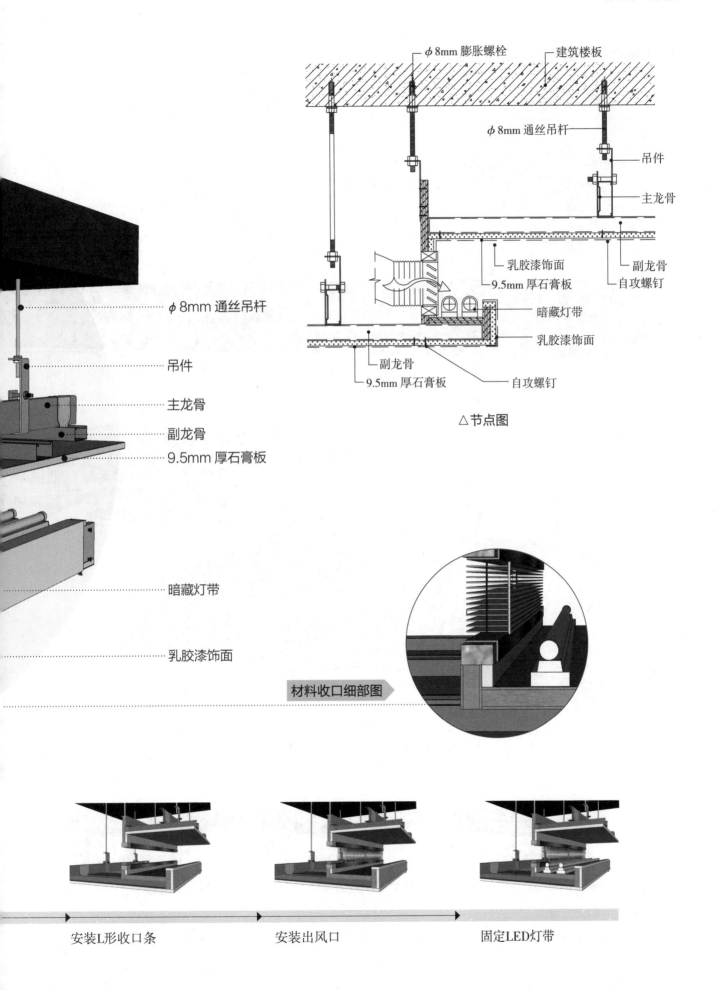

φ8mm 膨胀螺栓

建筑楼板

φ8mm 通丝吊杆

吊件

主龙骨

乳胶漆饰面

9.5mm 厚石膏板

副龙骨

自攻螺钉

暗藏灯带

乳胶漆饰面

副龙骨

9.5mm 厚石膏板

自攻螺钉

△节点图

φ8mm 通丝吊杆

吊件

主龙骨

副龙骨

9.5mm 厚石膏板

暗藏灯带

乳胶漆饰面

材料收口细部图

安装L形收口条

安装出风口

固定LED灯带

（2）顶棚石膏板（下出风口）与灯光收口

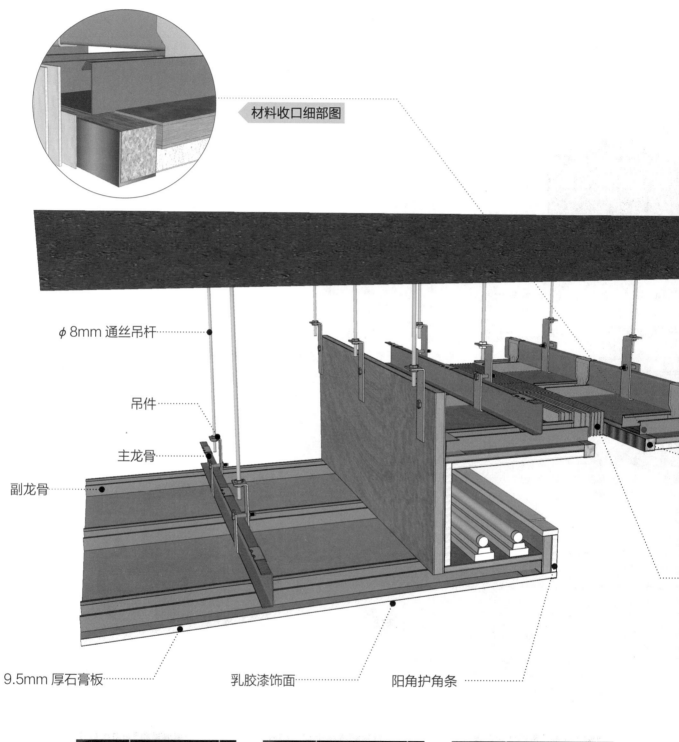

材料收口细部图

ϕ 8mm 通丝吊杆

吊件

主龙骨

副龙骨

9.5mm 厚石膏板

乳胶漆饰面

阳角护角条

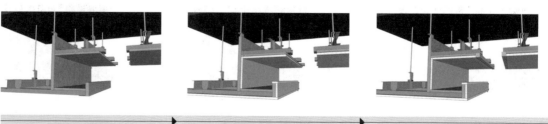

施工流程

安装轻钢龙骨和阻燃板　　　安装石膏板　　　固定木方

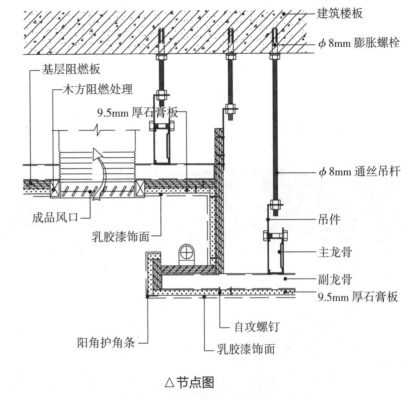

建筑楼板

φ8mm 膨胀螺栓

基层阻燃板

木方阻燃处理

9.5mm 厚石膏板

φ8mm 通丝吊杆

吊件

主龙骨

副龙骨

9.5mm 厚石膏板

成品风口

乳胶漆饰面

阳角护角条

自攻螺钉

乳胶漆饰面

△节点图

建筑楼板

三维解析图

基层阻燃板

木方阻燃处理

成品风口 │ 下侧出风的方式，让风口完全
裸露在人眼下，为保证空间的
美观性，风口颜色应与顶棚的
颜色相似或为可搭配的颜色。

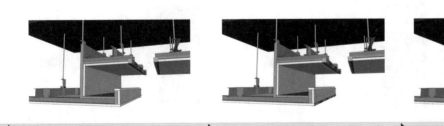

安装L形收口条

安装护角条

安装出风口，并固定LED灯带

5. 顶棚石膏板（做窗帘盒）与灯光收口

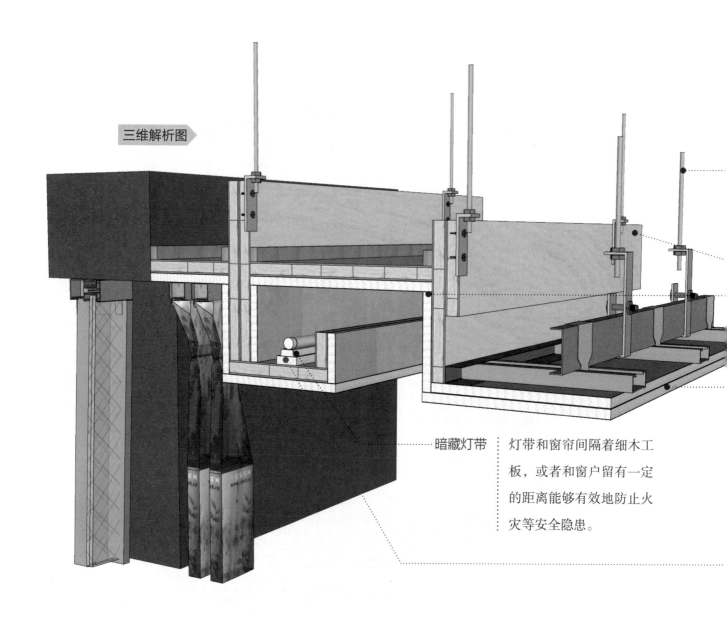

三维解析图

暗藏灯带 ┊ 灯带和窗帘间隔着细木工
板，或者和窗户留有一定
的距离能够有效地防止火
灾等安全隐患。

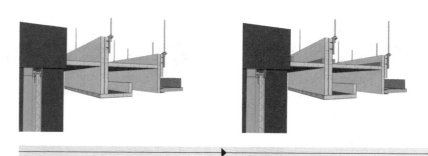

施工流程 ➡

安装轻钢龙骨和阻燃板　　　　　固定木方

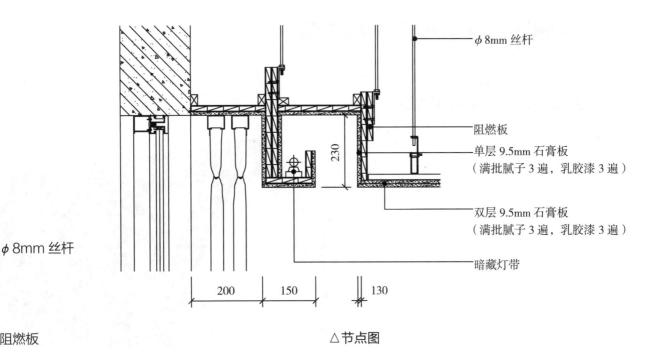

φ8mm 丝杆

阻燃板

单层 9.5mm 石膏板
（满批腻子 3 遍，乳胶漆 3 遍）

双层 9.5mm 石膏板
（满批腻子 3 遍，乳胶漆 3 遍）

φ8mm 丝杆

阻燃板

单层 9.5mm 石膏板
（满批腻子 3 遍，乳胶漆 3 遍）

双层 9.5mm 石膏板
（满批腻子 3 遍，乳胶漆 3 遍）

暗藏灯带

△节点图

材料收口细部图

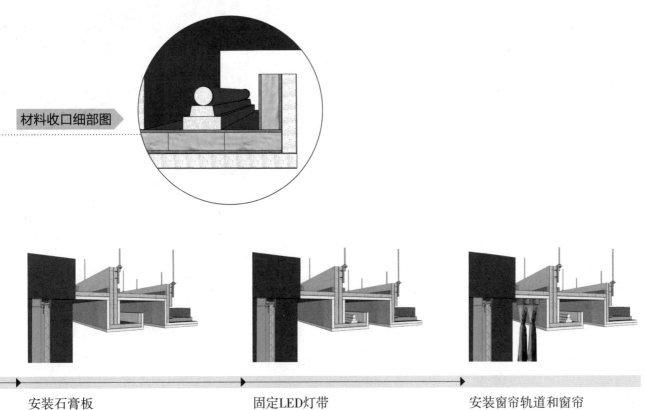

安装石膏板　　　　　　　固定LED灯带　　　　　　　安装窗帘轨道和窗帘

二、顶棚石膏板与墙面材料收口

1. 顶棚石膏板与玻璃隔断收口

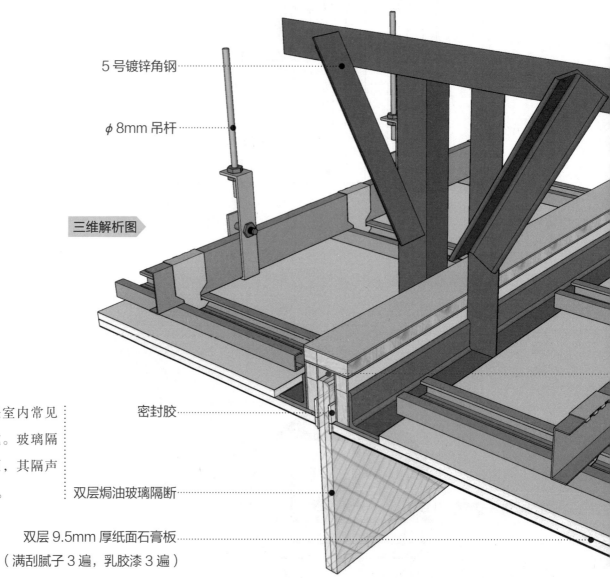

5号镀锌角钢

ϕ 8mm 吊杆

三维解析图

密封胶

玻璃隔断是室内常见
的隔断形式。玻璃隔
断最好到顶,其隔声
效果会更好。

双层焗油玻璃隔断

双层 9.5mm 厚纸面石膏板
(满刮腻子 3 遍,乳胶漆 3 遍)

施工流程

安装龙骨

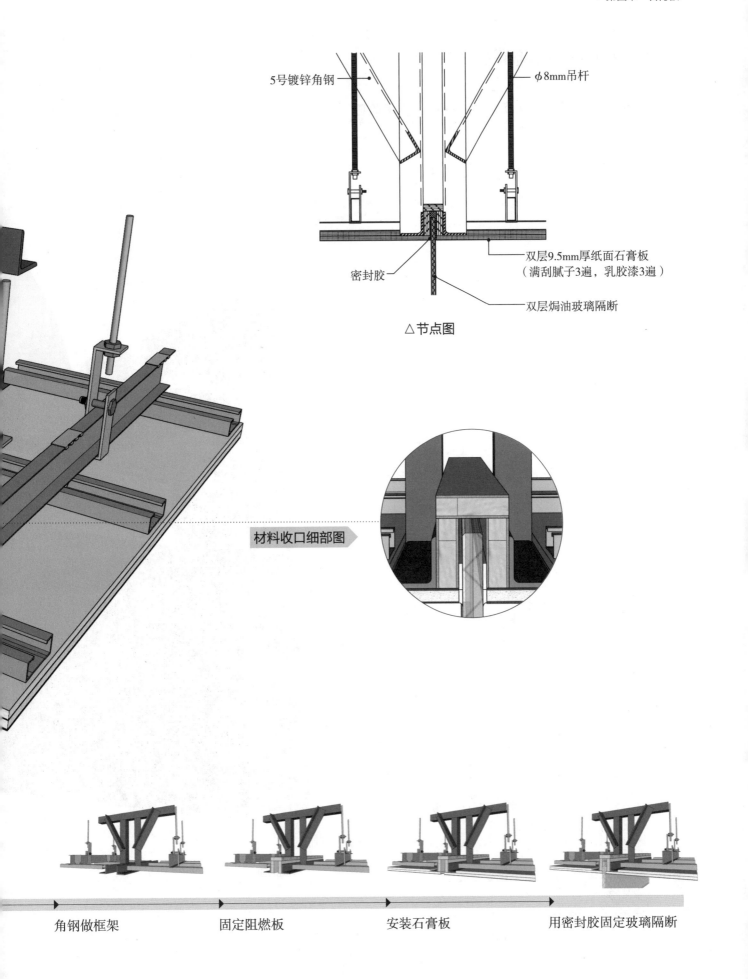

5号镀锌角钢

φ8mm吊杆

密封胶

双层9.5mm厚纸面石膏板
（满刮腻子3遍，乳胶漆3遍）

双层焗油玻璃隔断

△节点图

材料收口细部图

角钢做框架　　　　　固定阻燃板　　　　　安装石膏板　　　　用密封胶固定玻璃隔断

2. 顶棚石膏板与木饰面墙面收口

（1）顶棚石膏板与木饰面墙面 20mm 阴角收口

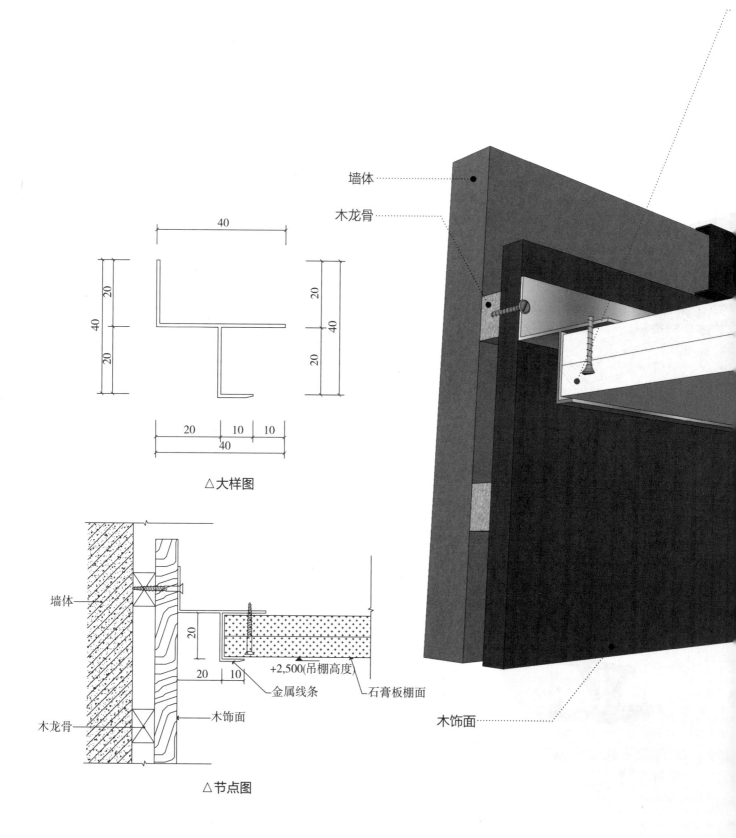

△大样图

△节点图

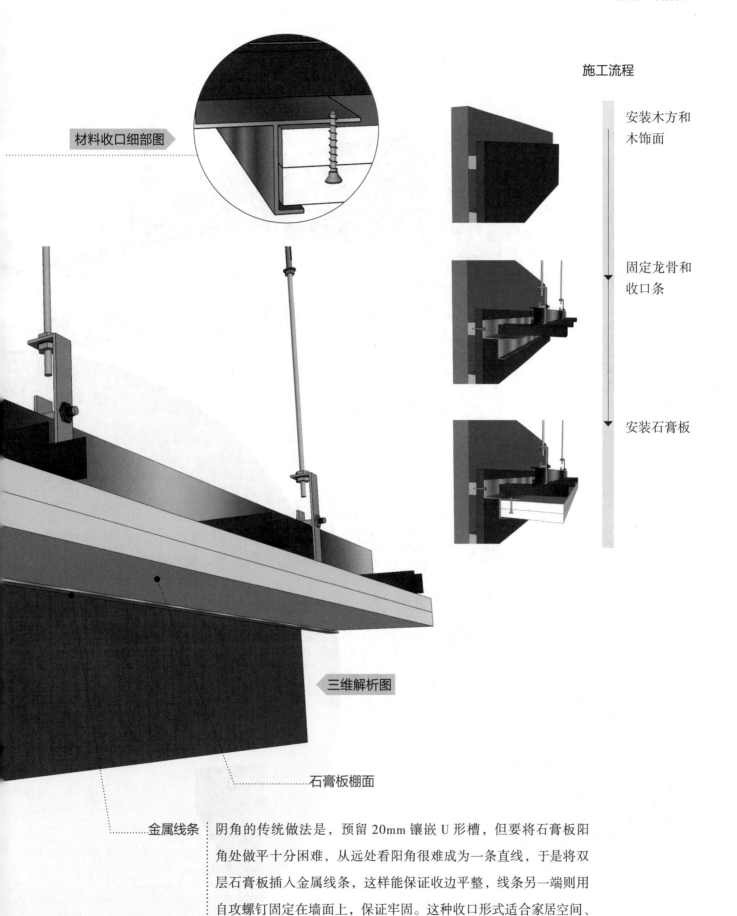

材料收口细部图

施工流程

安装木方和木饰面

固定龙骨和收口条

安装石膏板

三维解析图

石膏板棚面

金属线条

阴角的传统做法是，预留 20mm 镶嵌 U 形槽，但要将石膏板阳角处做平十分困难，从远处看阳角很难成为一条直线，于是将双层石膏板插入金属线条，这样能保证收边平整，线条另一端则用自攻螺钉固定在墙面上，保证牢固。这种收口形式适合家居空间、商业空间，其余的顶棚材料，如木饰面、矿棉板等均可使用。

（2）顶棚石膏板与木饰面墙面 30mm 阴角收口

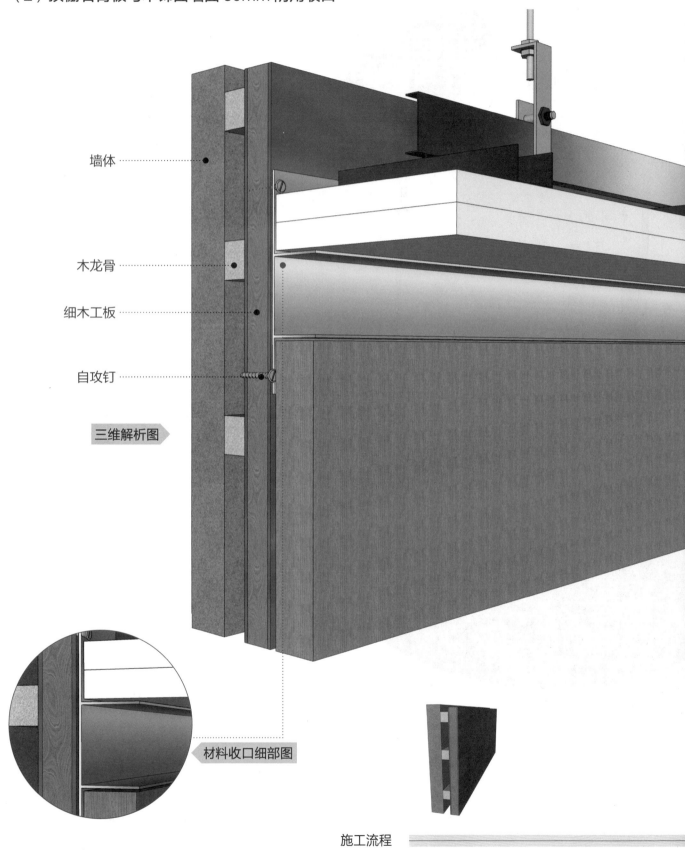

墙体

木龙骨

细木工板

自攻钉

三维解析图

材料收口细部图

施工流程

安装龙骨及基层板

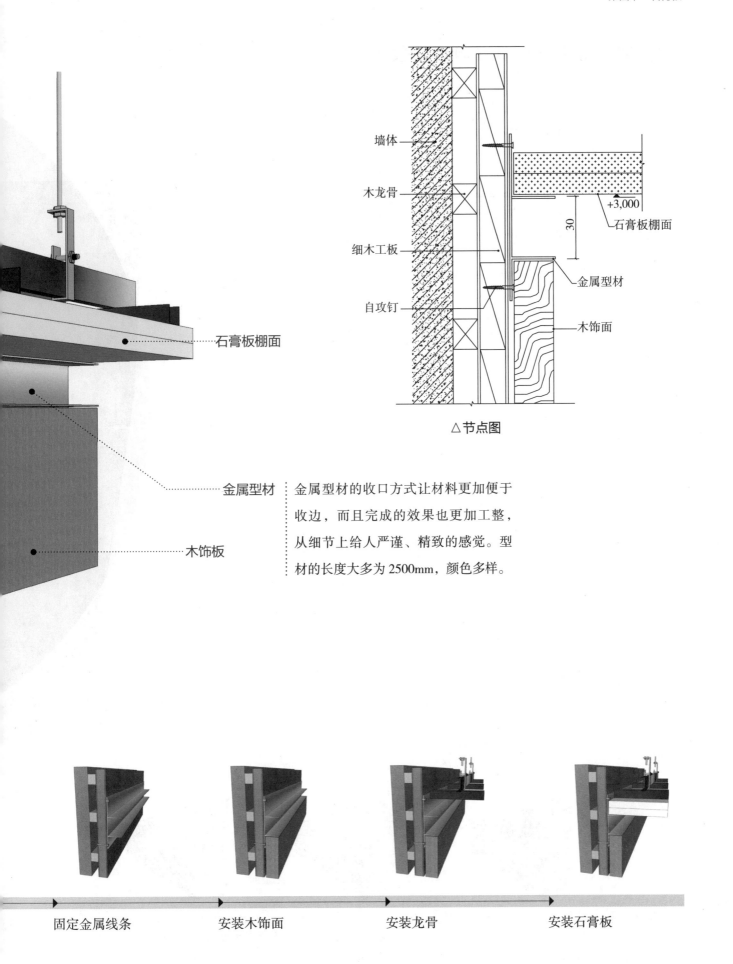

墙体

木龙骨

细木工板

自攻钉

+3,000

30

石膏板棚面

金属型材

木饰面

△节点图

石膏板棚面

金属型材 ┊ 金属型材的收口方式让材料更加便于
收边，而且完成的效果也更加工整，
从细节上给人严谨、精致的感觉。型
木饰板 ┊ 材的长度大多为2500mm，颜色多样。

固定金属线条　　安装木饰面　　安装龙骨　　安装石膏板

（3）顶棚石膏板与木饰面墙面阴角灯光收口

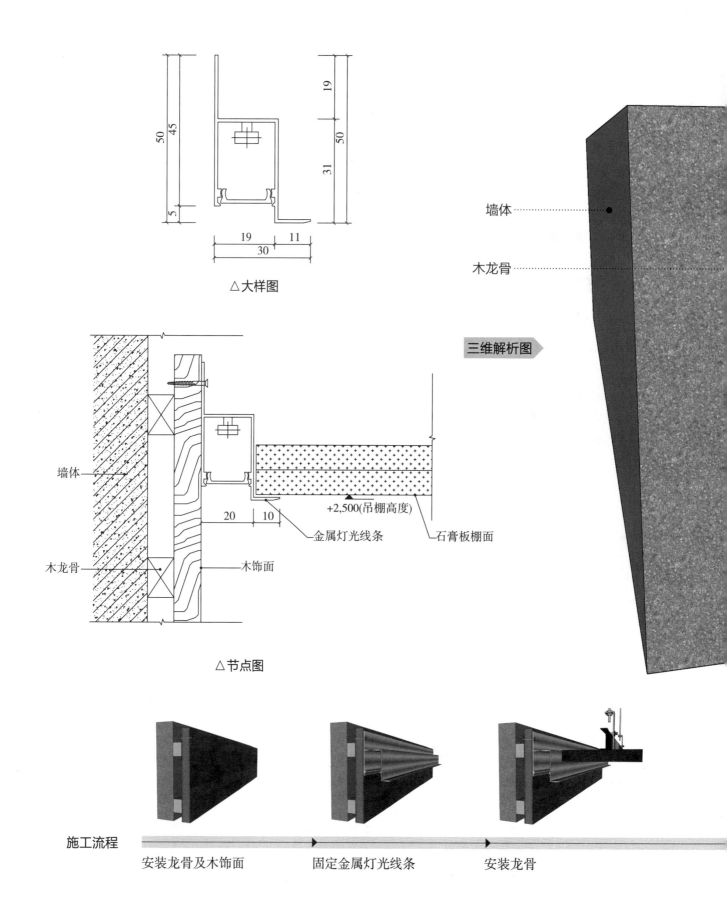

△大样图

墙体

木龙骨

三维解析图

墙体

木龙骨

20 10

金属灯光线条

+2,500(吊棚高度)

石膏板棚面

木饰面

△节点图

施工流程

安装龙骨及木饰面

固定金属灯光线条

安装龙骨

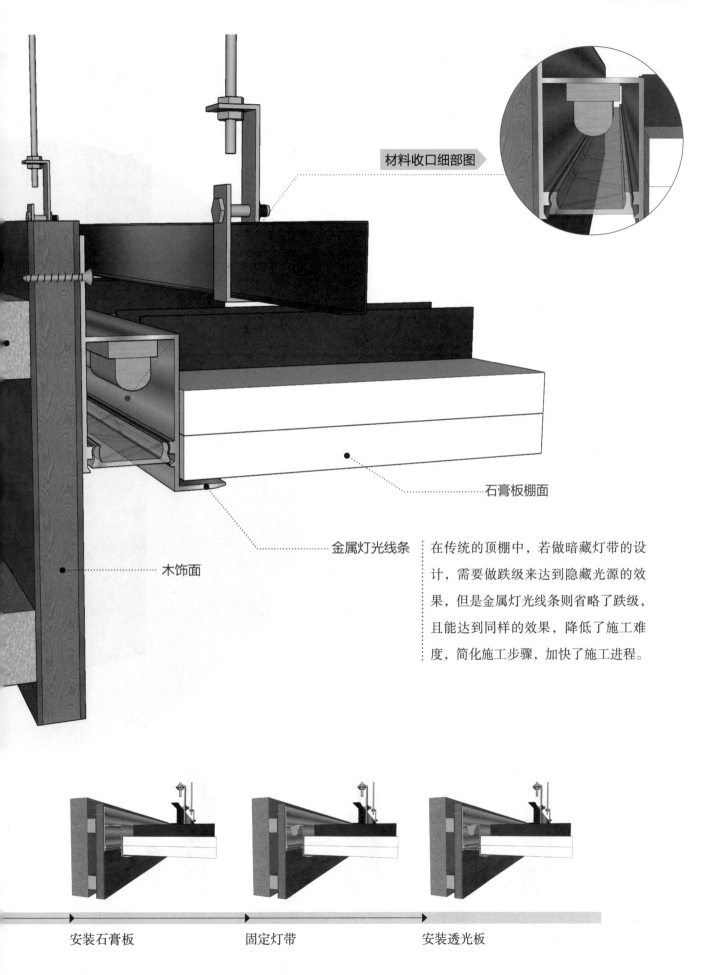

材料收口细部图

石膏板棚面

金属灯光线条

木饰面

在传统的顶棚中，若做暗藏灯带的设计，需要做跌级来达到隐藏光源的效果，但是金属灯光线条则省略了跌级，且能达到同样的效果，降低了施工难度，简化施工步骤，加快了施工进程。

安装石膏板　　　　固定灯带　　　　安装透光板

三、墙面石膏板与其他材料收口

墙面石膏板与木饰面收口

基层板 ············

三维解析图

木基层 ············

墙体 ············

基层板 ————

木基层 ————

墙体 ————

———— 石膏板乳胶胶

20

———— 金属

———— 木饰面

△ 节点图

施工流程 ⟶

细木工板做基层　　　　　固定金属件　　　　　安装木饰面

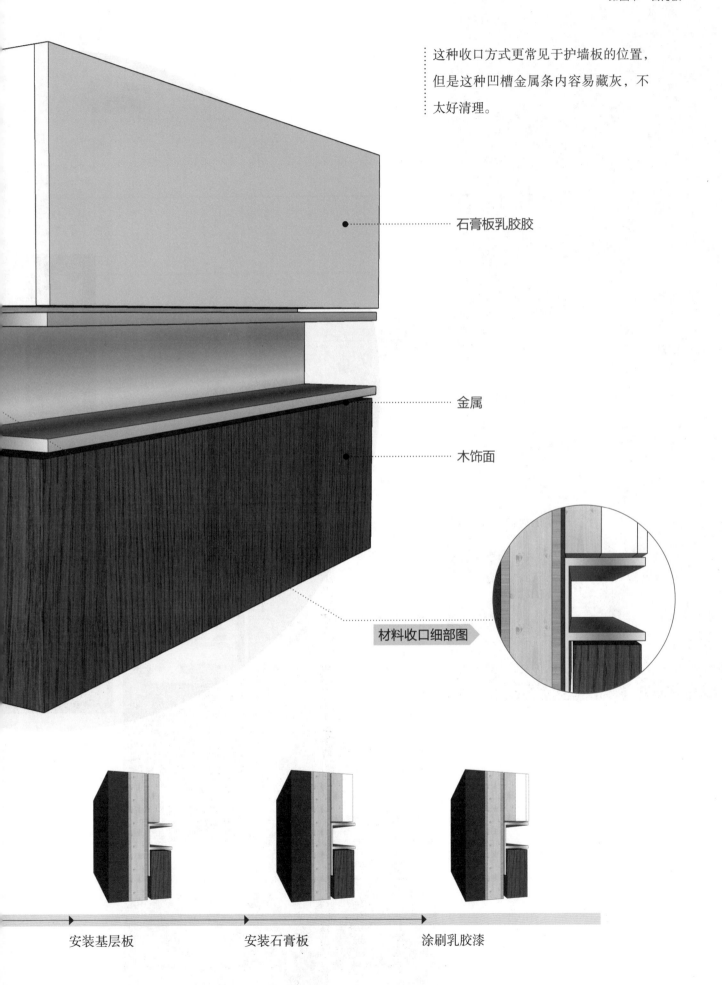

这种收口方式更常见于护墙板的位置，但是这种凹槽金属条内容易藏灰，不太好清理。

石膏板乳胶胶

金属

木饰面

材料收口细部图

安装基层板   安装石膏板   涂刷乳胶漆

第五章

装饰线

装饰线用在天花板与墙面的接缝处，在空间整体效果上来看能见度不高，却能够起到增加室内层次感的重要作用；除此之外，它还可用在墙面上。目前使用较多的装饰线为石膏线、PU 线和木线，它们各有优缺点，实木线条很容易受到虫蛀，石膏线容易发霉，相对来说 PU 线更加具有优势。

一、顶棚装饰线与其他材料收口

1. 顶棚装饰线与石膏板收口（胶粘法）

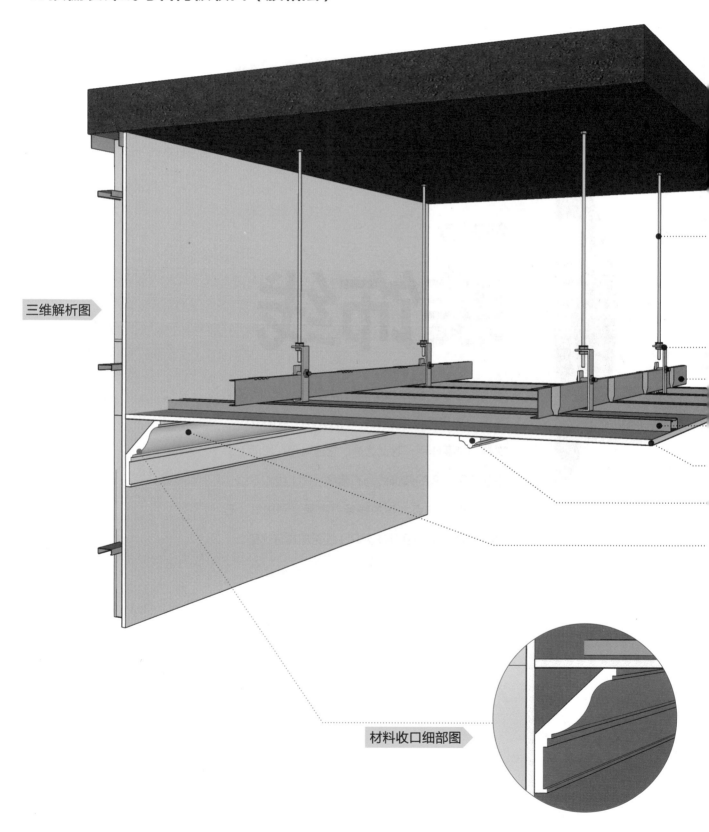

三维解析图

材料收口细部图

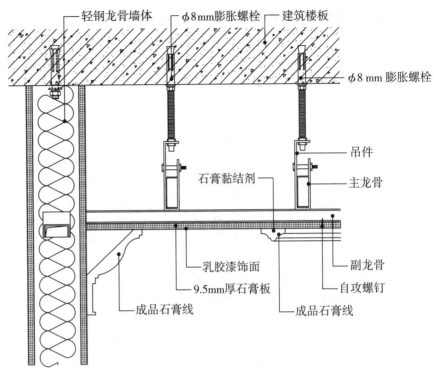

轻钢龙骨墙体　ø8mm膨胀螺栓　建筑楼板

ø8 mm 膨胀螺栓

吊件

主龙骨

石膏黏结剂

乳胶漆饰面

9.5mm厚石膏板

副龙骨

自攻螺钉

成品石膏线

成品石膏线

建筑楼板

吊杆

△节点图

吊件

主龙骨

副龙骨

石膏板

成品石膏线

成品石膏线

施工流程

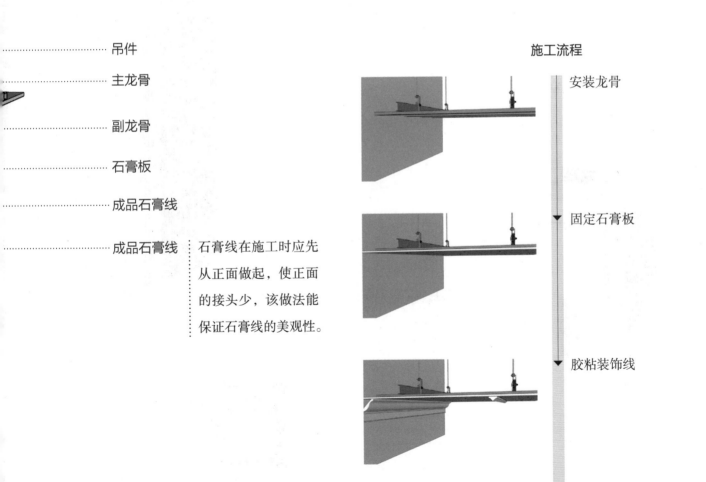

安装龙骨

固定石膏板

胶粘装饰线

石膏线在施工时应先从正面做起，使正面的接头少，该做法能保证石膏线的美观性。

2. 顶棚装饰线与石膏板收口（钉接法）

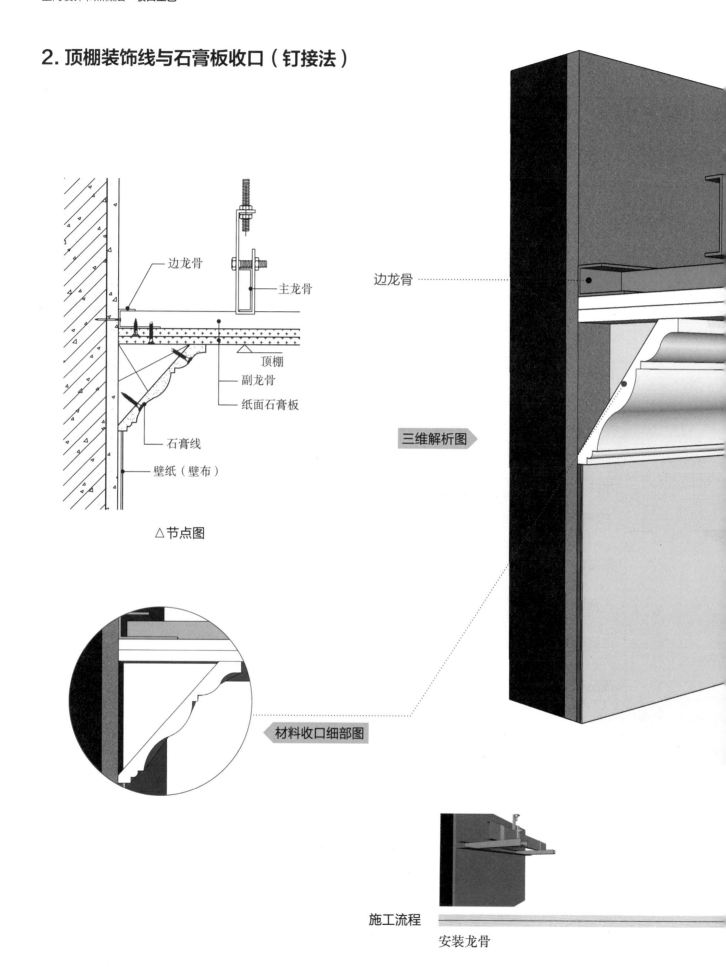

边龙骨

主龙骨

顶棚

副龙骨

纸面石膏板

石膏线

壁纸（壁布）

△ 节点图

边龙骨

三维解析图

材料收口细部图

施工流程

安装龙骨

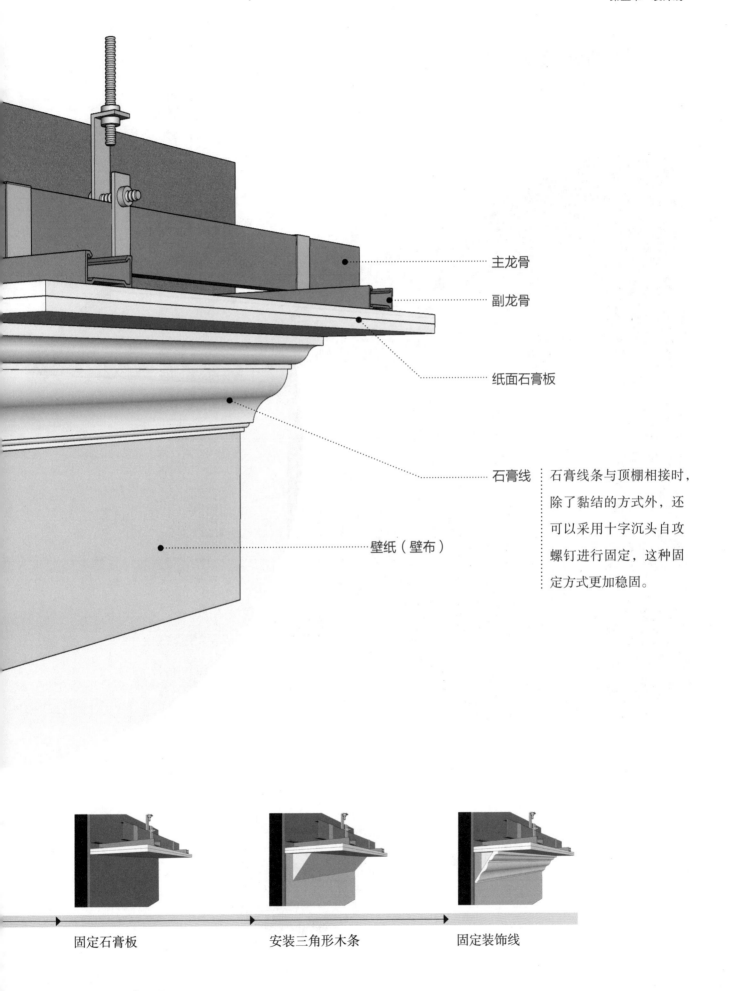

主龙骨

副龙骨

纸面石膏板

石膏线 ┊ 石膏线条与顶棚相接时，除了黏结的方式外，还可以采用十字沉头自攻螺钉进行固定，这种固定方式更加稳固。

壁纸（壁布）

固定石膏板　　　　　安装三角形木条　　　　　固定装饰线

3. 顶棚装饰线与软硬包收口

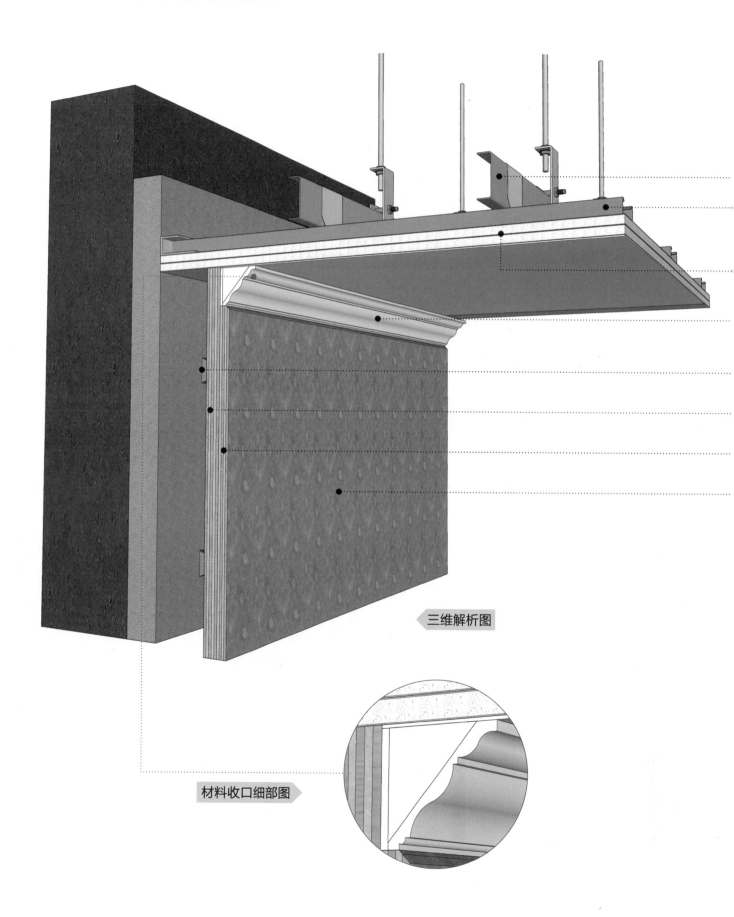

三维解析图

材料收口细部图

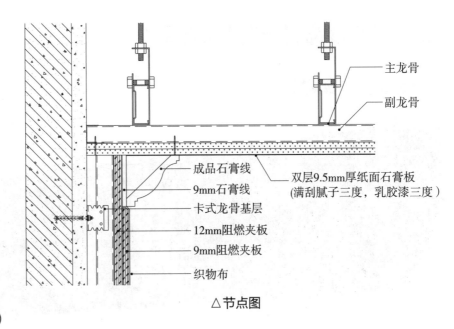

△ 节点图

主龙骨

副龙骨

主龙骨

副龙骨

双层 9.5mm 厚纸面石膏板
（满刮腻子三度，乳胶漆三度）

双层9.5mm厚纸面石膏板
（满刮腻子三度，乳胶漆三度）

成品石膏线
9mm石膏线
卡式龙骨基层
12mm阻燃夹板
9mm阻燃夹板
织物布

成品石膏线

卡式龙骨基层

12mm 阻燃夹板

9mm 阻燃夹板

织物布

可以根据家里的风格来选择，既能有极简时尚的效果，也能有繁复精美的艺术感，从而提升空间层次感和立体感。

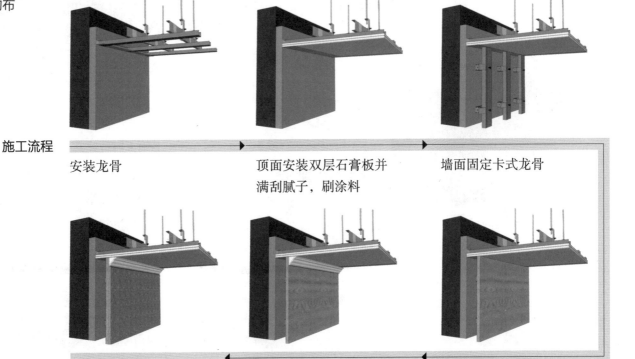

施工流程

安装龙骨

顶面安装双层石膏板并满刮腻子，刷涂料

墙面固定卡式龙骨

固定包着织物布的9mm阻燃板

固定石膏线

固定12mm阻燃板

二、顶棚装饰线与灯光收口

顶棚装饰线与暗藏灯光收口

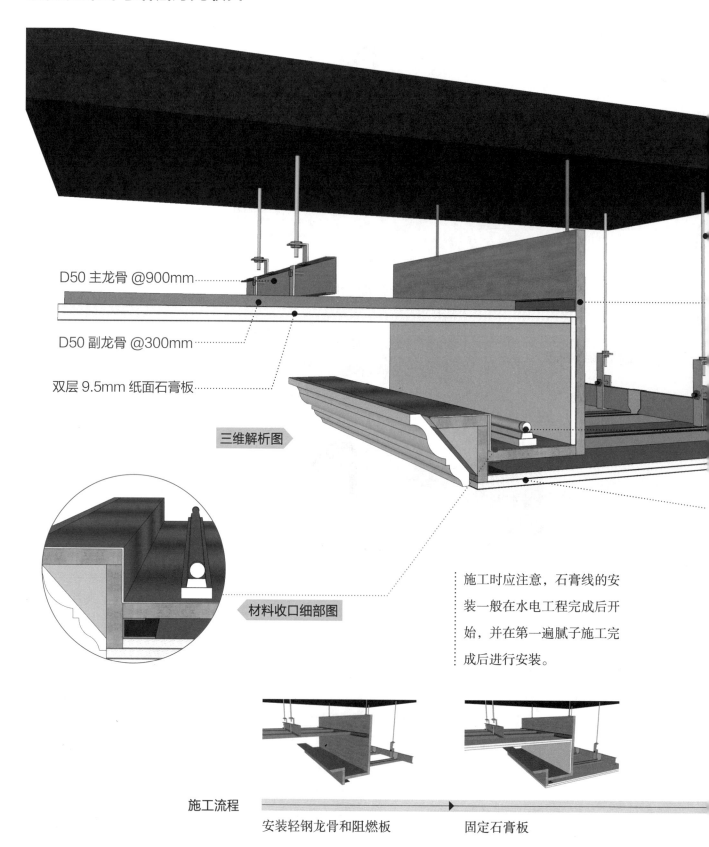

D50 主龙骨 @900mm

D50 副龙骨 @300mm

双层 9.5mm 纸面石膏板

三维解析图

材料收口细部图

施工时应注意，石膏线的安装一般在水电工程完成后开始，并在第一遍腻子施工完成后进行安装。

施工流程

安装轻钢龙骨和阻燃板　　　固定石膏板

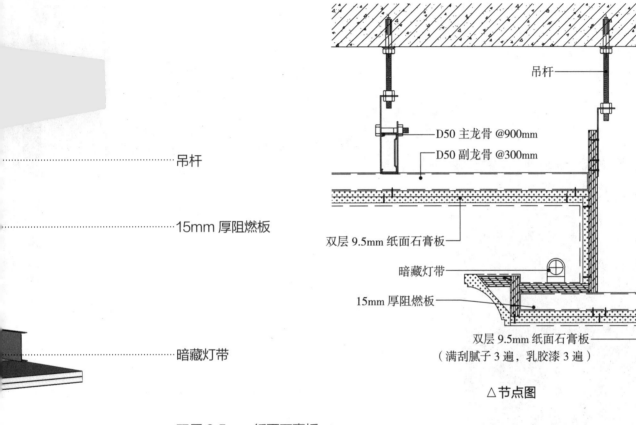

吊杆

15mm 厚阻燃板

暗藏灯带

双层 9.5mm 纸面石膏板
（满刮腻子 3 遍，乳胶漆 3 遍）

吊杆

D50 主龙骨 @900mm

D50 副龙骨 @300mm

双层 9.5mm 纸面石膏板

暗藏灯带

15mm 厚阻燃板

双层 9.5mm 纸面石膏板
（满刮腻子 3 遍，乳胶漆 3 遍）

△节点图

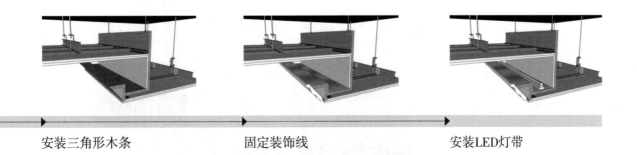

安装三角形木条

固定装饰线

安装LED灯带

第六章

木饰面

木饰面，全称装饰单板贴面胶合板，它是将天然木材或科技木刨切成一定厚度的薄片，黏附于胶合板表面，然后热压而成的一种用于室内装修或家具制造的表面材料。木纹饰面板种类繁多，施工简单，是一种应用比较广泛的板材。

一、顶棚木饰面与其他材料收口

1. 顶棚木饰面与透光软膜收口

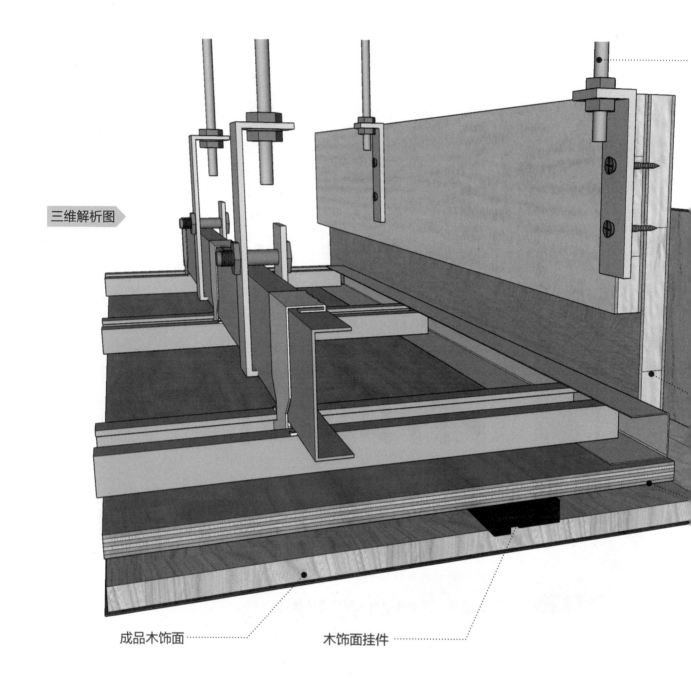

三维解析图

成品木饰面 ...... 木饰面挂件 ......

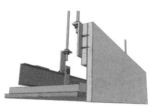

施工流程

安装龙骨和阻燃板

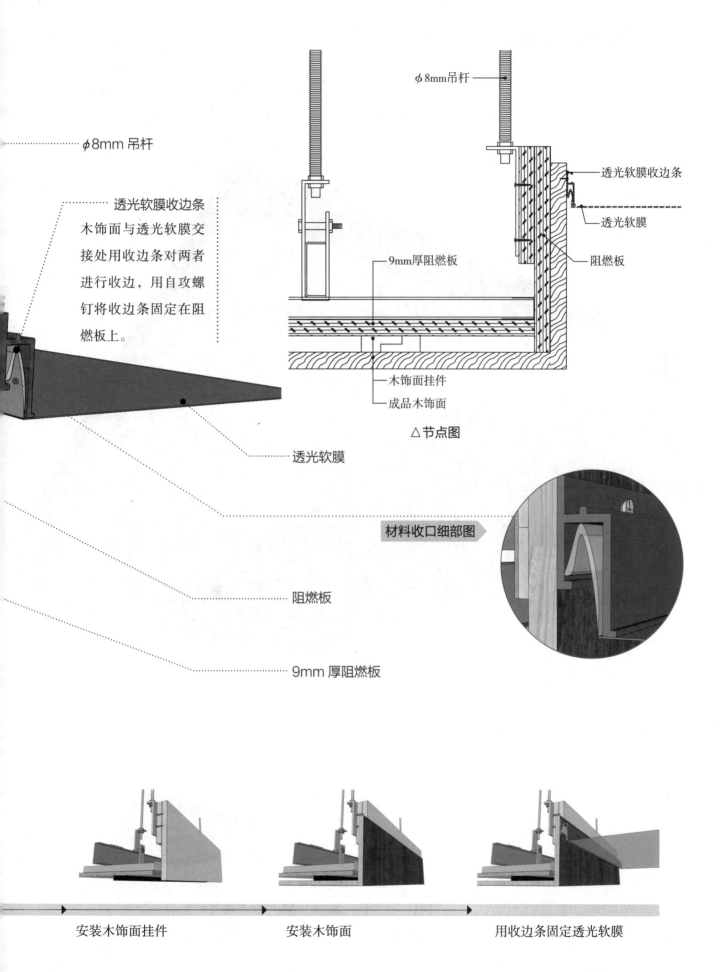

φ8mm 吊杆

φ8mm 吊杆

透光软膜收边条
木饰面与透光软膜交
接处用收边条对两者
进行收边，用自攻螺
钉将收边条固定在阻
燃板上。

透光软膜收边条

透光软膜

阻燃板

9mm厚阻燃板

透光软膜

阻燃板

木饰面挂件

成品木饰面

△节点图

材料收口细部图

9mm 厚阻燃板

安装木饰面挂件　　　　安装木饰面　　　　用收边条固定透光软膜

2. 顶棚木饰面与壁纸收口

凹缝收口
墙纸深入凹缝内

收口方式采用留缝收口，不仅解决了对木饰面伸缩缝的处理，还增加空间层次感。

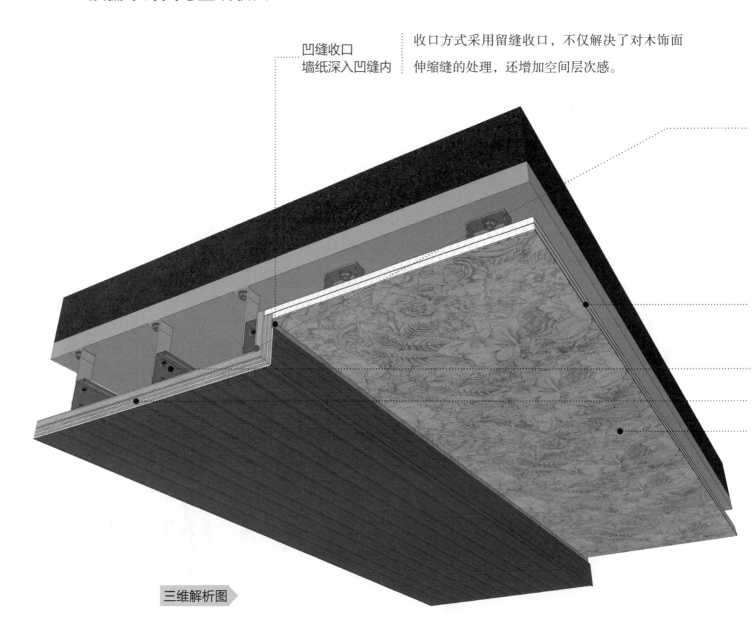

三维解析图

施工流程

安装龙骨、细木工板
和石膏板

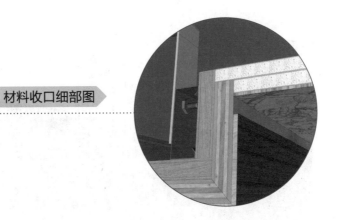

材料收口细部图

石膏板

轻钢龙骨

木制作

粘贴墙纸

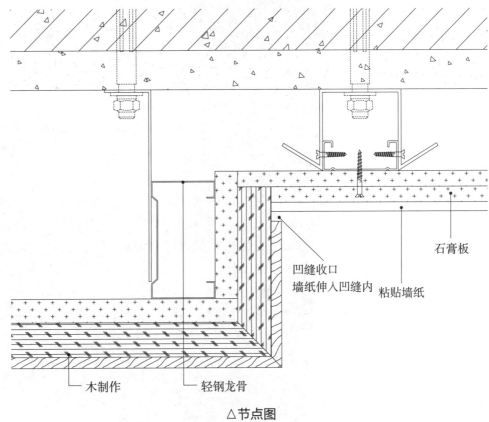

石膏板

凹缝收口
墙纸伸入凹缝内

粘贴墙纸

木制作　　　　　轻钢龙骨

△节点图

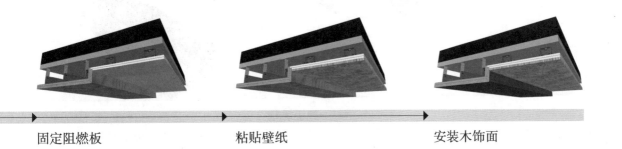

固定阻燃板　　　　　粘贴壁纸　　　　　安装木饰面

二、墙面木饰面与其他材料收口

1. 墙面木饰面与不锈钢面板收口

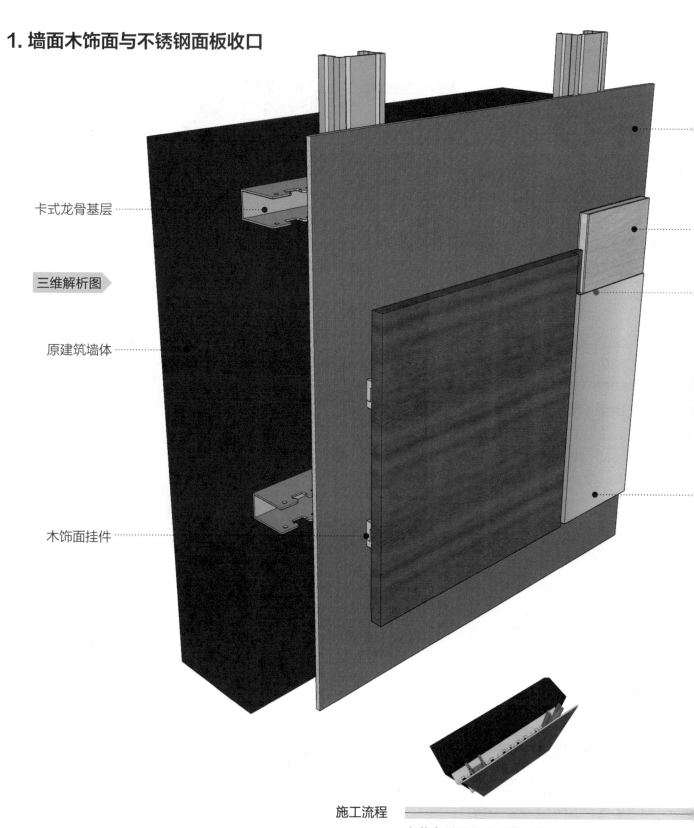

卡式龙骨基层 ⋯⋯⋯⋯

三维解析图

原建筑墙体 ⋯⋯⋯⋯

木饰面挂件 ⋯⋯⋯⋯

施工流程

安装龙骨及细木工板基层

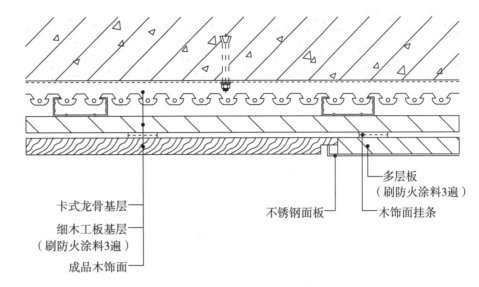

△节点图

卡式龙骨基层
细木工板基层
（刷防火涂料3遍）
成品木饰面

多层板
（刷防火涂料3遍）
不锈钢面板
木饰面挂条

细木工板基层
（刷防火涂料3遍）

多层板
（刷防火涂料3遍）

材料收口细部图

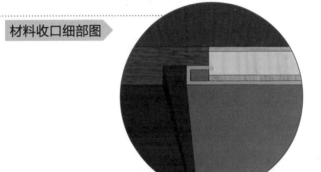

不锈钢面板 ┆ 不锈钢与玻璃的特性相似，可以反射，故要求工艺缝中的木饰面进行见光处理。避免衔接处不平，影响美观。

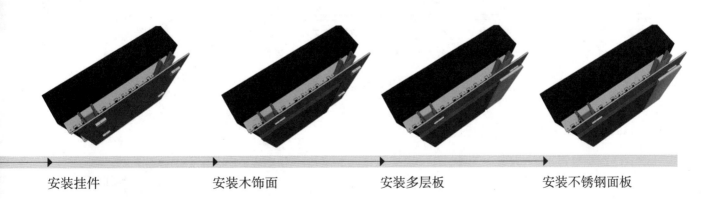

安装挂件 　　　安装木饰面 　　　安装多层板 　　　安装不锈钢面板

2. 墙面木饰面与木饰面收口

（1）墙面木饰面与木饰面收口（T形）

墙体

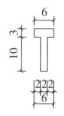 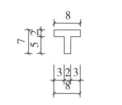

△大样图

三维解析图

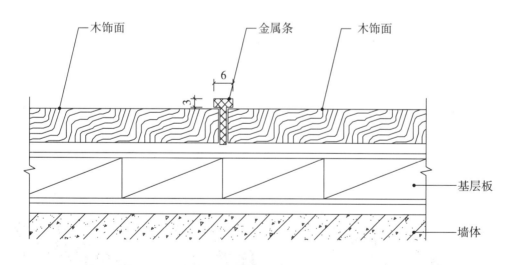

木饰面　　　　　金属条　　　　木饰面

基层板

墙体

△节点图

施工流程

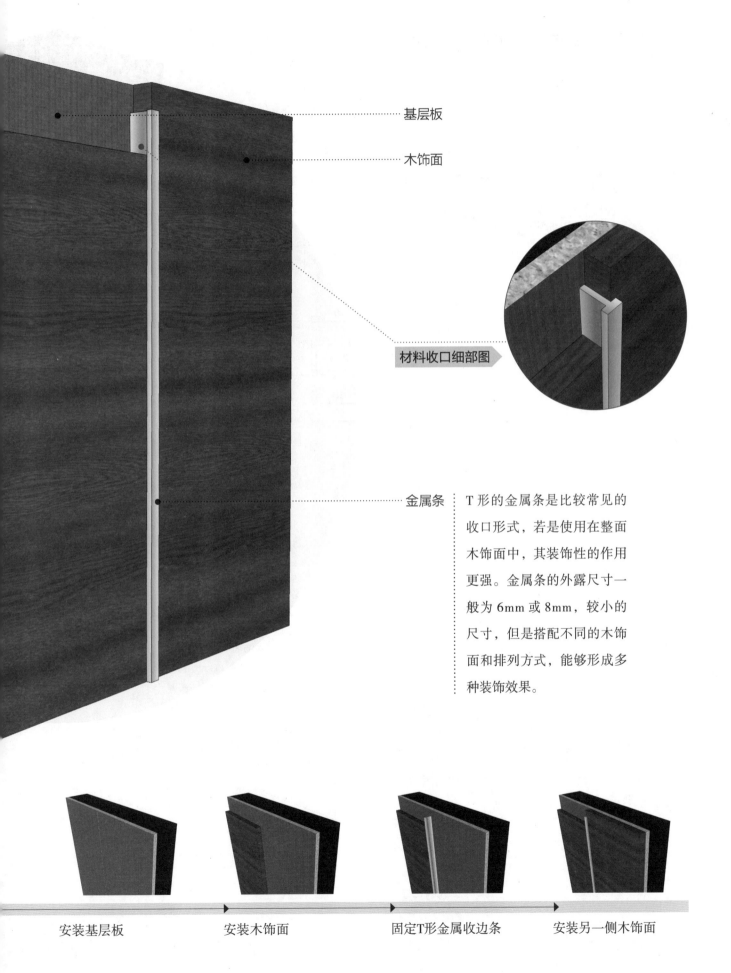

基层板

木饰面

材料收口细部图

金属条

T 形的金属条是比较常见的收口形式，若是使用在整面木饰面中，其装饰性的作用更强。金属条的外露尺寸一般为 6mm 或 8mm，较小的尺寸，但是搭配不同的木饰面和排列方式，能够形成多种装饰效果。

安装基层板　　　　　安装木饰面　　　　　固定T形金属收边条　　　　　安装另一侧木饰面

（2）墙面木饰面与木饰面收口（内凹式）

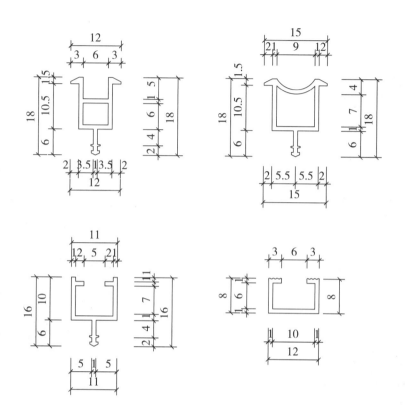

△大样图

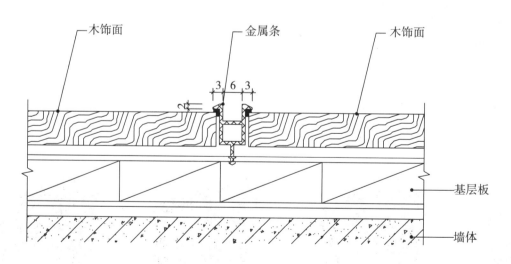

木饰面　　　　金属条　　　　木饰面

基层板

墙体

△节点图

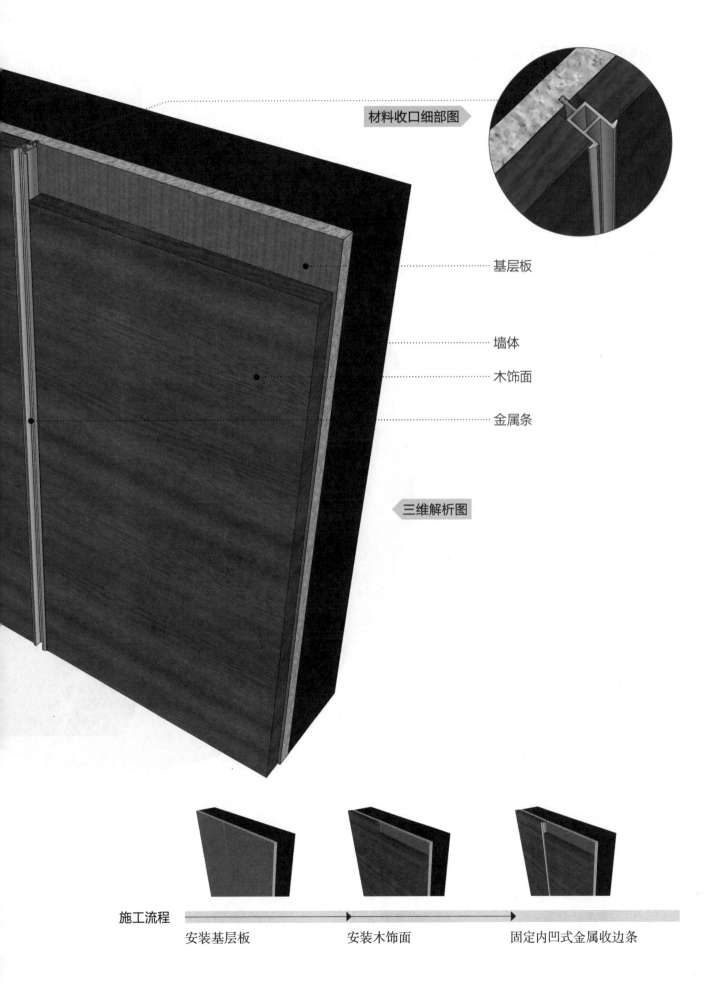

材料收口细部图

基层板

墙体

木饰面

金属条

三维解析图

施工流程

安装基层板 安装木饰面 固定内凹式金属收边条

（3）墙面木饰面与木饰面收口（方管型）

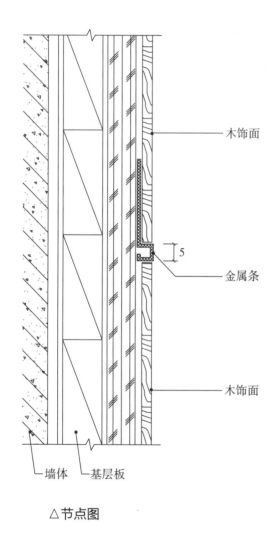

木饰面

金属条

木饰面

墙体　基层板

△节点图

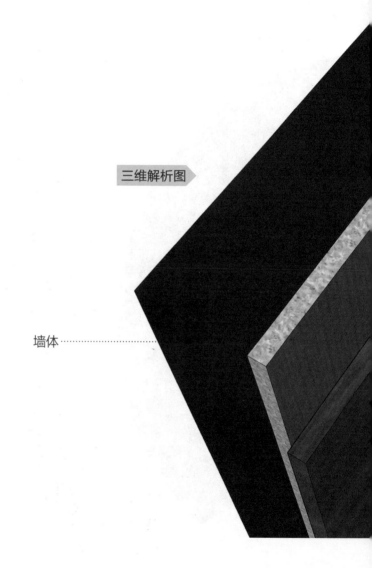

三维解析图

墙体

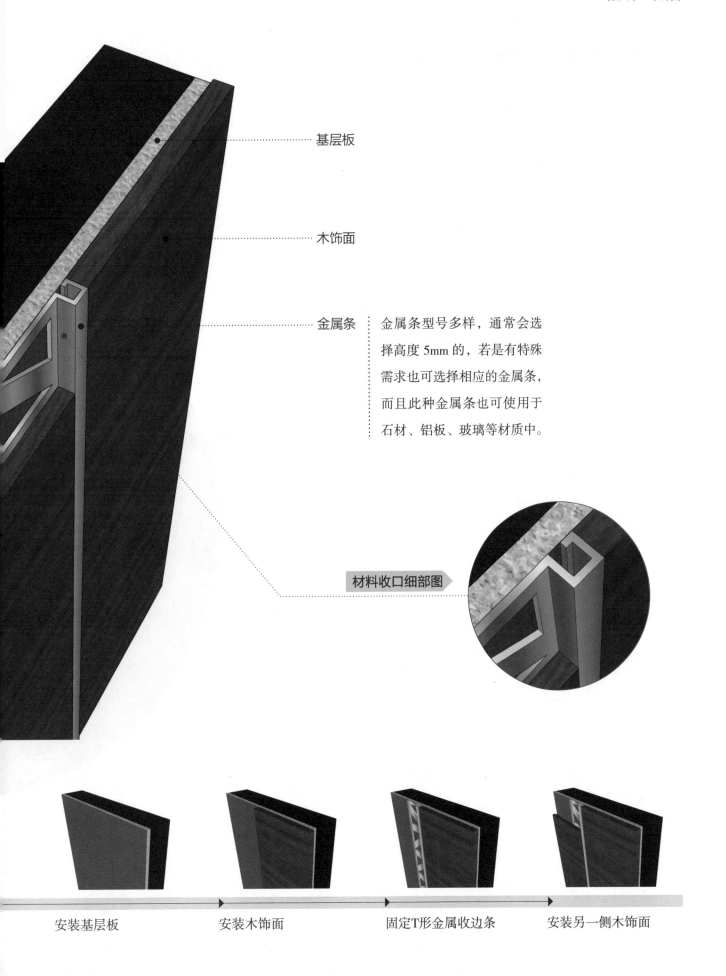

基层板

木饰面

金属条　　金属条型号多样，通常会选
　　　　　择高度 5mm 的，若是有特殊
　　　　　需求也可选择相应的金属条，
　　　　　而且此种金属条也可使用于
　　　　　石材、铝板、玻璃等材质中。

材料收口细部图

安装基层板　　　　安装木饰面　　　　固定T形金属收边条　　　　安装另一侧木饰面

（4）墙面木饰面与木饰面收口（U形）

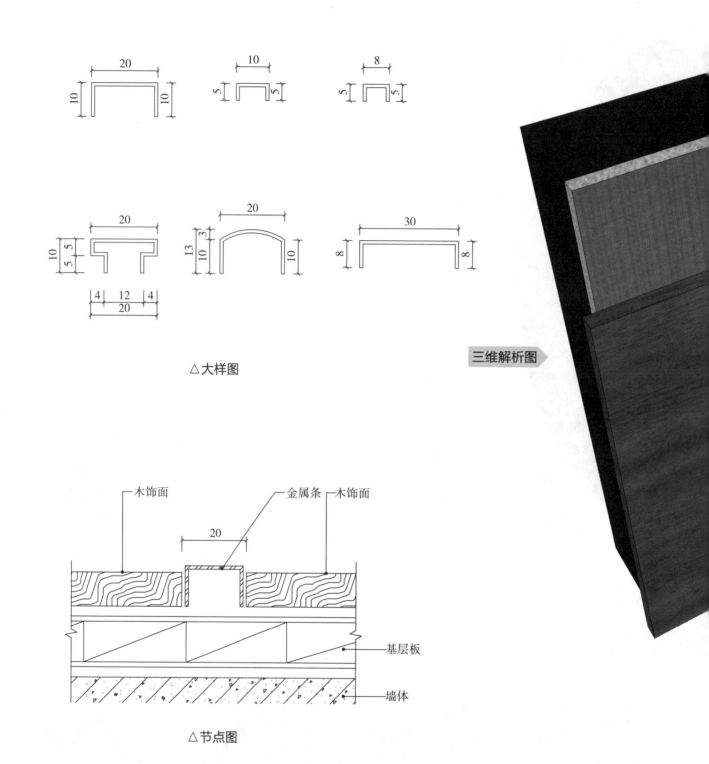

△大样图

三维解析图

△节点图

木饰面　金属条　木饰面　20　基层板　墙体

施工流程

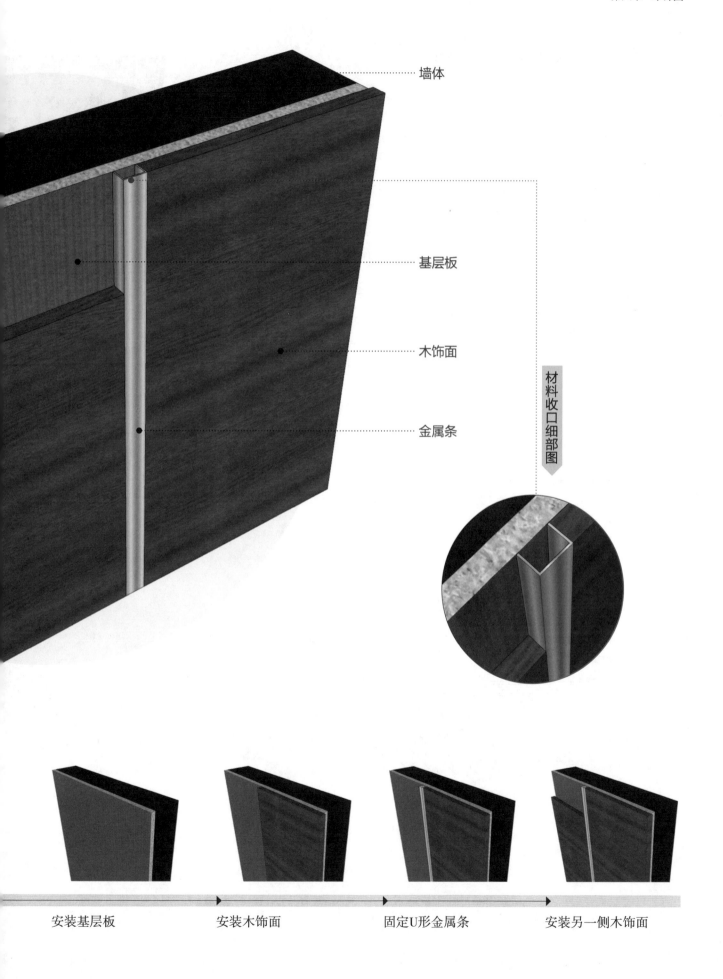

墙体

基层板

木饰面

金属条

材料收口细部图

安装基层板　　　安装木饰面　　　固定U形金属条　　　安装另一侧木饰面

（5）墙面木饰面与木饰面收口（弧形1）

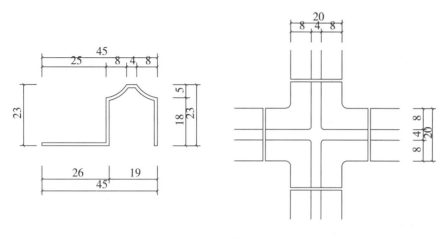

△大样图

三维解析图

木饰面　　　　　　　　　　金属条　　　木饰面

基层板

墙体

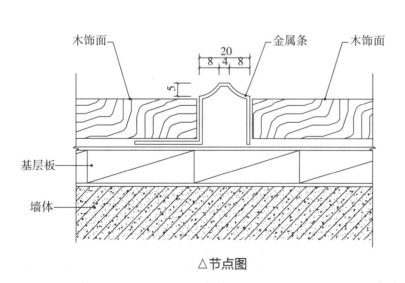

△节点图

施工流程

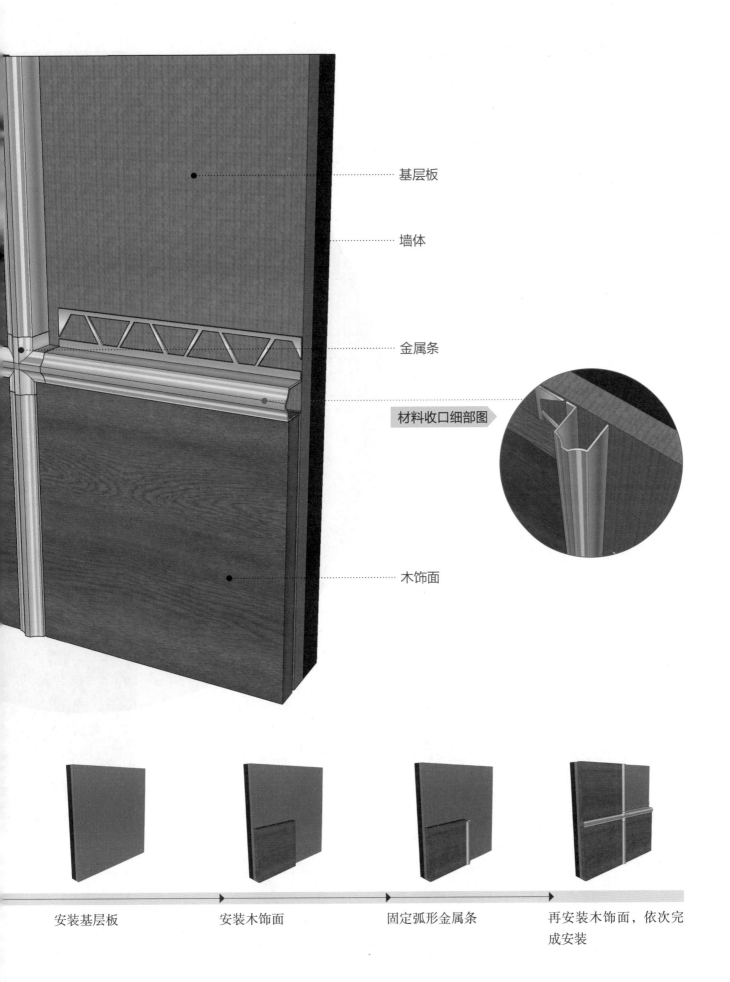

基层板

墙体

金属条

材料收口细部图

木饰面

安装基层板　　　　　安装木饰面　　　　　固定弧形金属条　　　　再安装木饰面，依次完
　　　　　　　　　　　　　　　　　　　　　　　　　　　　　　成安装

（6）墙面木饰面与木饰面收口（弧形2）

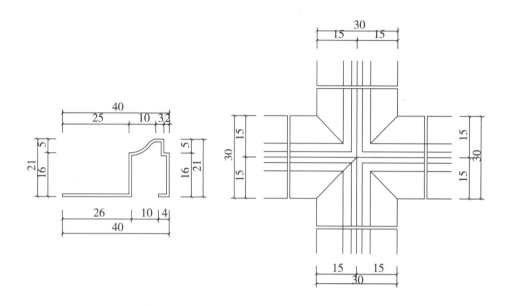

△大样图

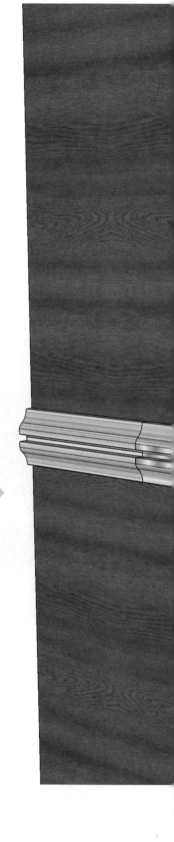

三维解析图

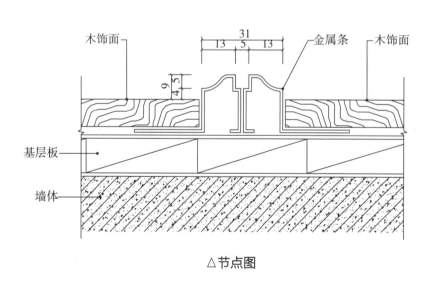

木饰面 　　　　　　　　金属条　　木饰面

△节点图

基层板

墙体

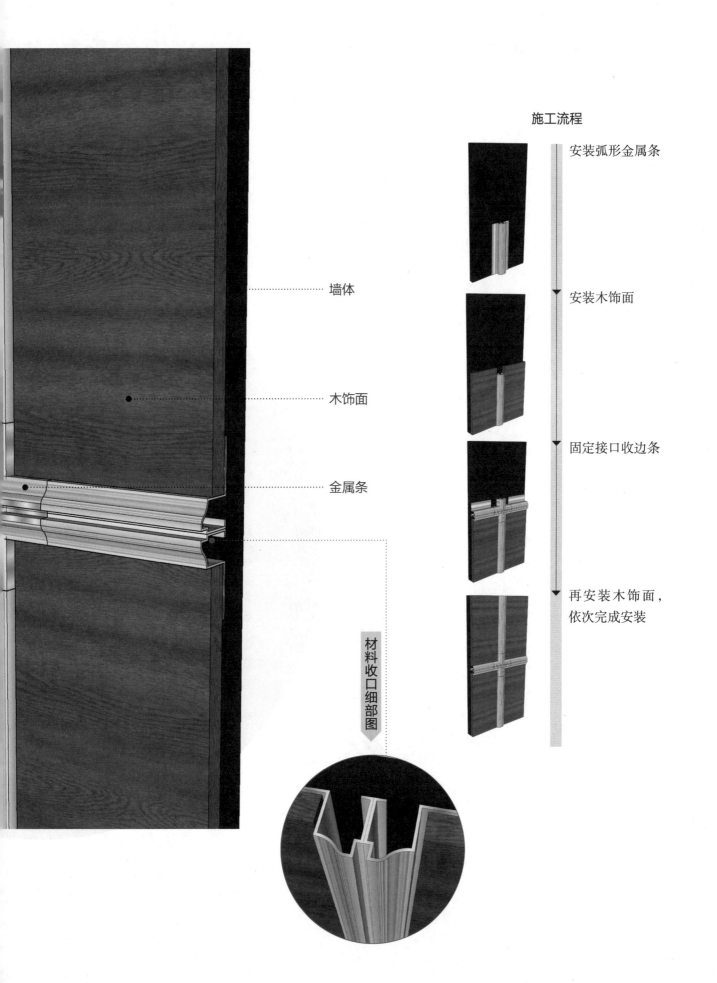

墙体

木饰面

金属条

材料收口细部图

施工流程

安装弧形金属条

安装木饰面

固定接口收边条

再安装木饰面，
依次完成安装

（7）墙面木饰面与木饰面收口（弧形3）

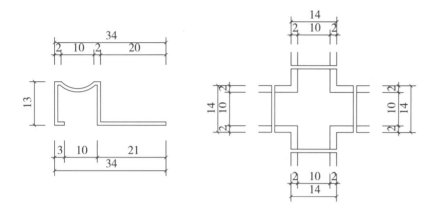

△大样图

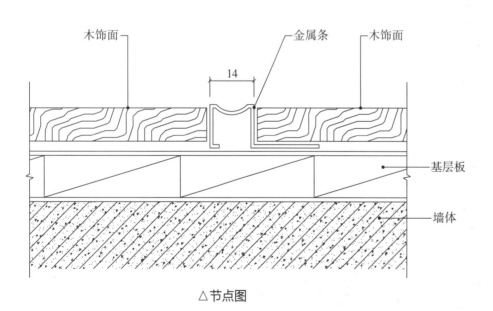

木饰面　　　金属条　　木饰面

14

基层板

墙体

△节点图

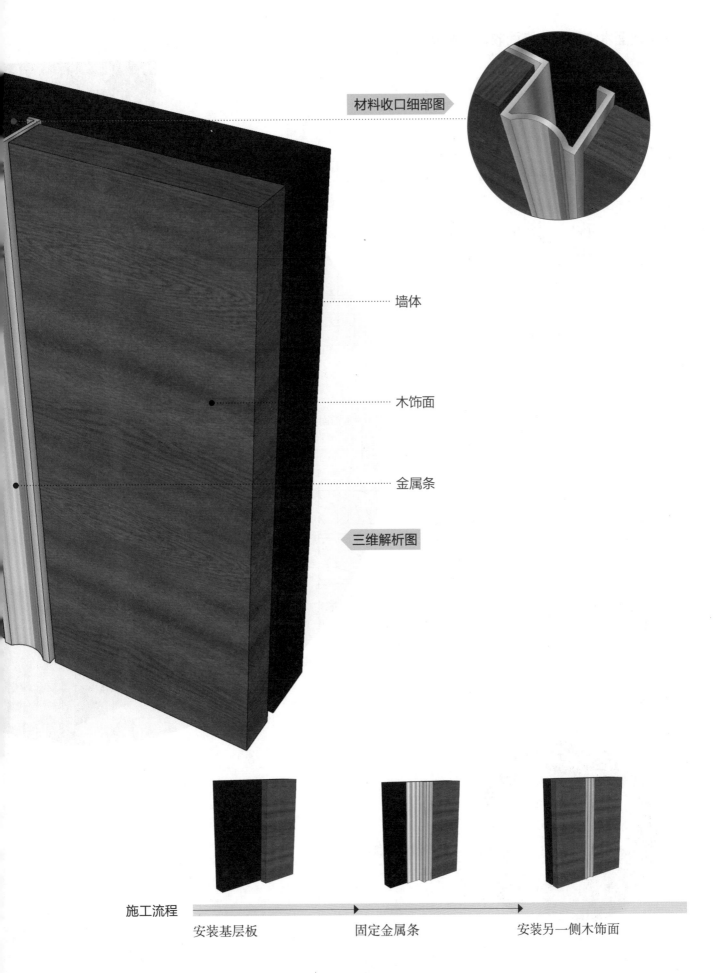

材料收口细部图▶

墙体

木饰面

金属条

◀三维解析图

施工流程

安装基层板   固定金属条   安装另一侧木饰面

（8）墙面木饰面与木饰面收口（凹缝型1）

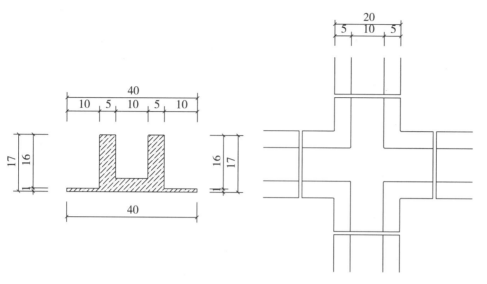

△大样图

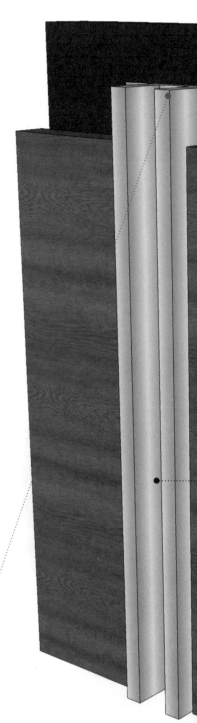

木饰面　　　　　　　金属条　　木饰面

基层板

墙体

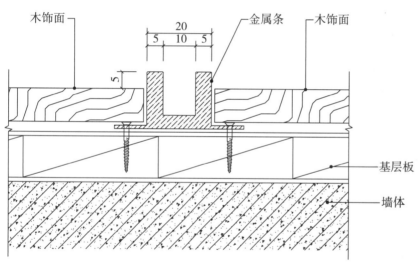

△节点图

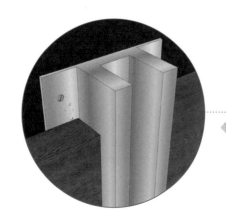

材料收口细部图

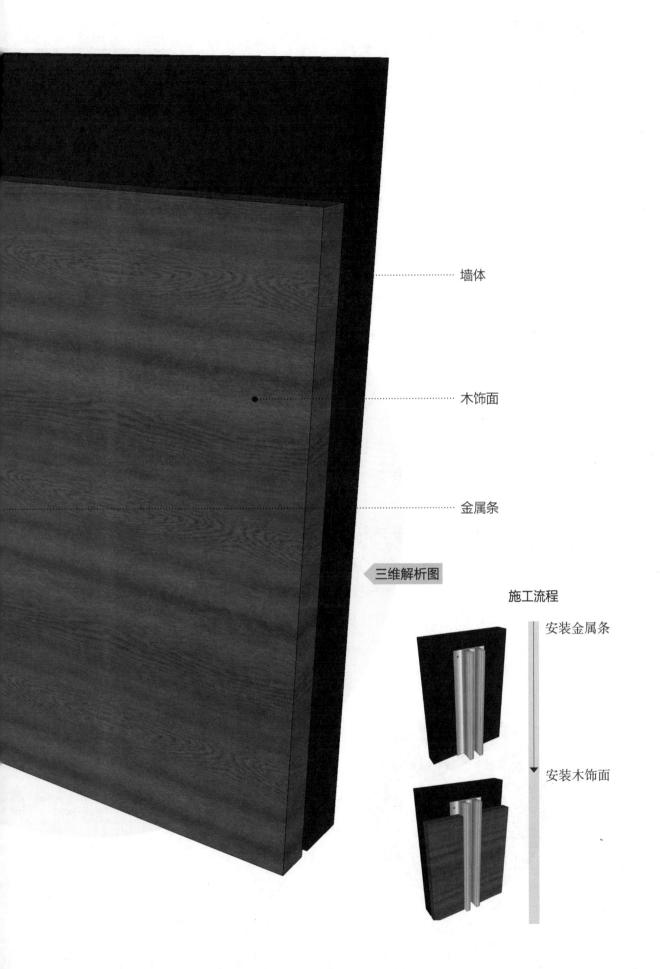

墙体

木饰面

金属条

三维解析图

施工流程

安装金属条

安装木饰面

（9）墙面木饰面与木饰面收口（凹缝型 2）

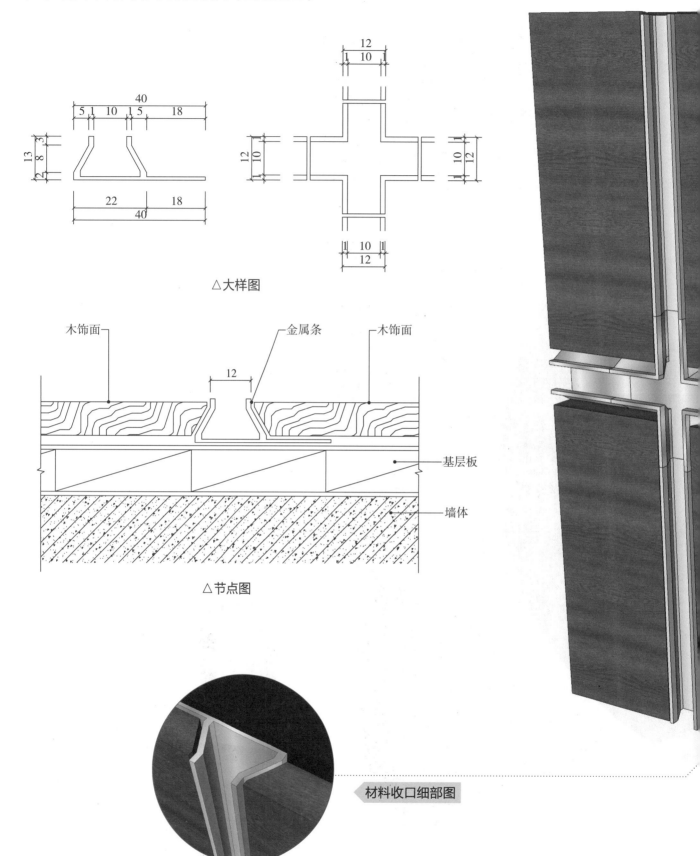

△大样图

木饰面　　　　　　　　　　金属条　　　　木饰面

基层板

墙体

△节点图

材料收口细部图

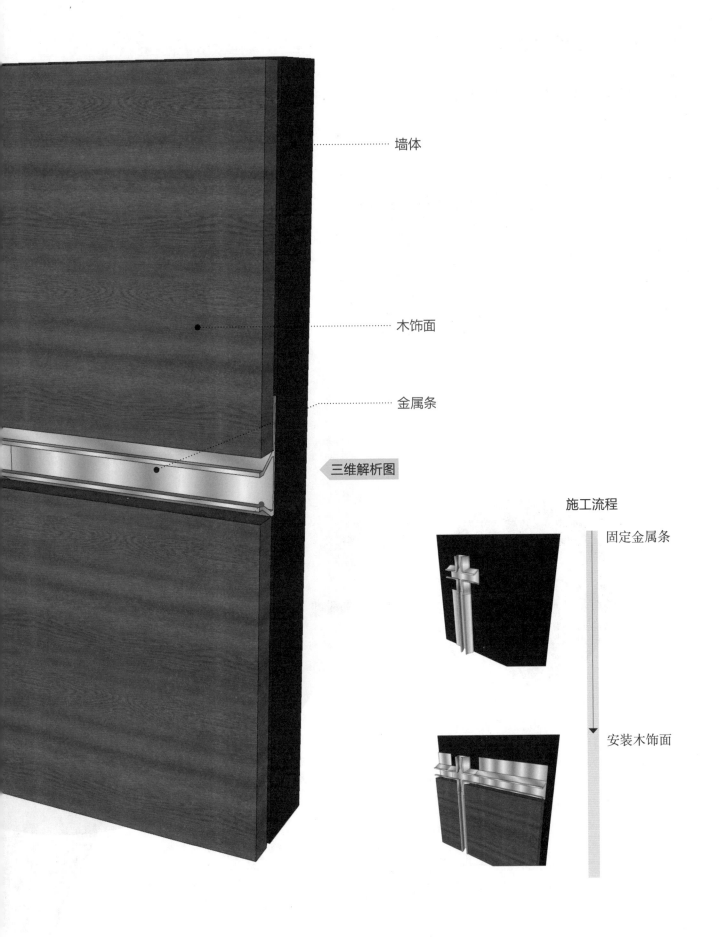

墙体

木饰面

金属条

三维解析图

施工流程

固定金属条

安装木饰面

3. 墙面木饰面阳角收口

（1）墙面木饰面阳角收口（方管形）

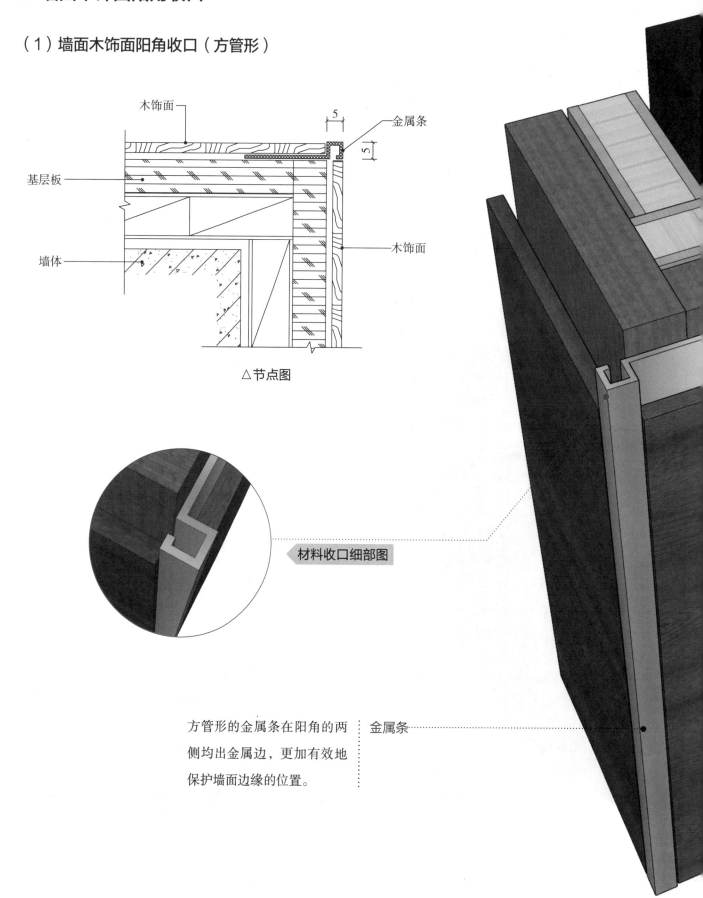

△ 节点图

材料收口细部图

方管形的金属条在阳角的两侧均出金属边，更加有效地保护墙面边缘的位置。

金属条

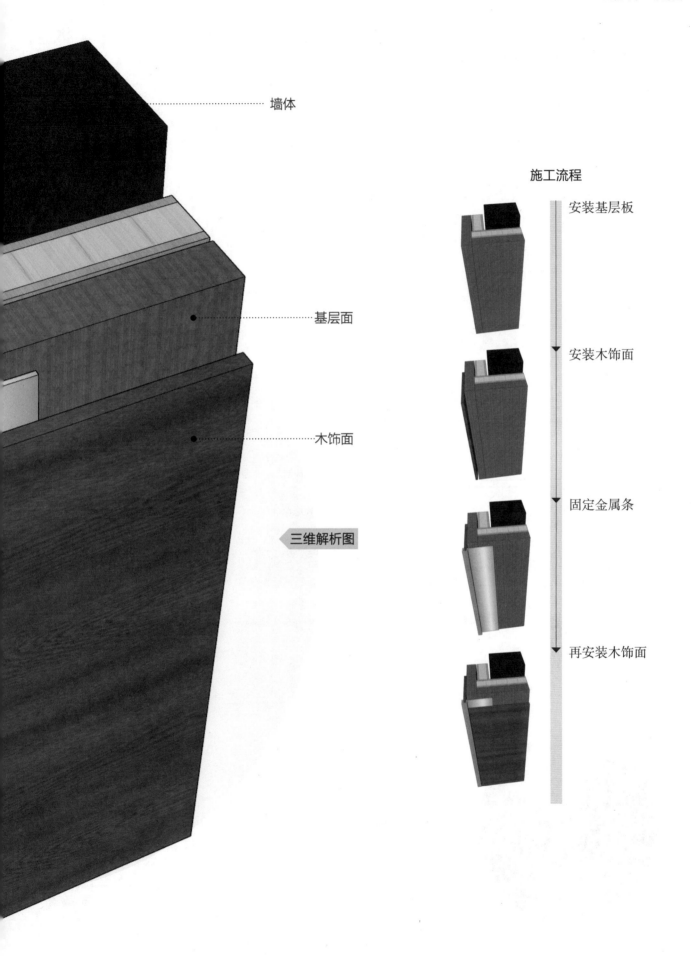

墙体

基层面

木饰面

三维解析图

施工流程

安装基层板

安装木饰面

固定金属条

再安装木饰面

（2）墙面木饰面阳角收口（弧形 1）

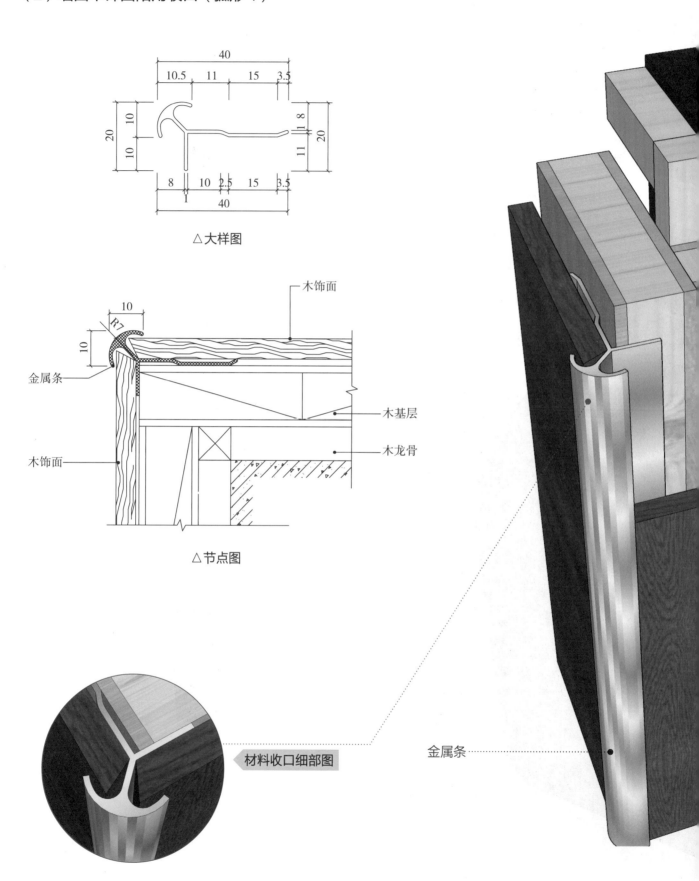

△大样图

木饰面

金属条

木基层

木龙骨

木饰面

△节点图

材料收口细部图

金属条

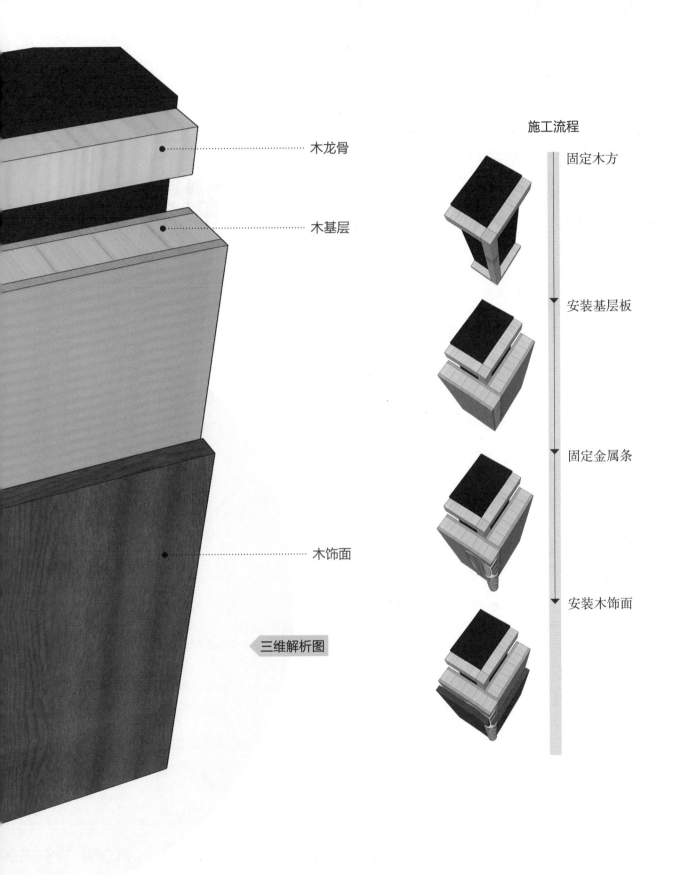

木龙骨

木基层

木饰面

◀ 三维解析图

施工流程

固定木方

安装基层板

固定金属条

安装木饰面

（3）墙面木饰面阳角收口（弧形2）

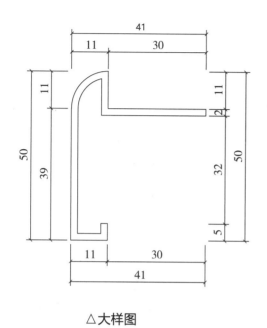

△ 大样图

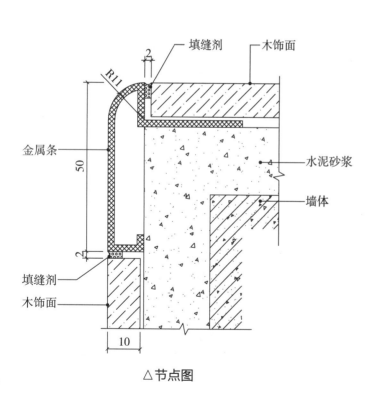

△ 节点图

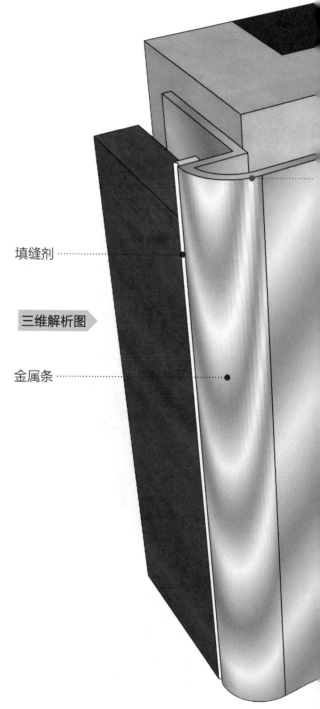

三维解析图

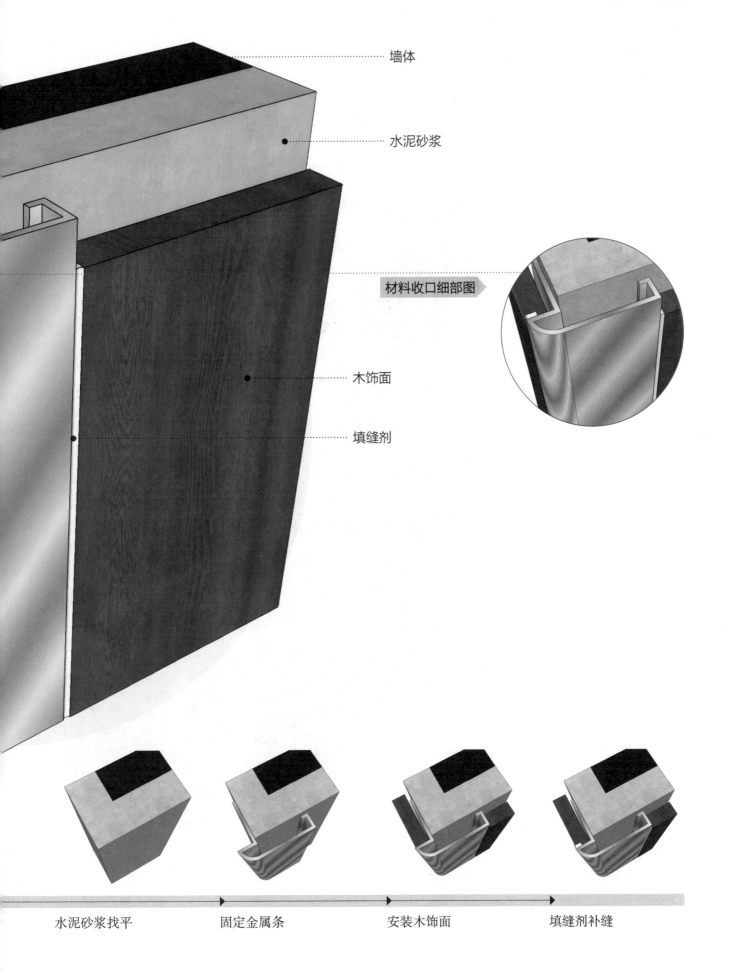

墙体

水泥砂浆

材料收口细部图

木饰面

填缝剂

水泥砂浆找平　　　　固定金属条　　　　安装木饰面　　　　填缝剂补缝

（4）墙面木饰面阳角收口（L 形）

墙体 ....

18mm 厚细木工板 ....

自攻螺钉 ....

木龙骨 ....

木饰面 ....

中性玻璃胶 ....

黑色金属压条 ....

三维解析图

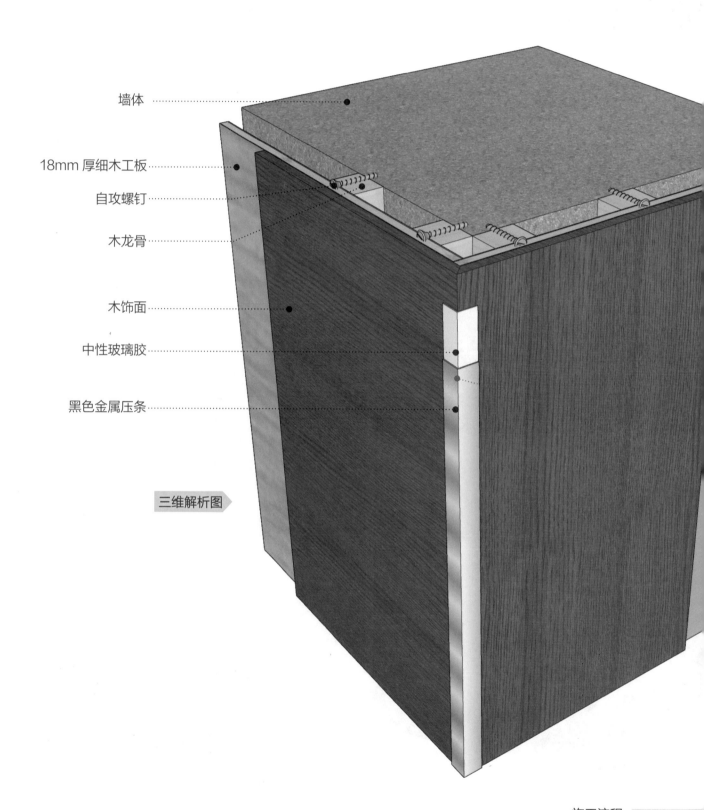

施工流程

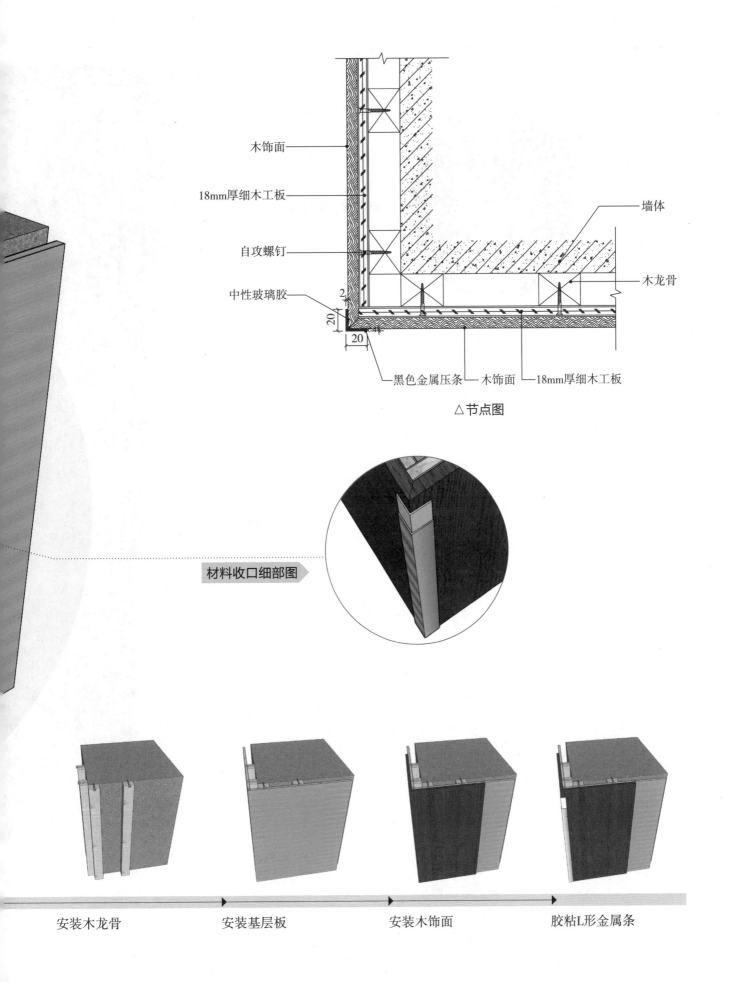

木饰面

18mm厚细木工板

自攻螺钉

中性玻璃胶

墙体

木龙骨

黑色金属压条 —— 木饰面 —— 18mm厚细木工板

△节点图

材料收口细部图

安装木龙骨   安装基层板   安装木饰面   胶粘L形金属条

（5）墙面木饰面阳角收口（U形）

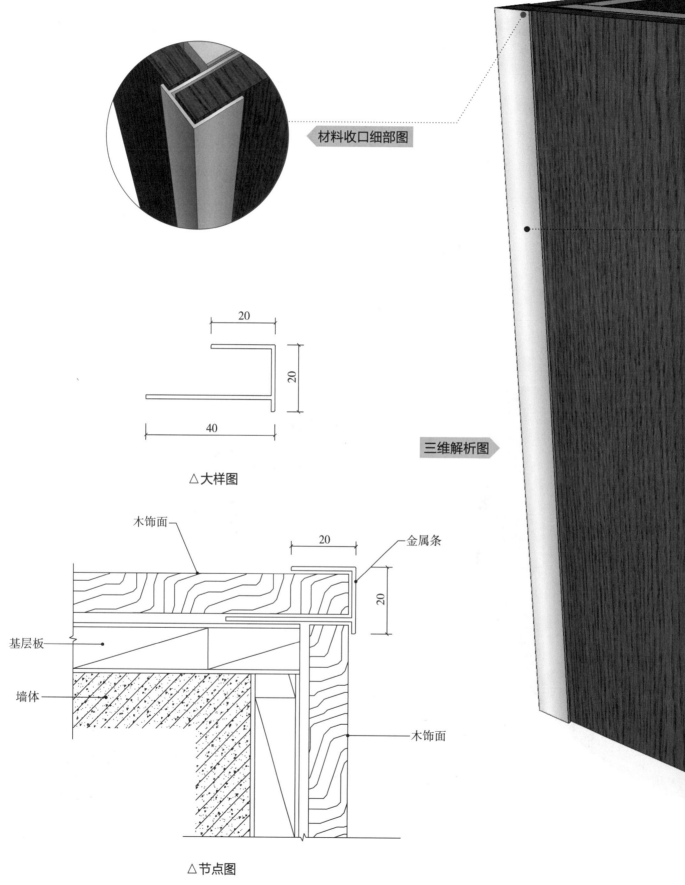

材料收口细部图

三维解析图

20

20

40

△大样图

木饰面

20

金属条

20

基层板

墙体

木饰面

△节点图

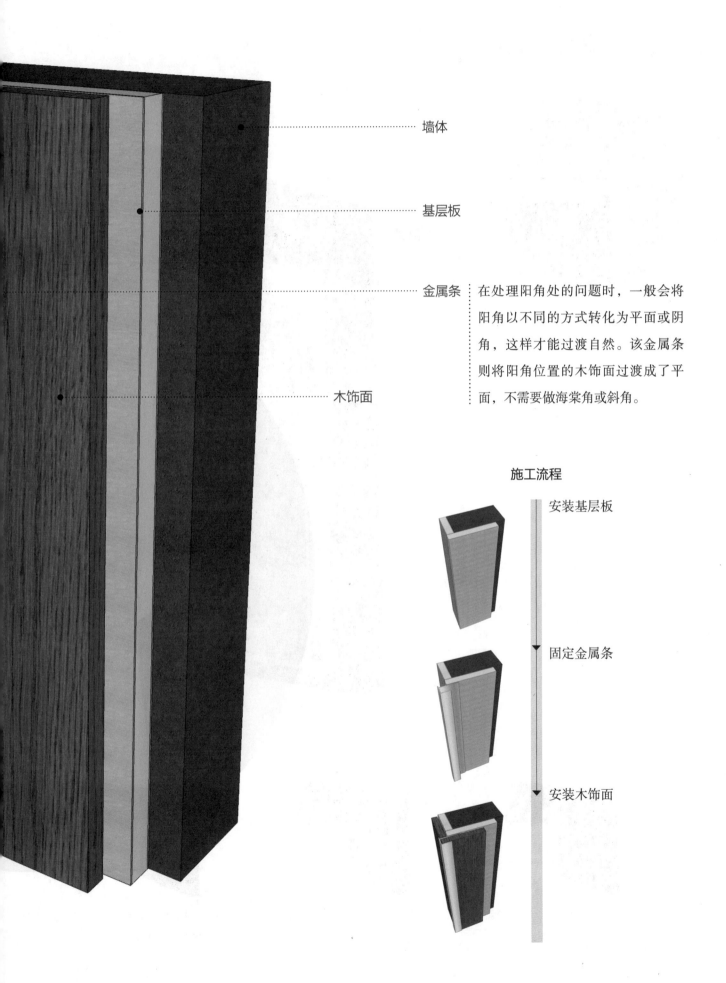

墙体

基层板

金属条

木饰面

在处理阳角处的问题时，一般会将阳角以不同的方式转化为平面或阴角，这样才能过渡自然。该金属条则将阳角位置的木饰面过渡成了平面，不需要做海棠角或斜角。

施工流程

安装基层板

固定金属条

安装木饰面

4. 墙面木饰面阴角收口

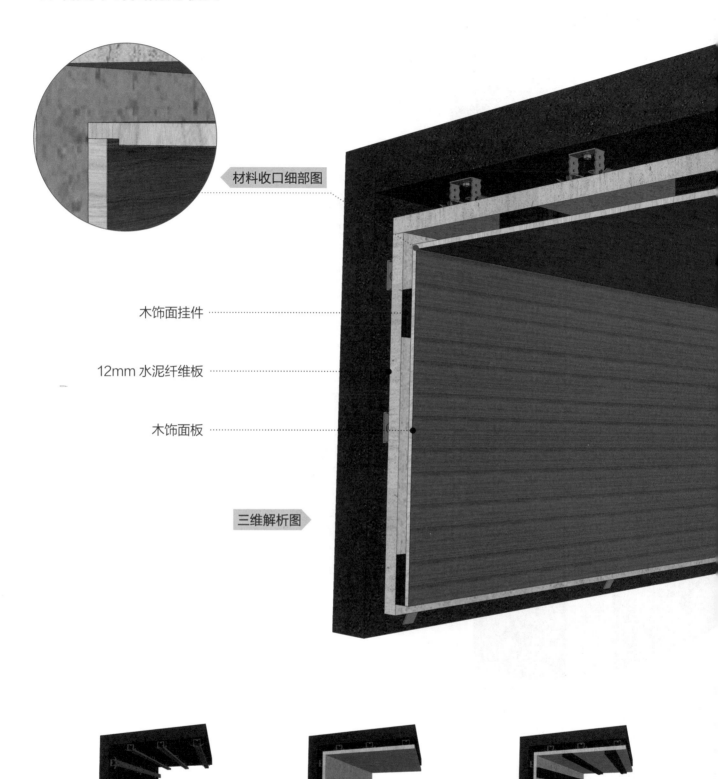

材料收口细部图

木饰面挂件

12mm 水泥纤维板

木饰面板

三维解析图

施工流程

安装龙骨

固定水泥纤维板

固定木饰面挂件

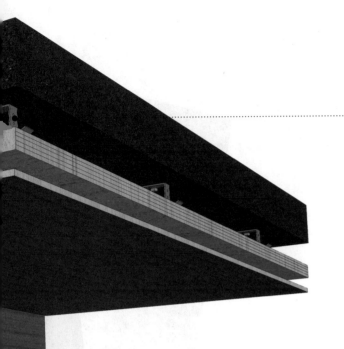

龙骨卡件

木饰面阴角收口方式采用
对撞的方式。图中收口方
式为对撞收口改进版，可
以防止木材的变形。

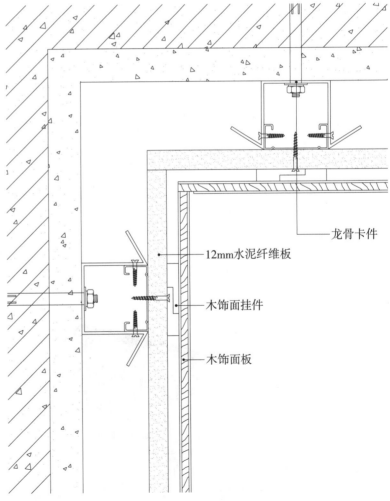

龙骨卡件

12mm水泥纤维板

木饰面挂件

木饰面板

安装木饰面板

△节点图

5. 墙面木饰面与木饰面收口（平缝线）

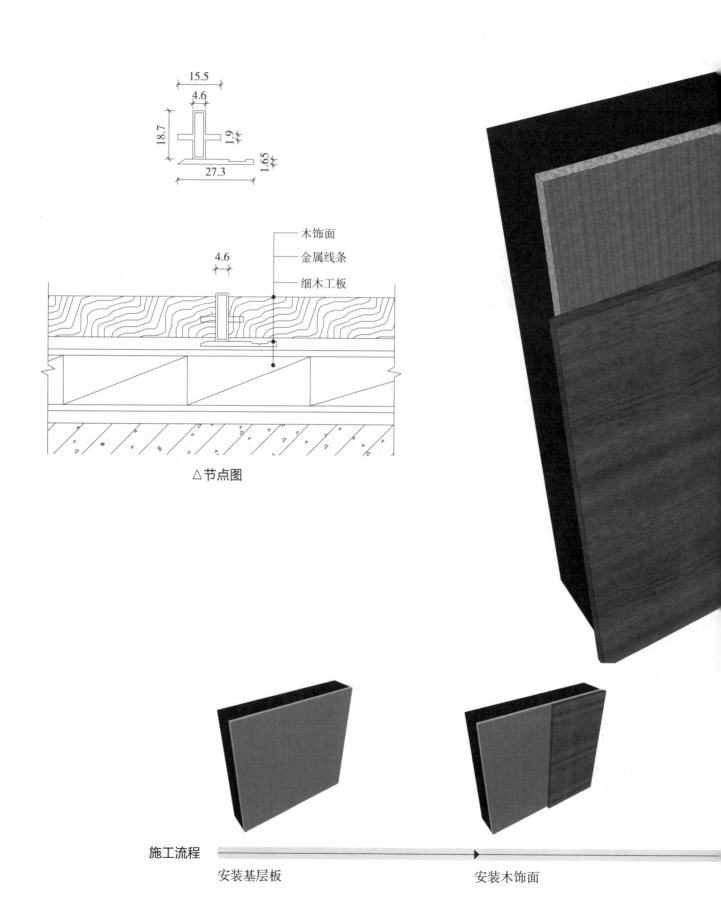

木饰面
金属线条
细木工板

△节点图

施工流程

安装基层板　　　　　　　　　　　安装木饰面

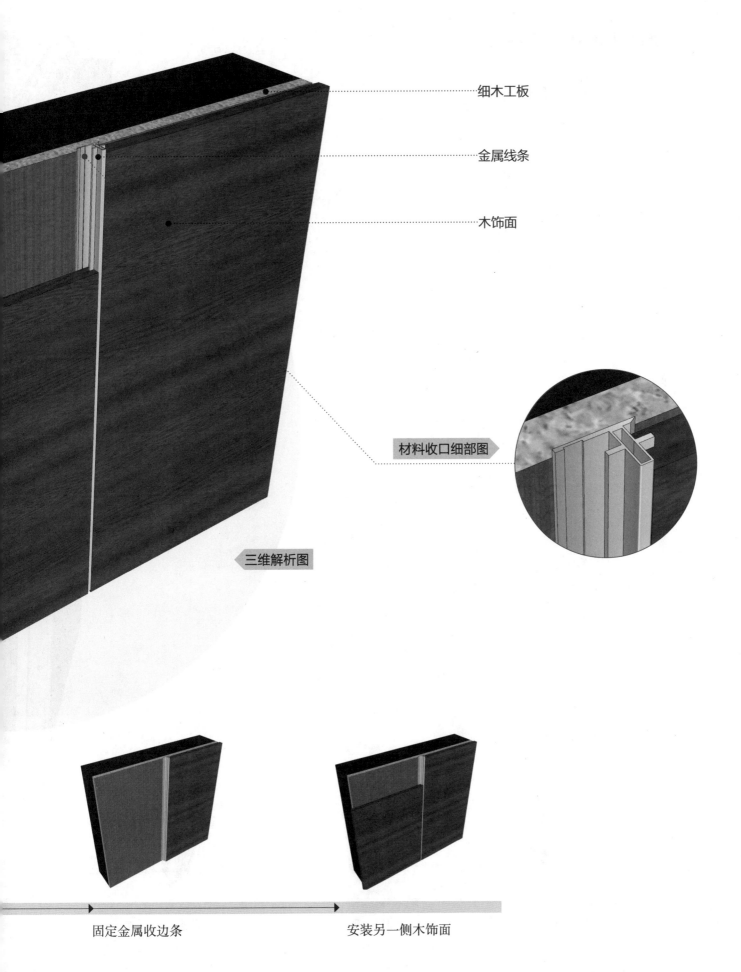

细木工板

金属线条

木饰面

材料收口细部图

三维解析图

固定金属收边条   安装另一侧木饰面

6. 墙面木饰面与灯光收口

（1）墙面木饰面阳角灯光收口

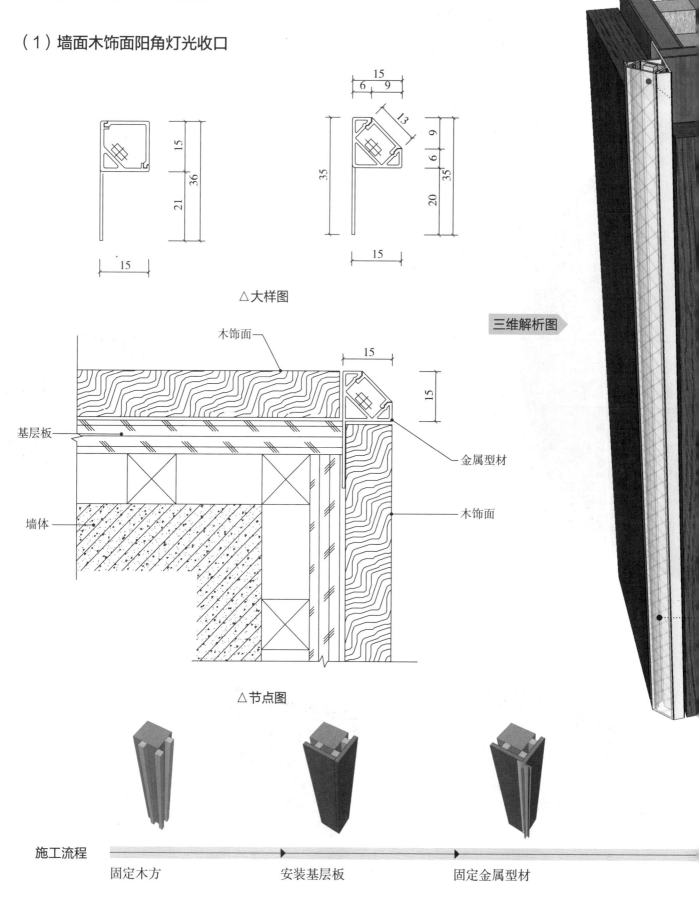

△大样图

三维解析图

木饰面

基层板

金属型材

木饰面

墙体

△节点图

施工流程

固定木方　　　　　　安装基层板　　　　　　固定金属型材

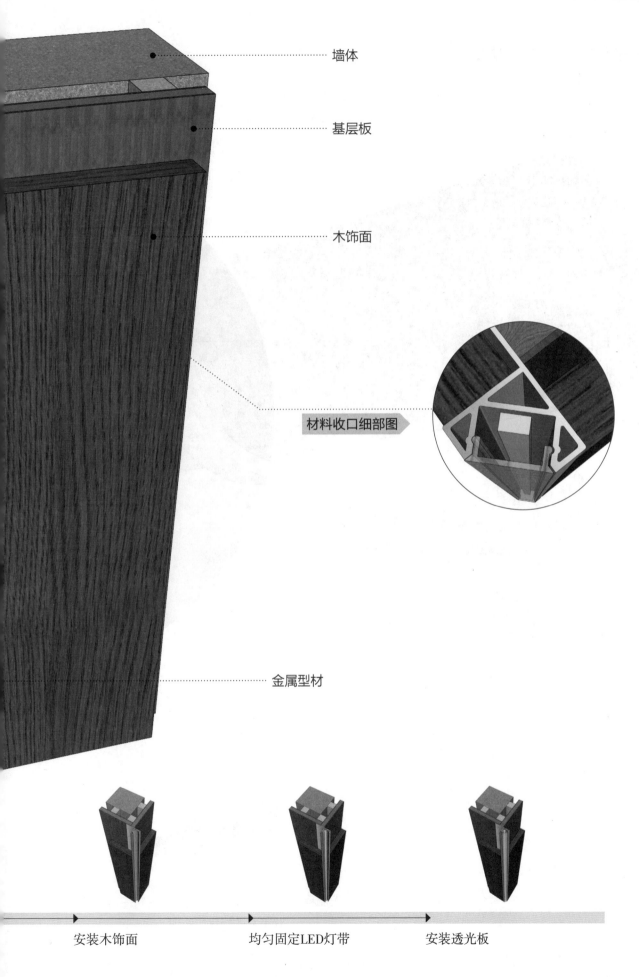

墙体

基层板

木饰面

材料收口细部图

金属型材

安装木饰面   均匀固定LED灯带   安装透光板

（2）圆形木饰面扶手灯光收口

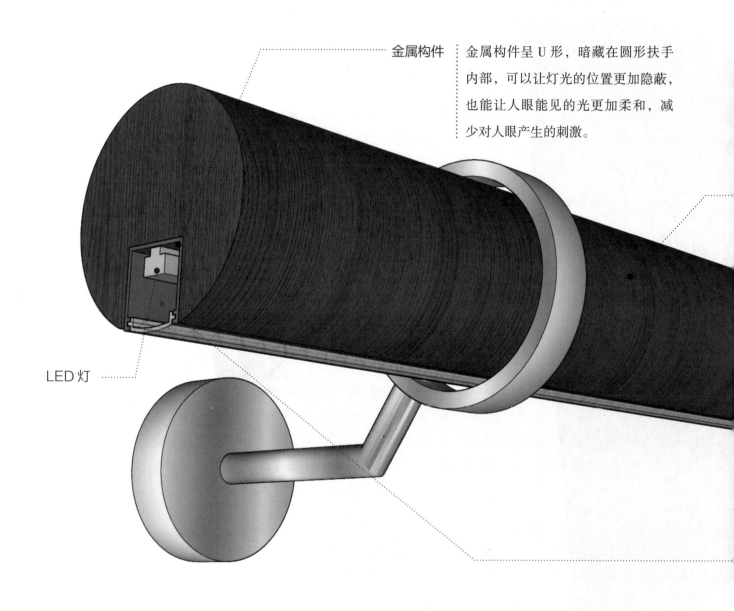

金属构件

金属构件呈 U 形，暗藏在圆形扶手内部，可以让灯光的位置更加隐蔽，也能让人眼能见的光更加柔和，减少对人眼产生的刺激。

LED 灯

施工流程

对实木进行裁切处理

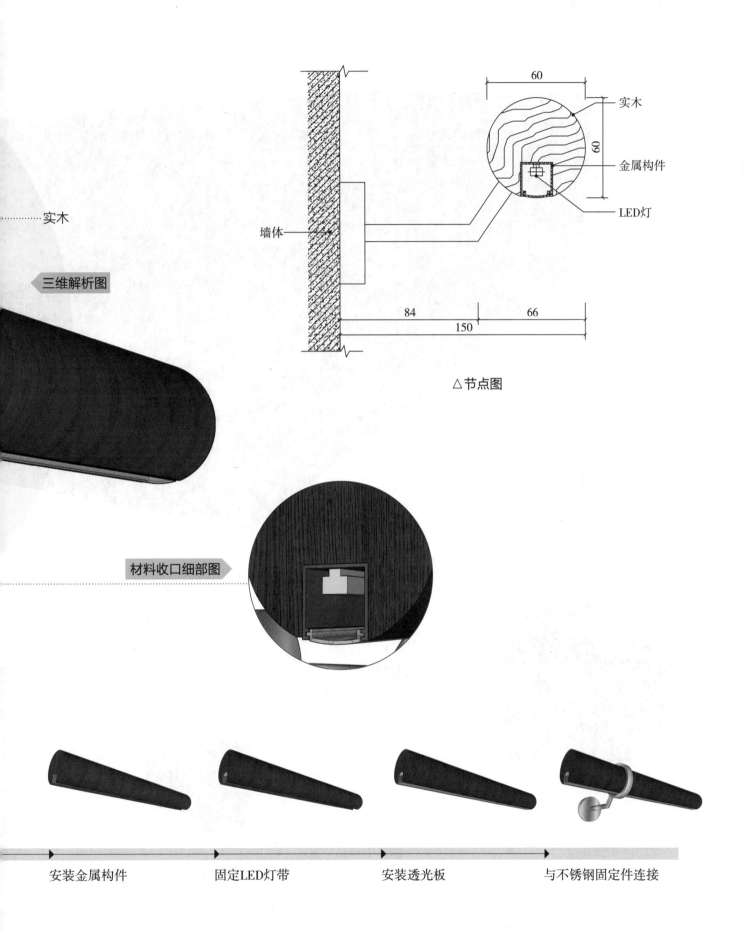

实木

三维解析图

材料收口细部图

60

实木

60

金属构件

LED灯

墙体

84   66

150

△节点图

安装金属构件   固定LED灯带   安装透光板   与不锈钢固定件连接

（3）方形木饰面扶手灯光收口

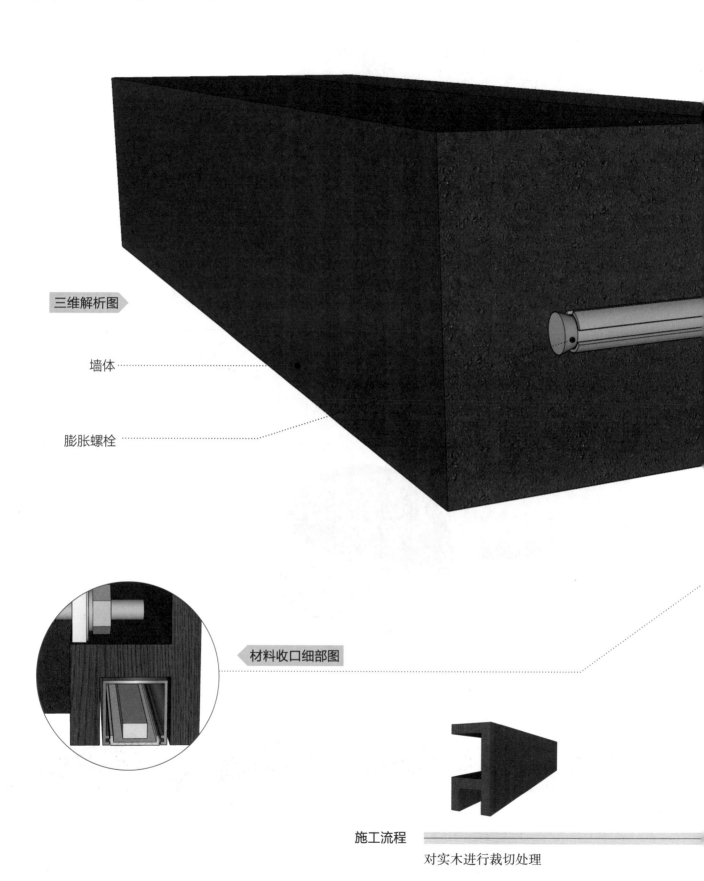

三维解析图

墙体 ......

膨胀螺栓 ......

材料收口细部图

施工流程

对实木进行裁切处理

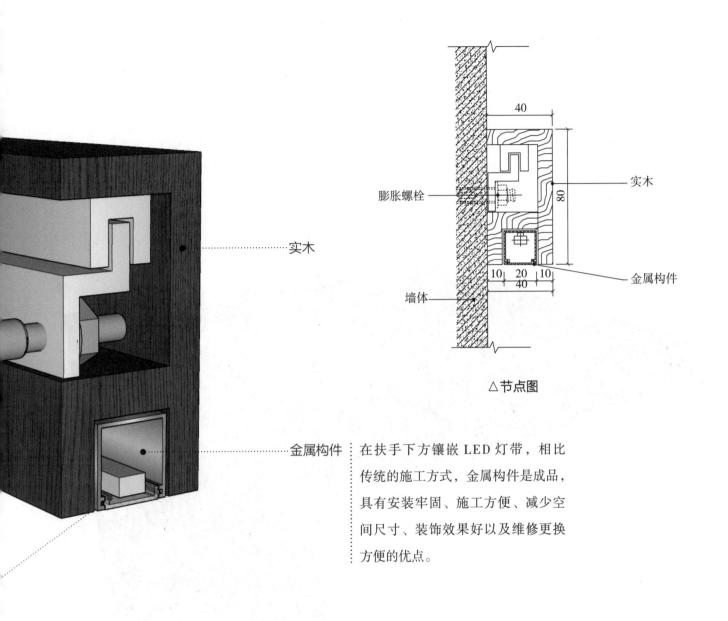

膨胀螺栓

实木

墙体

实木

金属构件

△节点图

在扶手下方镶嵌 LED 灯带，相比传统的施工方式，金属构件是成品，具有安装牢固、施工方便、减少空间尺寸、装饰效果好以及维修更换方便的优点。

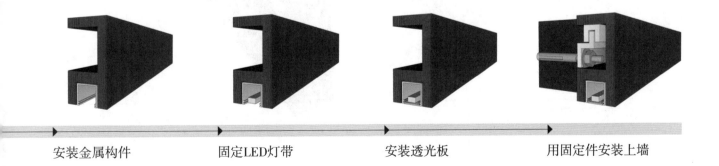

安装金属构件　　　　固定LED灯带　　　　安装透光板　　　　用固定件安装上墙

7. 窗台木饰面阳角收口 1

木饰面   墙体   采用榫接收口法，适用
                                                        于厚度较大的木饰面板
                                                        或是实木材料的收口。

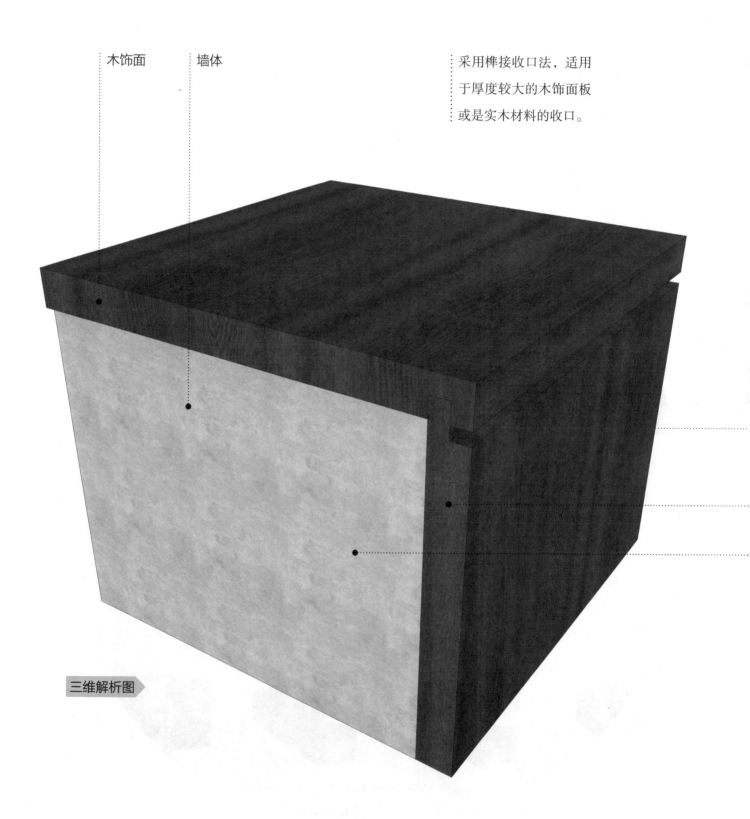

三维解析图

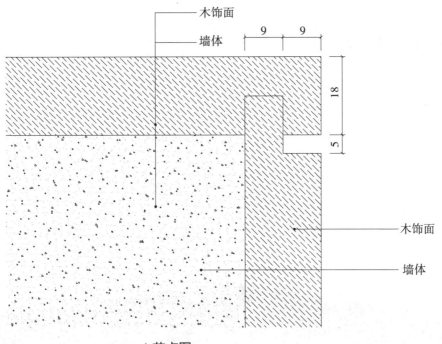

木饰面
墙体

9 9

18

5

木饰面

墙体

△节点图

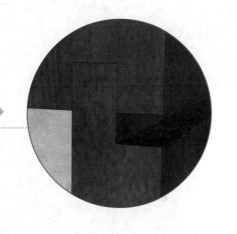

材料收口细部图

木饰面

墙体

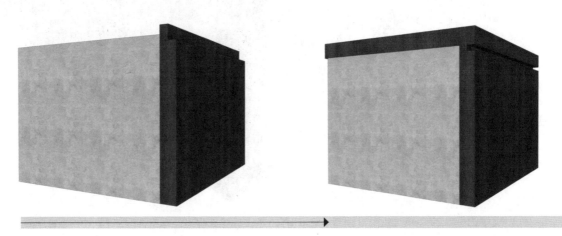

施工流程

固定木饰面   采用榫接固定另一个木板

8. 窗台木饰面阳角收口 2

木饰面　　　墙体

采用榫接收口法将收口形成海棠角，相比传统的碰角，海棠角在造型上显得更加细致美观。

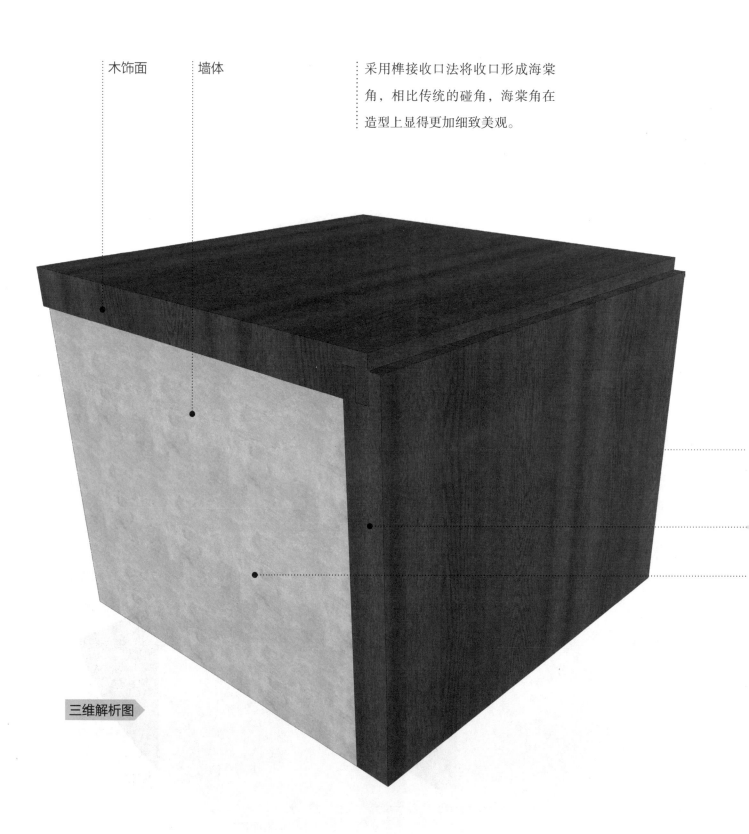

三维解析图

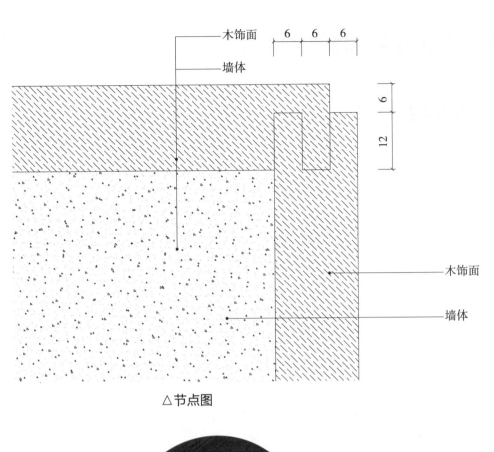

△节点图

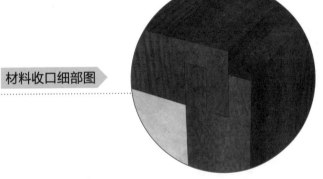

材料收口细部图

········· 木饰面

········· 墙体

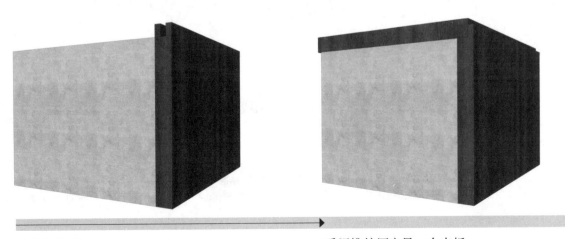

施工流程

固定木饰面   采用榫接固定另一个木板

三、墙面木饰面与地面材料收口

1. 墙面木饰面与地砖收口

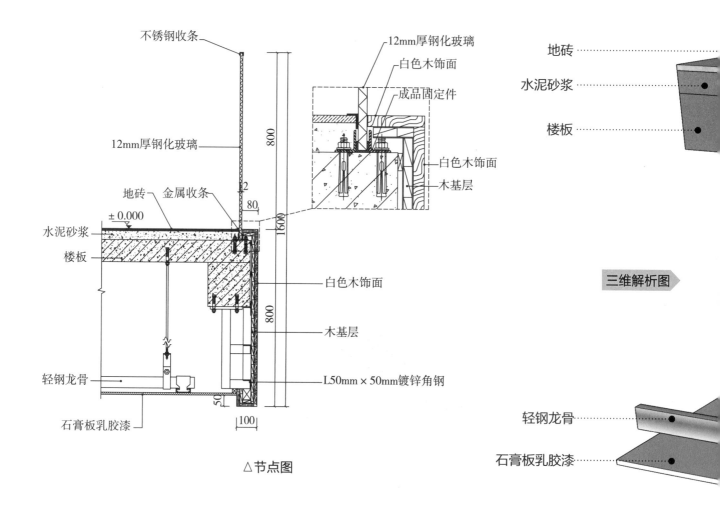

△节点图

该节点一般出现于上下楼层共享处，玻璃栏杆用金属结构固定，侧面可用木饰面或石膏板饰面，结构可采用木龙骨或轻钢龙骨结构，与另一顶棚的过渡需要下落 50mm，这种做法通常是在商业空间中（如商场）。

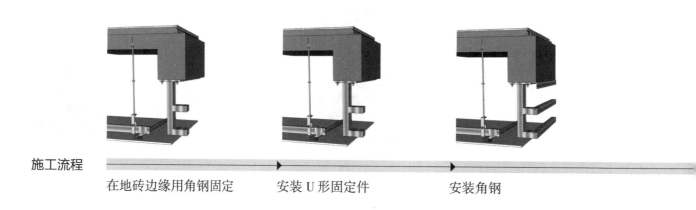

施工流程

在地砖边缘用角钢固定　　　安装 U 形固定件　　　安装角钢

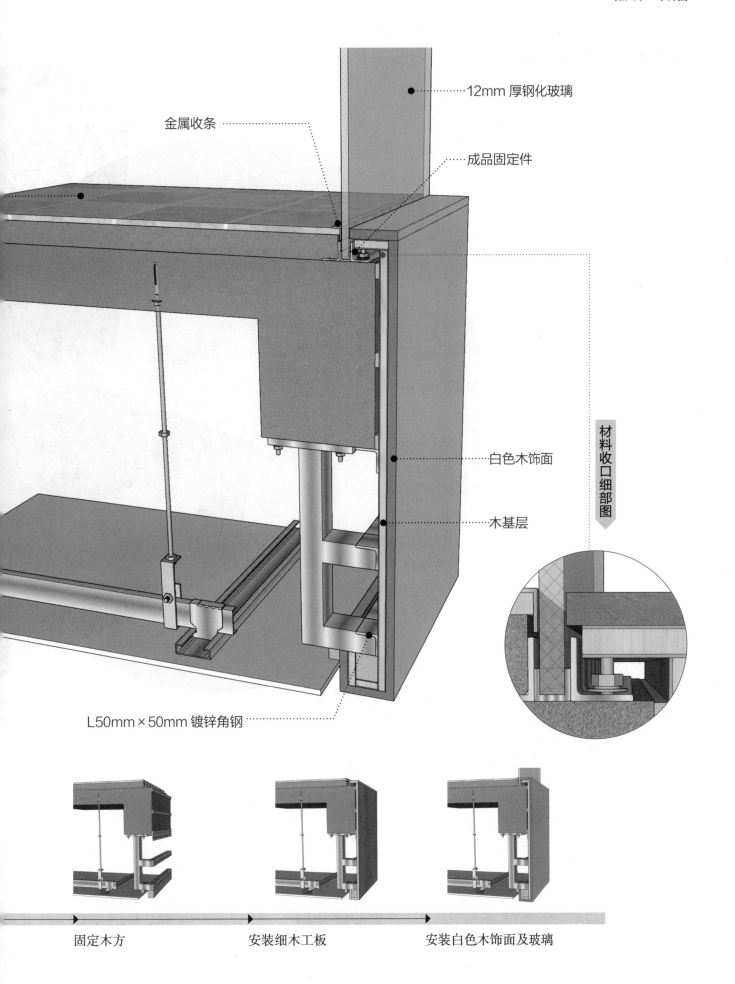

12mm 厚钢化玻璃

金属收条

成品固定件

白色木饰面

木基层

材料收口细部图

L50mm×50mm 镀锌角钢

固定木方

安装细木工板

安装白色木饰面及玻璃

2. 墙面木饰面与石材地面收口（内凹式）

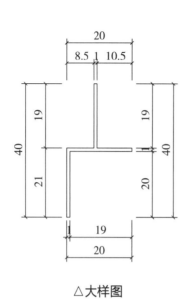

△大样图

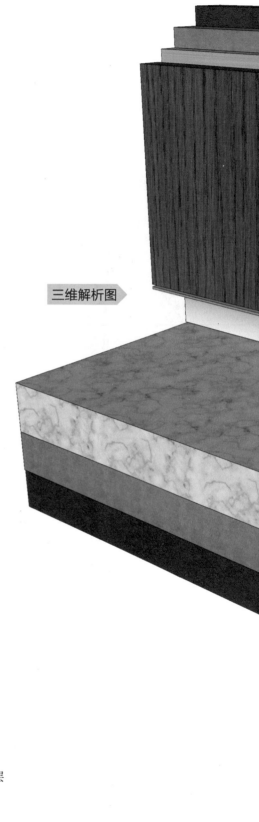

三维解析图

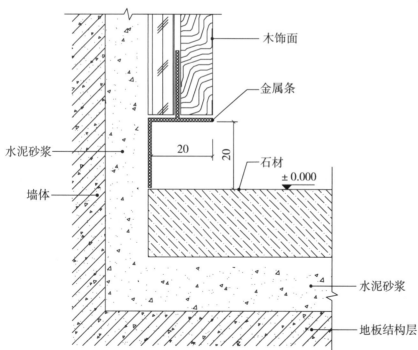

木饰面

金属条

水泥砂浆

墙体

石材

± 0.000

水泥砂浆

地板结构层

△节点图

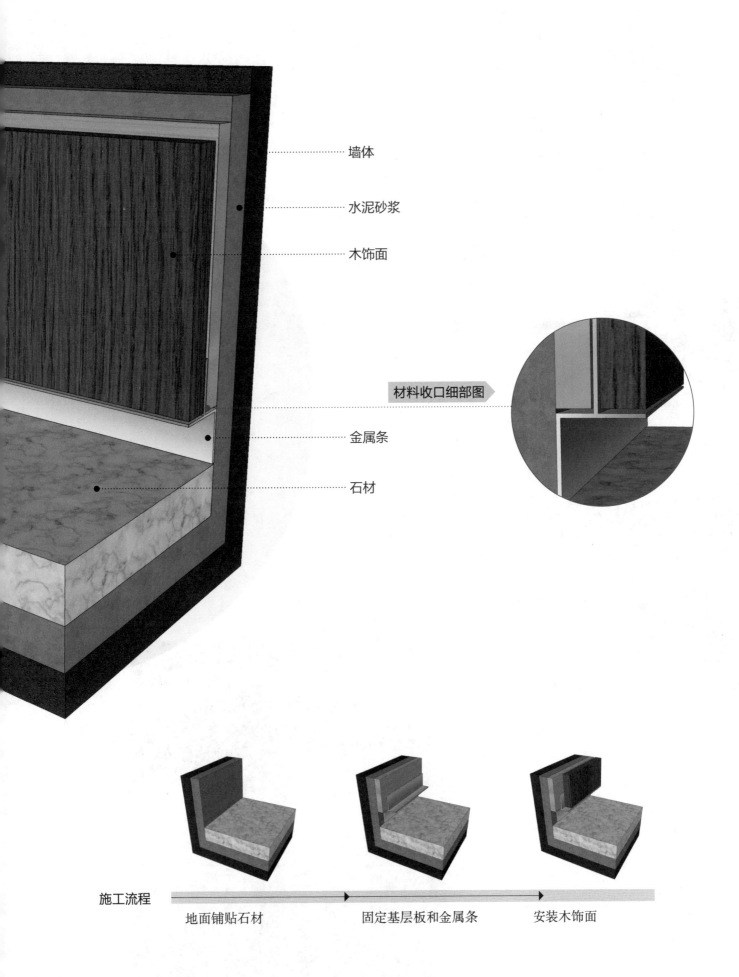

墙体

水泥砂浆

木饰面

材料收口细部图

金属条

石材

施工流程

地面铺贴石材　　　　　固定基层板和金属条　　　　安装木饰面

第七章

木地板

木地板一般可分为实木地板、实木复合地板、强化地板及软木地板。实木地板又名原木地板，是天然木材经烘干、加工后制成的地面装饰材料。它具有木材自然生长的纹理，色泽自然；实木复合地板兼具了实木地板的美观性与强化复合地板稳定性，具有自然美观、脚感舒适、耐磨、耐热、耐冲击、阻燃、防霉、防蛀、隔声、保温、不易变形，铺设方便等优点；强化地板不需要打蜡，耐磨、稳定性好，色彩、花样丰富，防火性能好，日常护理简单；软木地板的主要材质则是橡树的树皮，与实木地板相比更具环保性、隔声性，防潮效果也更佳，具有弹性和韧性。

一、地面木地板与其他材料收口

1. 地面木地板与环氧磨石收口

L 形收边条
L 形收边条将环氧磨石和木地板分隔开来，两者互不影响。

木地板

12mm 厚多层板

防水层

三维解析图 ▶

木龙骨

橡胶垫

施工流程 ▶

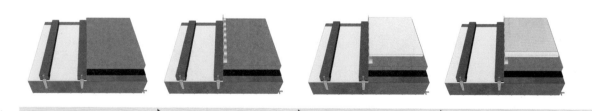

做地面找平并安装木龙骨 → 安装L形收口条 → 环氧磨石部分做找平，为和木地板相平 → 环氧磨石做底涂

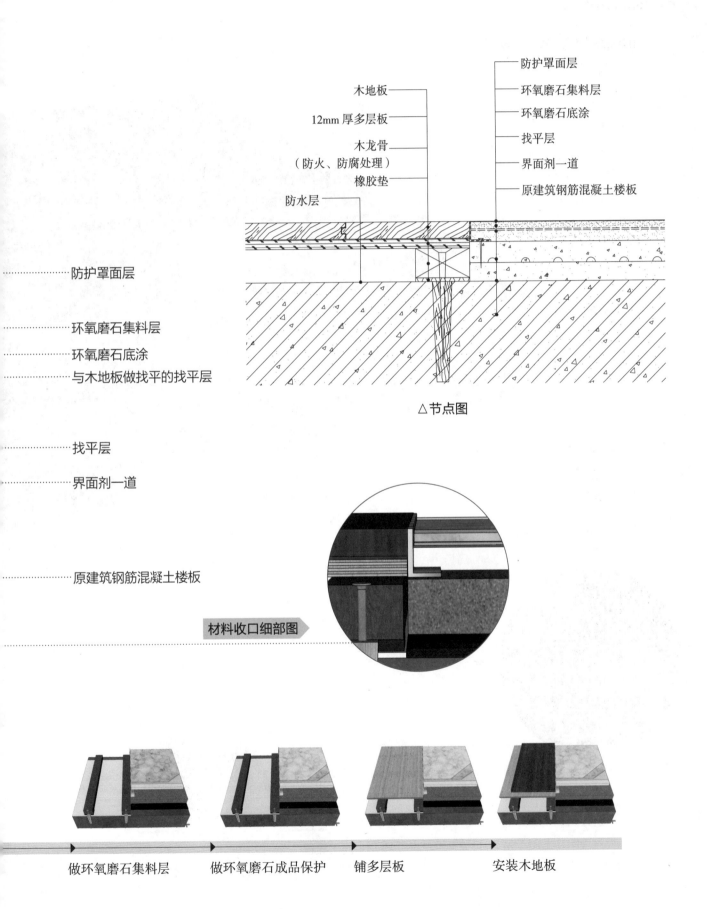

防护罩面层
环氧磨石集料层
环氧磨石底涂
找平层
界面剂一道
原建筑钢筋混凝土楼板

木地板
12mm 厚多层板
木龙骨
（防火、防腐处理）
橡胶垫
防水层

△节点图

防护罩面层

环氧磨石集料层
环氧磨石底涂
与木地板做找平的找平层

找平层

界面剂一道

原建筑钢筋混凝土楼板

材料收口细部图

做环氧磨石集料层　　　做环氧磨石成品保护　　　铺多层板　　　安装木地板

2. 地面木地板与地毯收口

（1）地面木地板与块毯收口

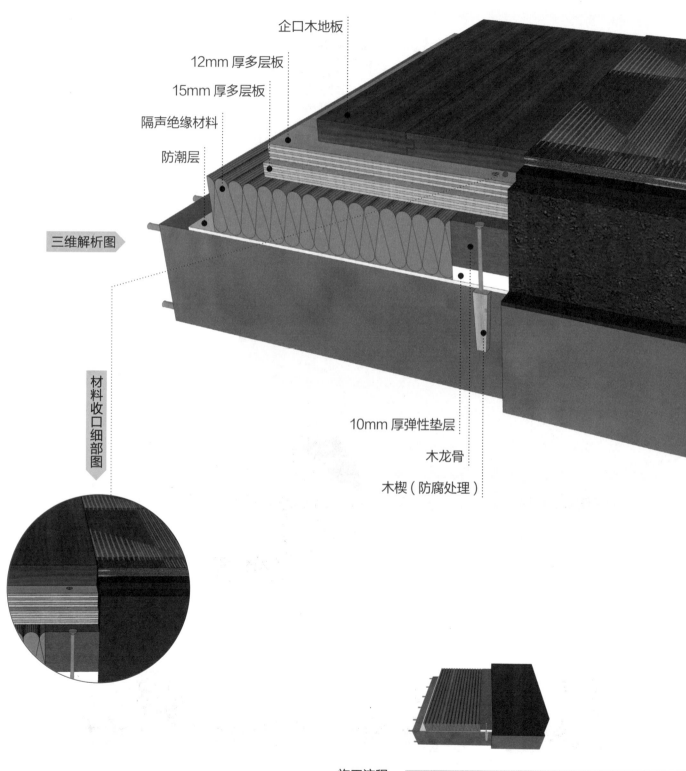

木地板与块毯之间无须收边，直接拼接即可。

企口木地板

12mm 厚多层板

15mm 厚多层板

隔声绝缘材料

防潮层

三维解析图

材料收口细部图

10mm 厚弹性垫层

木龙骨

木楔（防腐处理）

施工流程

做地面找平并安装木龙骨

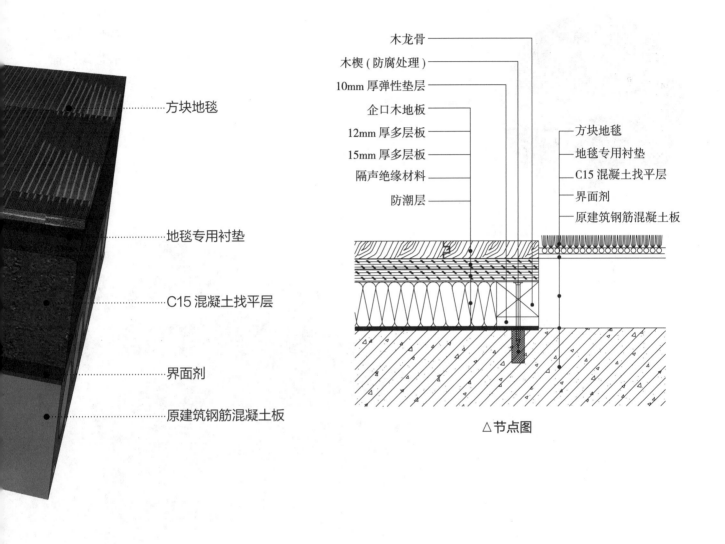

方块地毯

地毯专用衬垫

C15 混凝土找平层

界面剂

原建筑钢筋混凝土板

木龙骨
木楔 (防腐处理)
10mm 厚弹性垫层
企口木地板
12mm 厚多层板
15mm 厚多层板
隔声绝缘材料
防潮层

方块地毯
地毯专用衬垫
C15 混凝土找平层
界面剂
原建筑钢筋混凝土板

△节点图

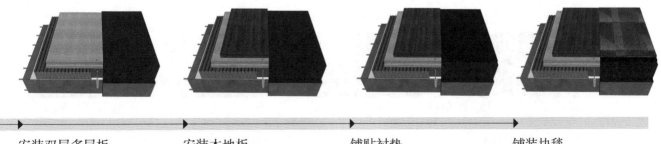

安装双层多层板   安装木地板   铺贴衬垫   铺装块毯

（2）地面木地板与满铺地毯收口

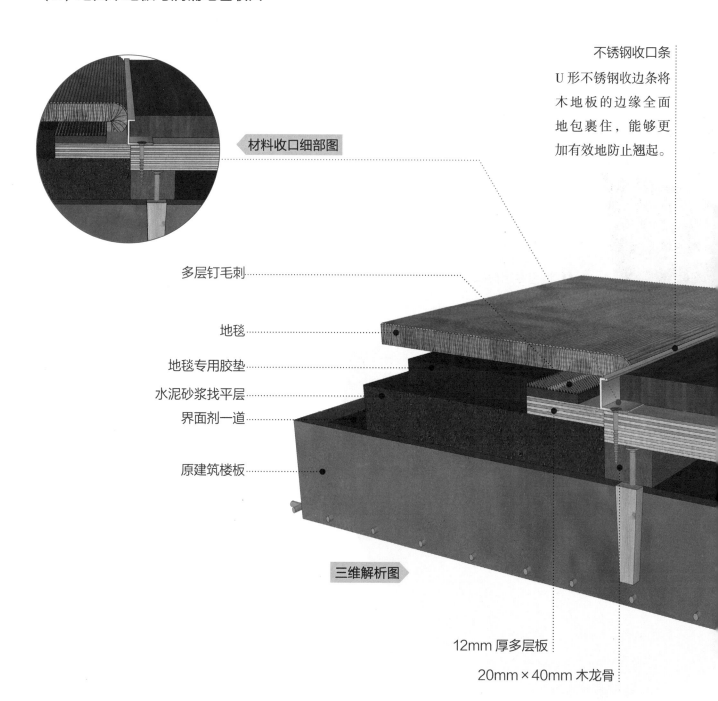

材料收口细部图

不锈钢收口条
U形不锈钢收边条将
木地板的边缘全面
地包裹住，能够更
加有效地防止翘起。

多层钉毛刺

地毯

地毯专用胶垫

水泥砂浆找平层

界面剂一道

原建筑楼板

三维解析图

12mm 厚多层板

20mm×40mm 木龙骨

施工流程

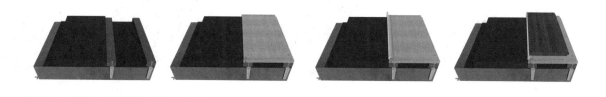

做地面找平并安
装木龙骨

安装多层板

安装金属收口条

安装木地板

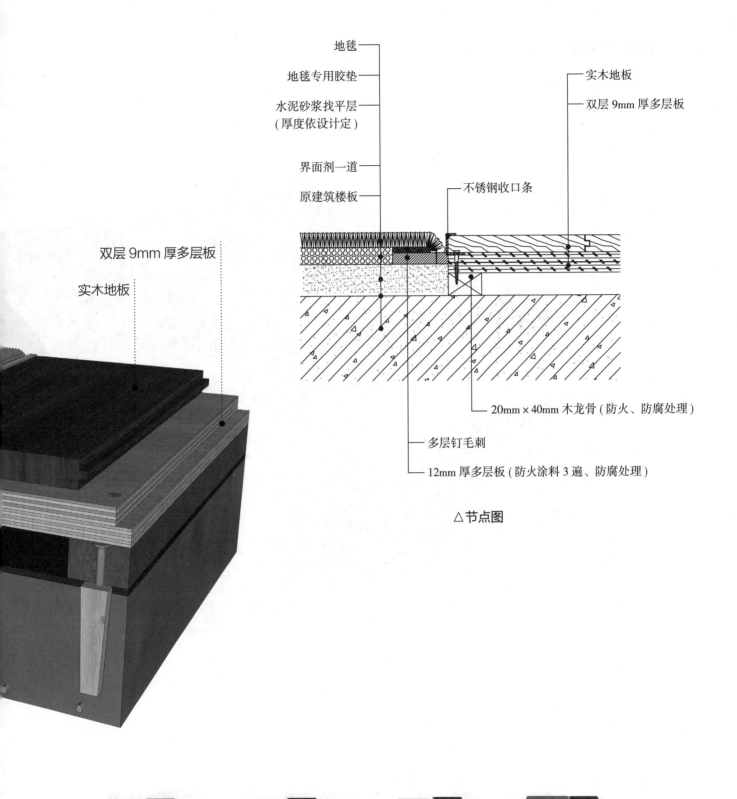

地毯

地毯专用胶垫

水泥砂浆找平层
(厚度依设计定)

界面剂一道

原建筑楼板

实木地板

双层 9mm 厚多层板

不锈钢收口条

20mm × 40mm 木龙骨 (防火、防腐处理)

多层钉毛刺

12mm 厚多层板 (防火涂料 3 遍、防腐处理)

△ 节点图

双层 9mm 厚多层板

实木地板

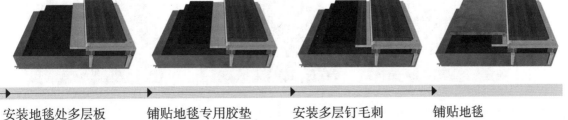

安装地毯处多层板　　铺贴地毯专用胶垫　　安装多层钉毛刺　　铺贴地毯

3. 地面木地板与自流平收口

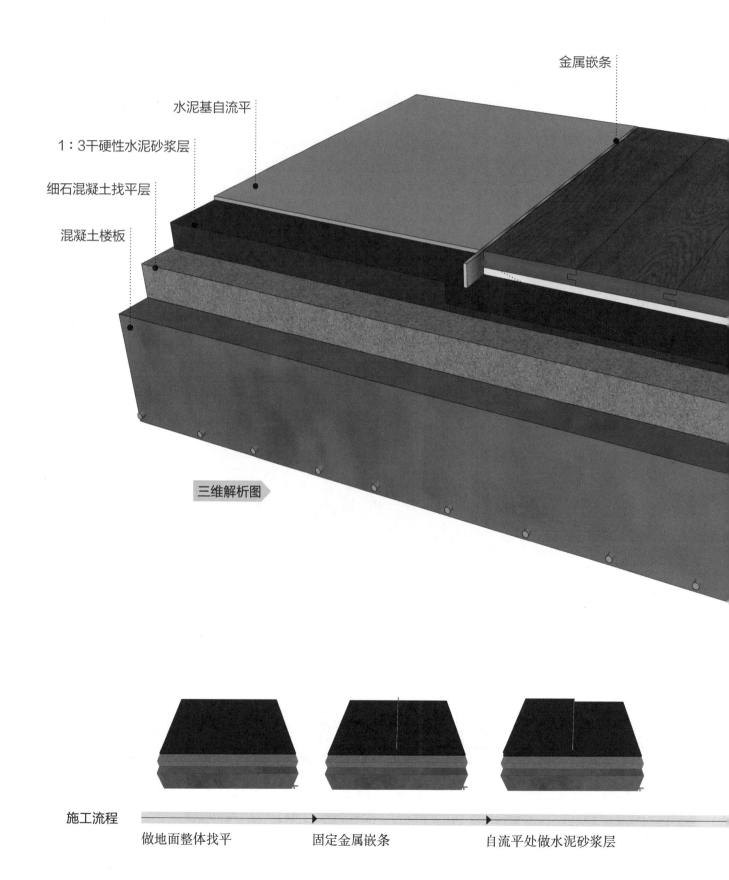

金属嵌条

水泥基自流平

1：3干硬性水泥砂浆层

细石混凝土找平层

混凝土楼板

三维解析图

施工流程

做地面整体找平　　　　　　固定金属嵌条　　　　　　自流平处做水泥砂浆层

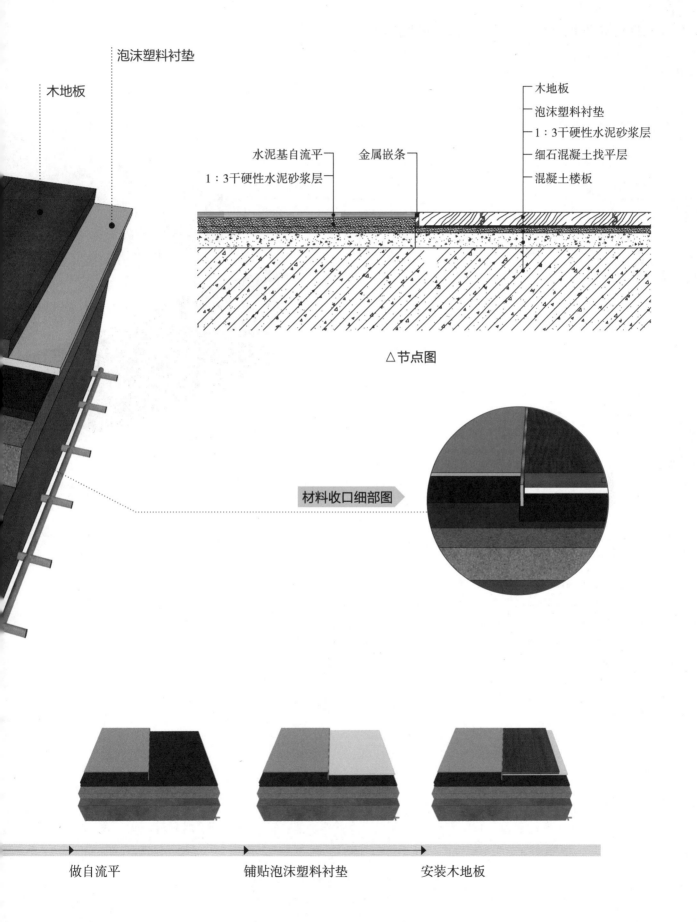

木地板

泡沫塑料衬垫

水泥基自流平

1：3干硬性水泥砂浆层

金属嵌条

木地板

泡沫塑料衬垫

1：3干硬性水泥砂浆层

细石混凝土找平层

混凝土楼板

△节点图

材料收口细部图

做自流平

铺贴泡沫塑料衬垫

安装木地板

4. 地面木地板与石材、砖材收口

（1）地面木地板与石材、砖材收口（内凹型）

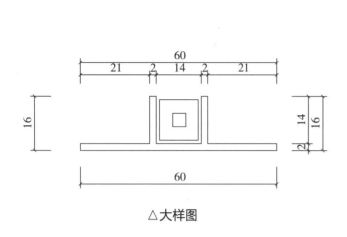

△大样图

三维解析图

石材

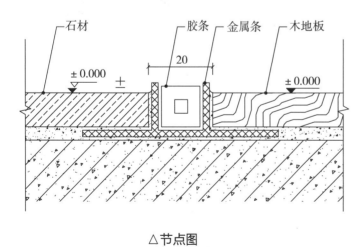

△节点图

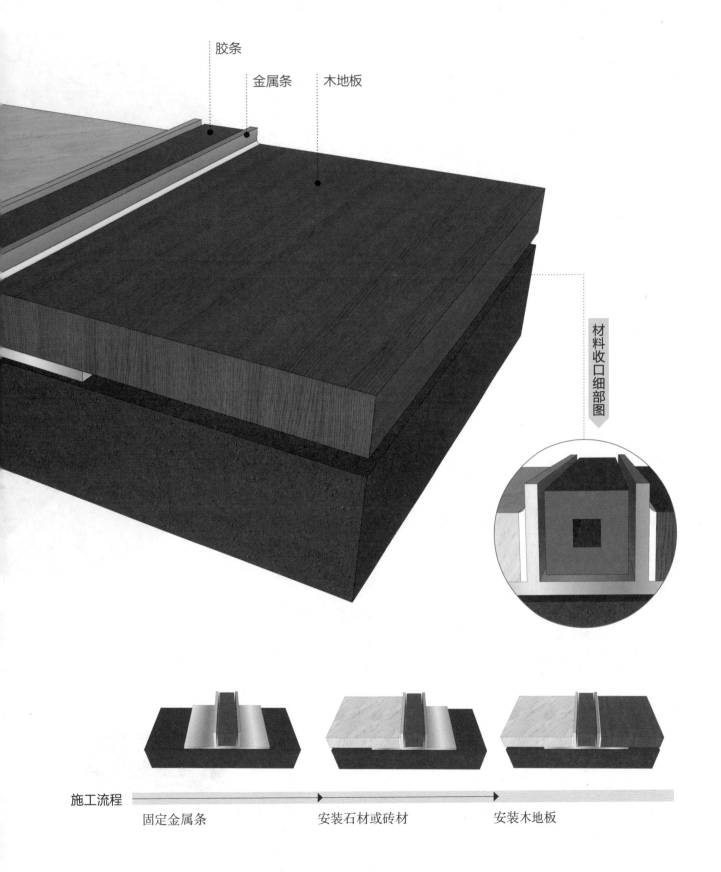

胶条

金属条

木地板

材料收口细部图

施工流程

固定金属条　　　　　　安装石材或砖材　　　　　安装木地板

（2）地面木地板与石材、砖材收口（Z型）

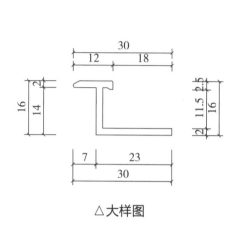

△大样图

石材

三维解析图

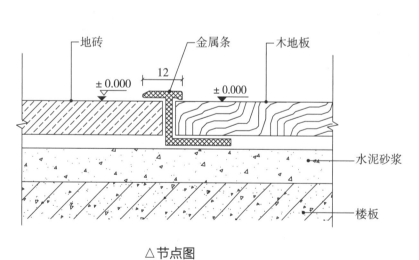

地砖　　　　　　金属条　　　木地板

±0.000　　　12　　　±0.000

水泥砂浆

楼板

△节点图

施工流程

水泥砂浆找平

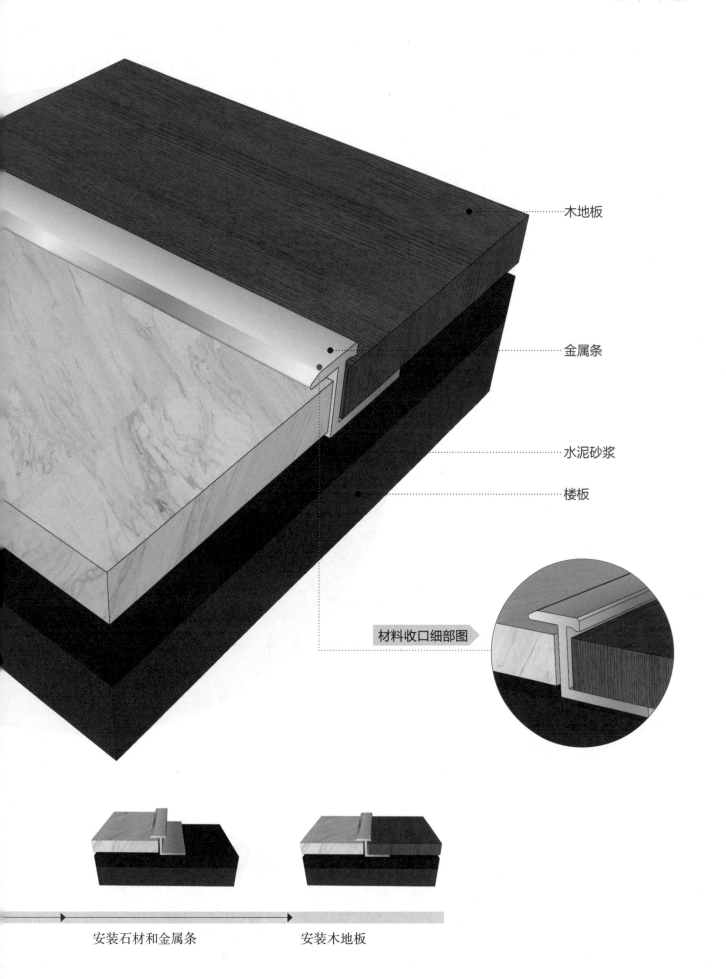

木地板

金属条

水泥砂浆

楼板

材料收口细部图

安装石材和金属条   安装木地板

（3）地面木地板与石材、砖材收口（弧形）

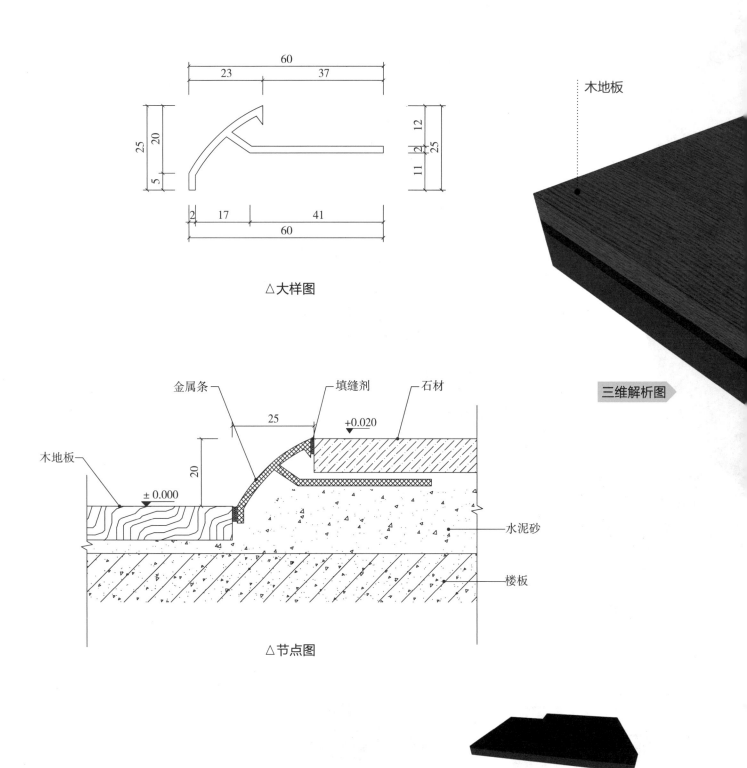

△大样图

金属条 　　填缝剂 　　石材

木地板

水泥砂

楼板

△节点图

木地板

三维解析图

施工流程

水泥砂浆找平

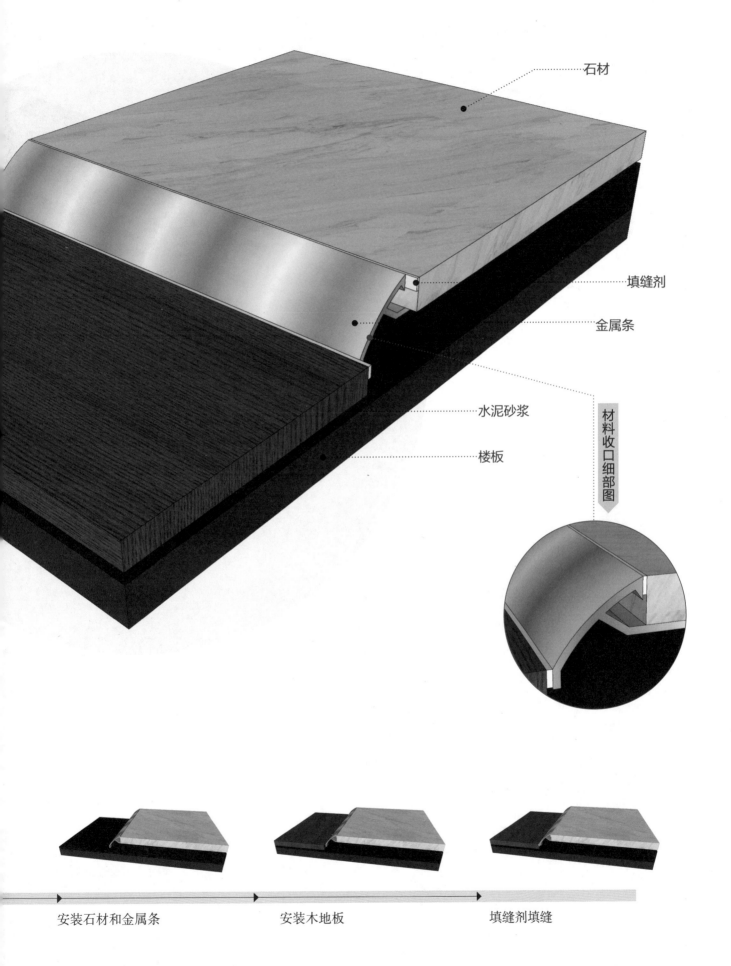

石材

填缝剂

金属条

水泥砂浆

楼板

材料收口细部图

安装石材和金属条   安装木地板   填缝剂填缝

（4）地面木地板与石材、砖材收口（T形）

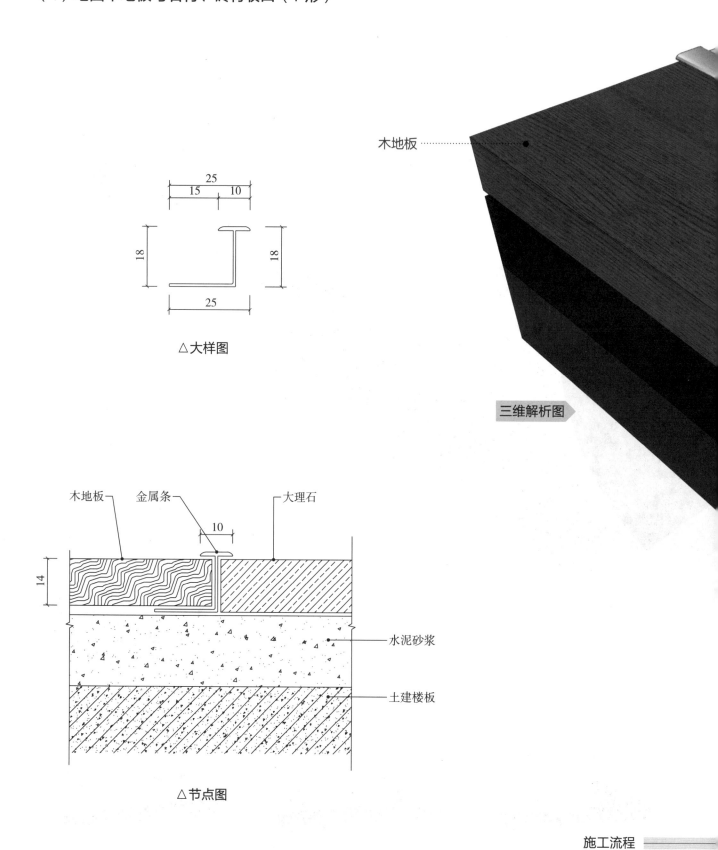

△大样图

木地板

三维解析图

木地板　金属条　大理石

水泥砂浆

土建楼板

△节点图

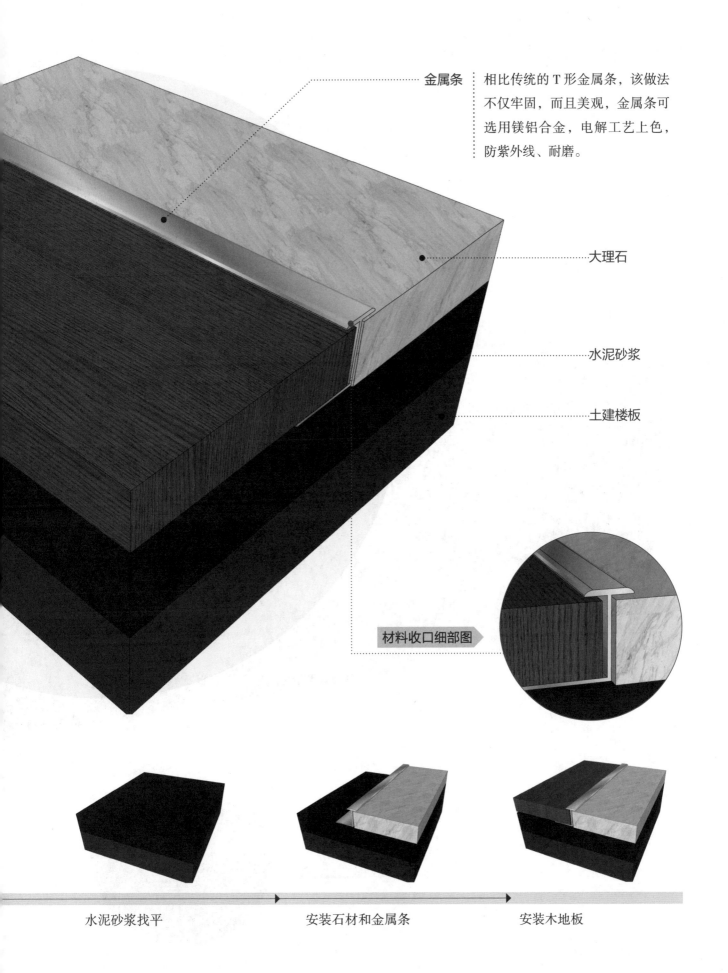

金属条 ┊ 相比传统的 T 形金属条，该做法
┊ 不仅牢固，而且美观，金属条可
┊ 选用镁铝合金，电解工艺上色，
┊ 防紫外线、耐磨。

大理石

水泥砂浆

土建楼板

材料收口细部图

水泥砂浆找平   安装石材和金属条   安装木地板

5. 地面木地板间收口（T形）

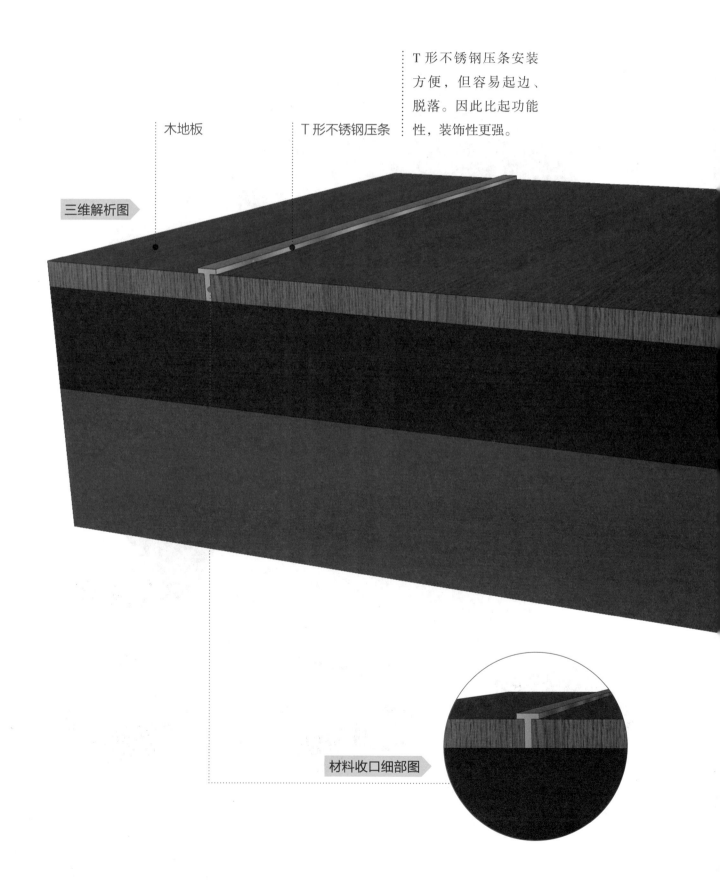

木地板

T形不锈钢压条

T形不锈钢压条安装方便，但容易起边、脱落。因此比起功能性，装饰性更强。

三维解析图

材料收口细部图

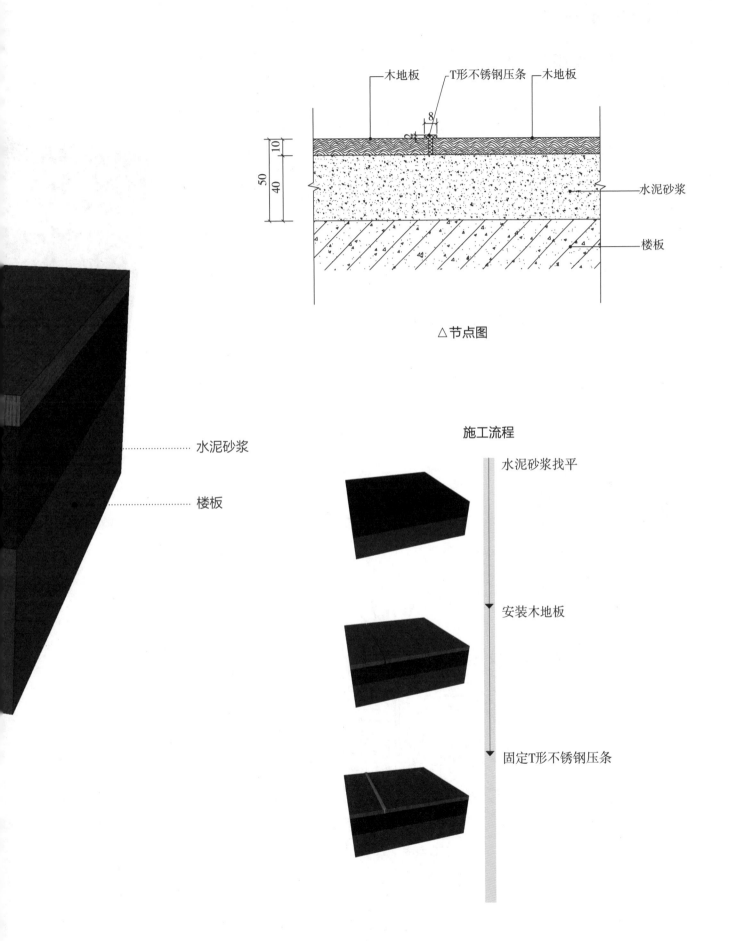

木地板　T形不锈钢压条　木地板

水泥砂浆

楼板

△节点图

水泥砂浆

楼板

施工流程

水泥砂浆找平

安装木地板

固定T形不锈钢压条

6. 木地板踏步收口

（1）木地板踏步阳角收口

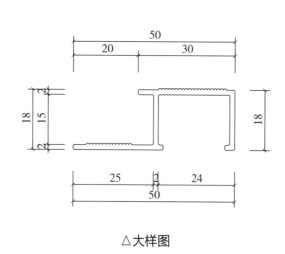

△大样图

木地板

基层板

墙体

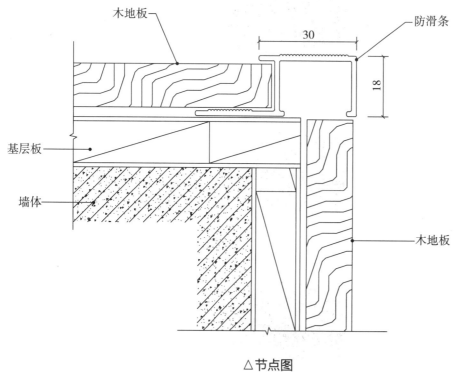

△节点图

施工流程

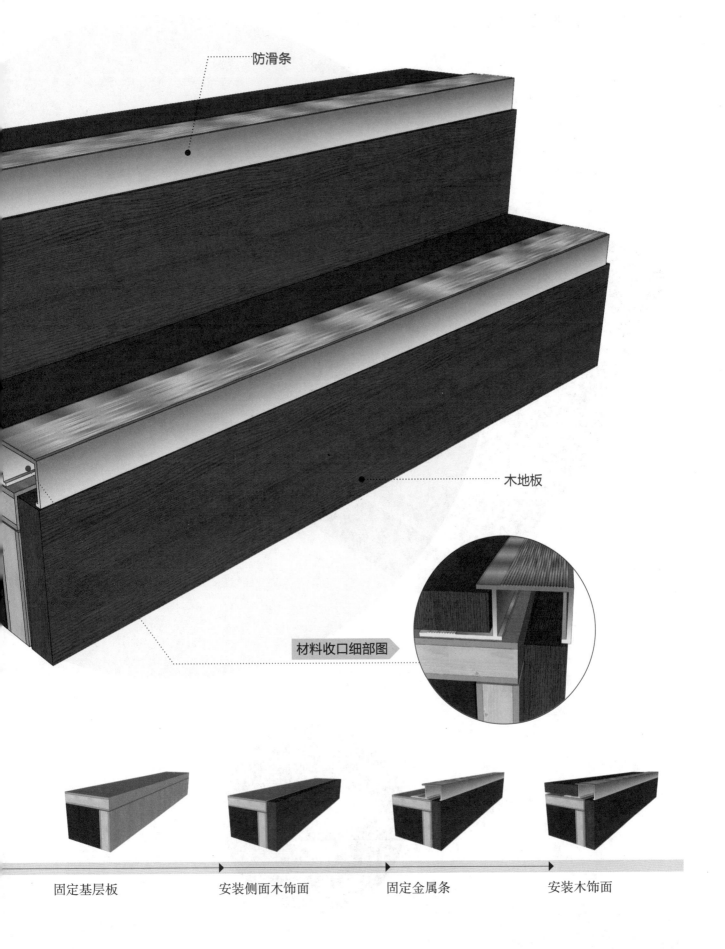

防滑条

木地板

材料收口细部图

固定基层板　　　　安装侧面木饰面　　　　固定金属条　　　　安装木饰面

（2）木地板踏步阳角收口（极简）

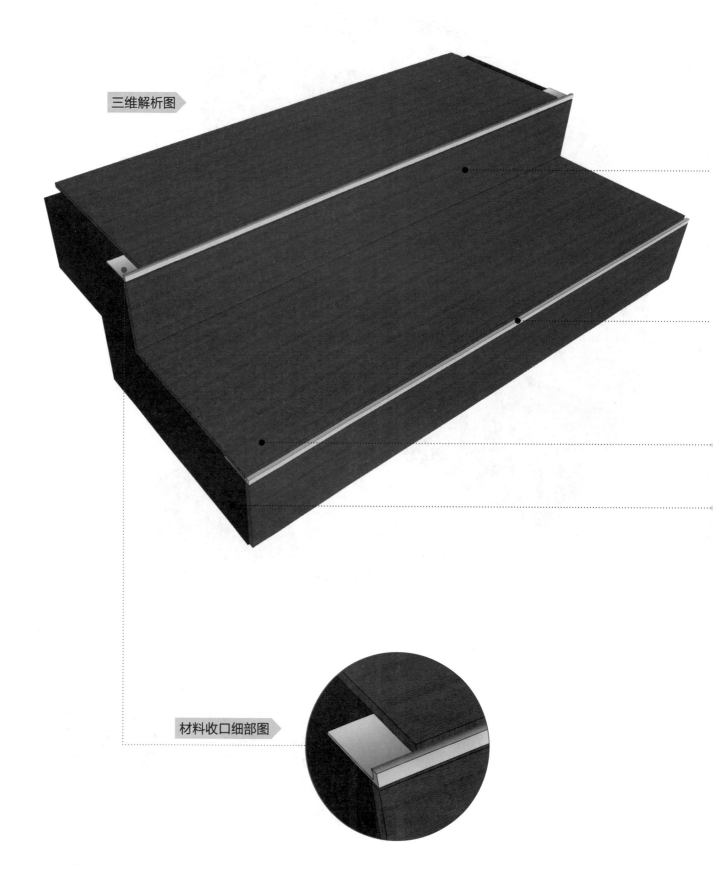

三维解析图

材料收口细部图

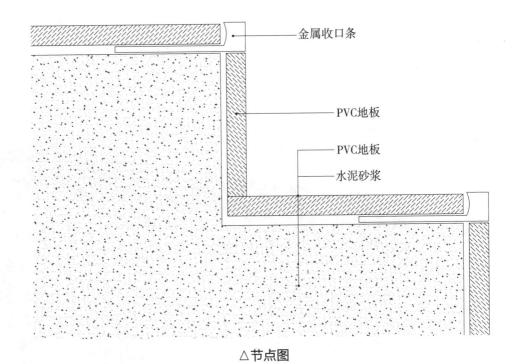

金属收口条

PVC地板

PVC地板

水泥砂浆

PVC 地板

△节点图

金属收口条 ┊ 采用金属收口条对于踏步之间进行收口，该金属条在造型方面比较精简，在现阶段家庭装修中比较常见。

PVC 地板

水泥砂浆

施工流程

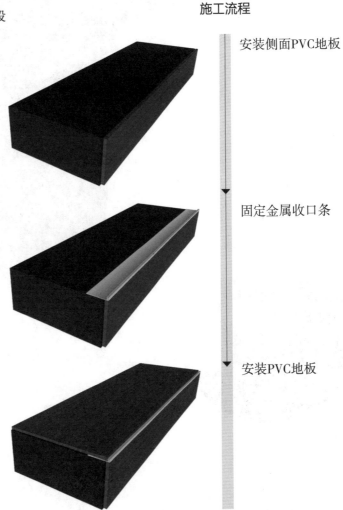

安装侧面PVC地板

固定金属收口条

安装PVC地板

（3）木地板踏步金属防滑条收口

木地板

材料收口细部图

成品金属条

有踏步的情况下，需要使用成品金属条在边缘位置进行收口，该做法采用了弧面的金属条，一方面起到收口的作用，另一方面还可以起到防滑的作用，这种做法多用于商业空间和比较经济的空间，造价低，施工快，效果好。

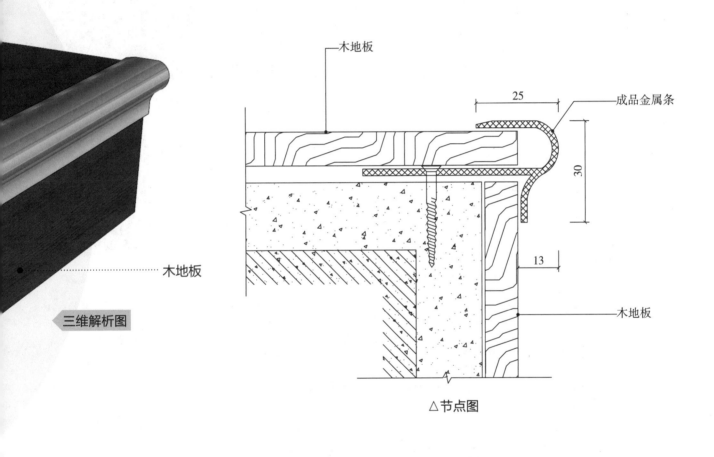

木地板

木地板

25

成品金属条

30

13

木地板

三维解析图

△节点图

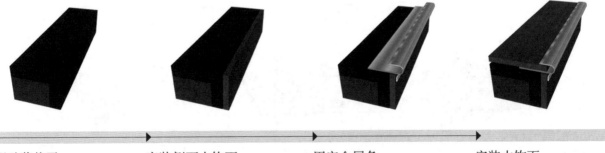

水泥砂浆找平　　　　安装侧面木饰面　　　　固定金属条　　　　安装木饰面

7. 木地板灯光收口

（1）木地板灯带收口（靠近墙体）

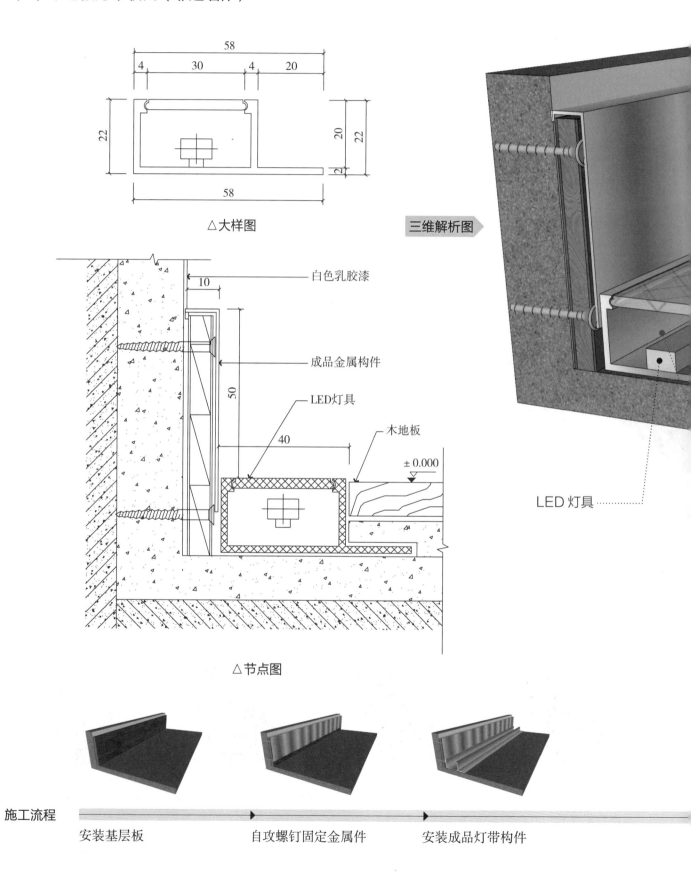

△大样图

三维解析图

白色乳胶漆

成品金属构件

LED灯具

木地板

± 0.000

△节点图

LED 灯具

施工流程

安装基层板　　　　　自攻螺钉固定金属件　　　　安装成品灯带构件

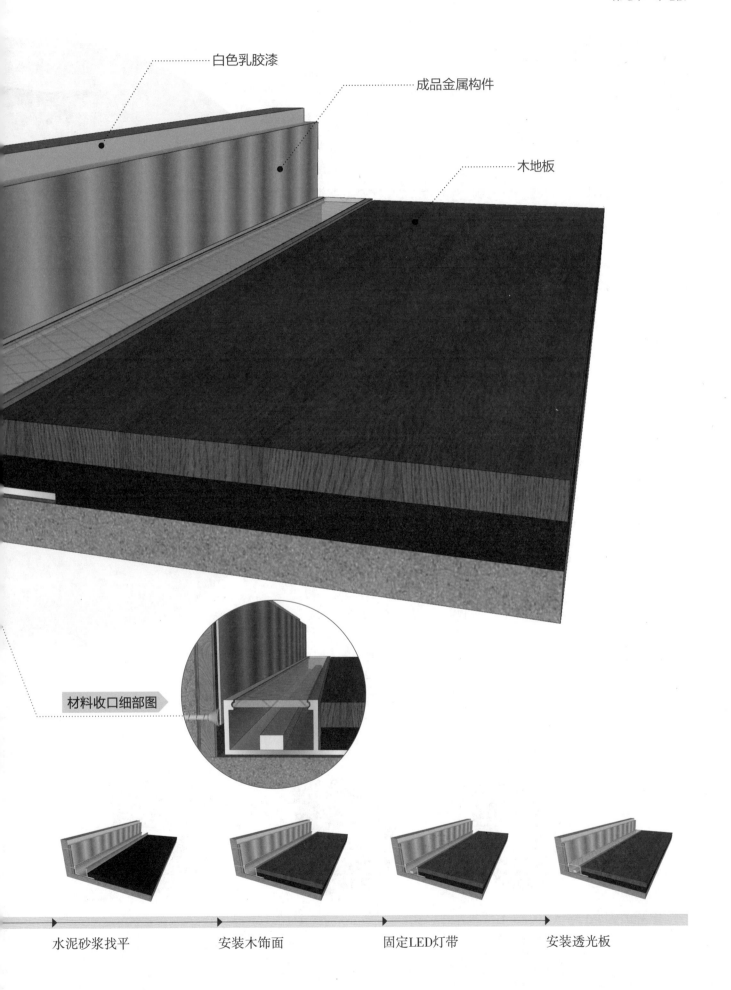

白色乳胶漆

成品金属构件

木地板

材料收口细部图

水泥砂浆找平　　　安装木饰面　　　固定LED灯带　　　安装透光板

（2）木地板踏步灯光收口

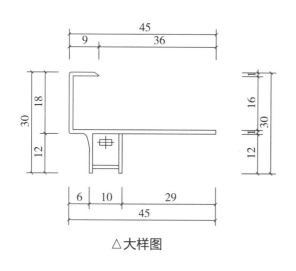

△大样图

金属灯光线条 ·······

若是木地板踏步需要做灯光，传统的做法是在踏步内部做金属钢架，暗藏灯带，施工程序复杂并且造价高。该做法采用金属灯光线条，不仅可起到发光效果，还有防滑作用。金属灯光线条内部选用了 LED 灯，其具有尺寸小、施工简单、造价低、效果好的优点。

三维解析图

木地板 ·······

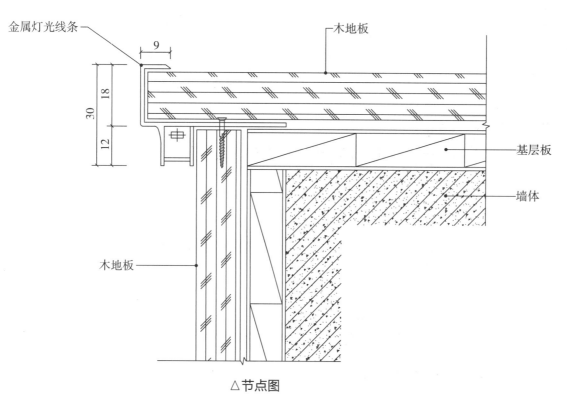

△节点图

施工流程

安装基层板　　　　安装侧面木饰面　　　　固定金属线条

木地板

基层板

墙体

材料收口细部图

安装木饰面   固定LED灯带   安装透光板

8. 木地板阳台悬浮地台

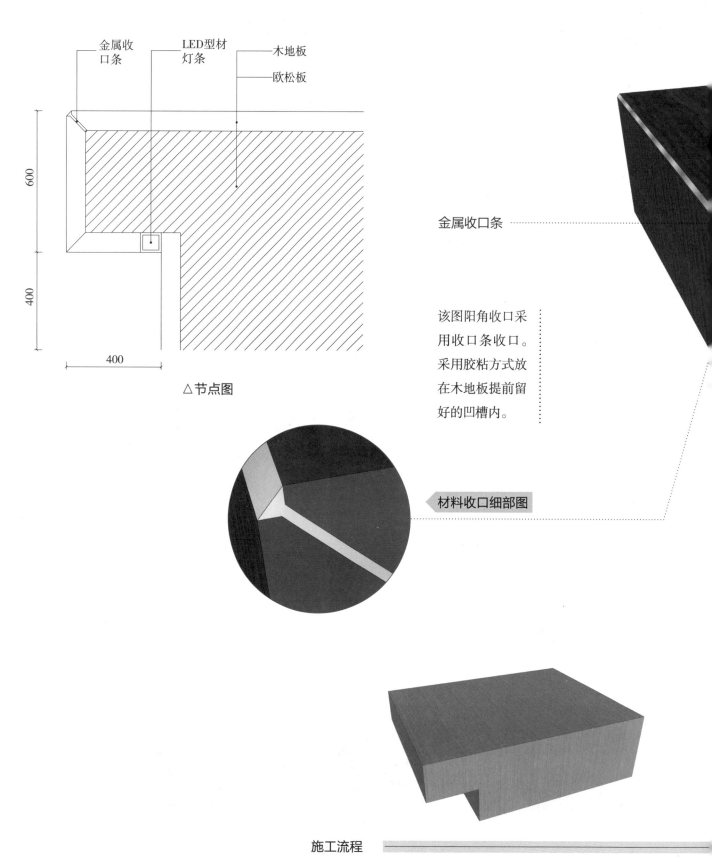

金属收口条 LED型材灯条 木地板 欧松板

600

400

400

△节点图

金属收口条

该图阳角收口采用收口条收口。采用胶粘方式放在木地板提前留好的凹槽内。

◀材料收口细部图

施工流程

固定欧松板

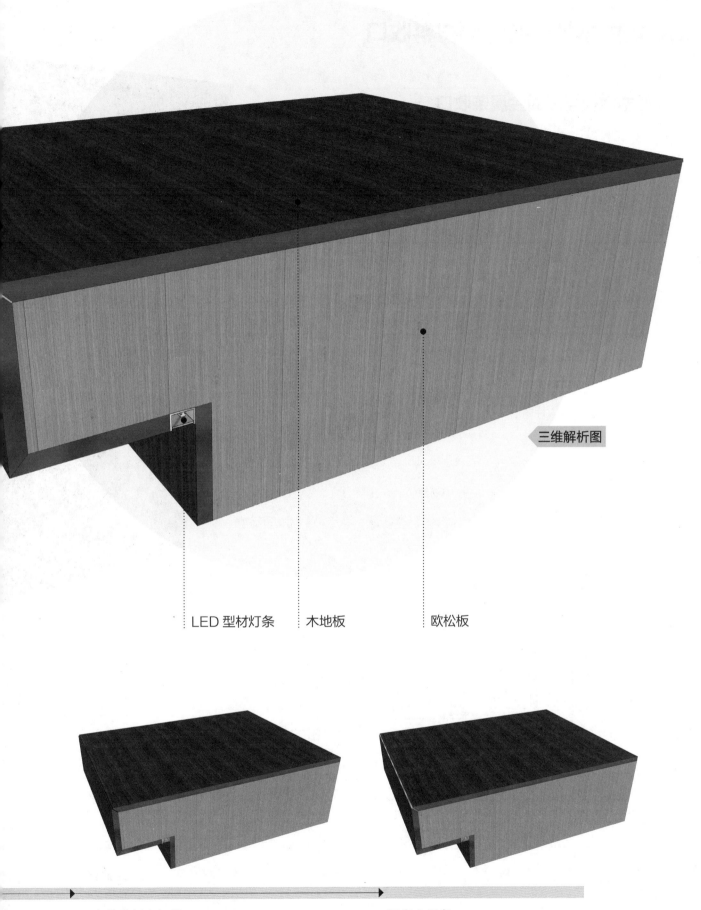

三维解析图

LED 型材灯条　　木地板　　欧松板

安装地板和灯带　　　　　　　　　　　固定金属条

二、地面木地板与墙面材料收口

1. 地面木地板与墙面金属条收口

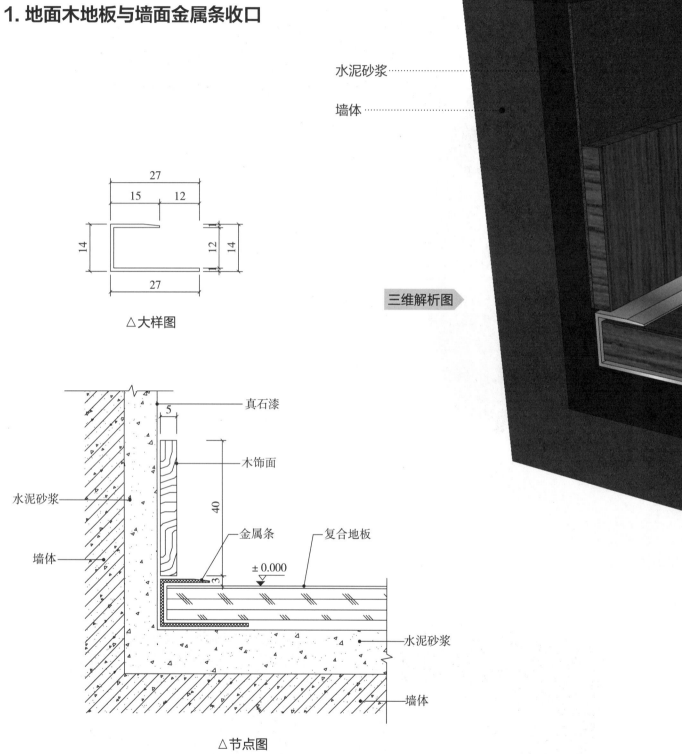

水泥砂浆 ········

墙体 ··············

三维解析图 ▶

△大样图

真石漆

木饰面

水泥砂浆

墙体

金属条

复合地板

± 0.000 ▽

水泥砂浆

墙体

△节点图

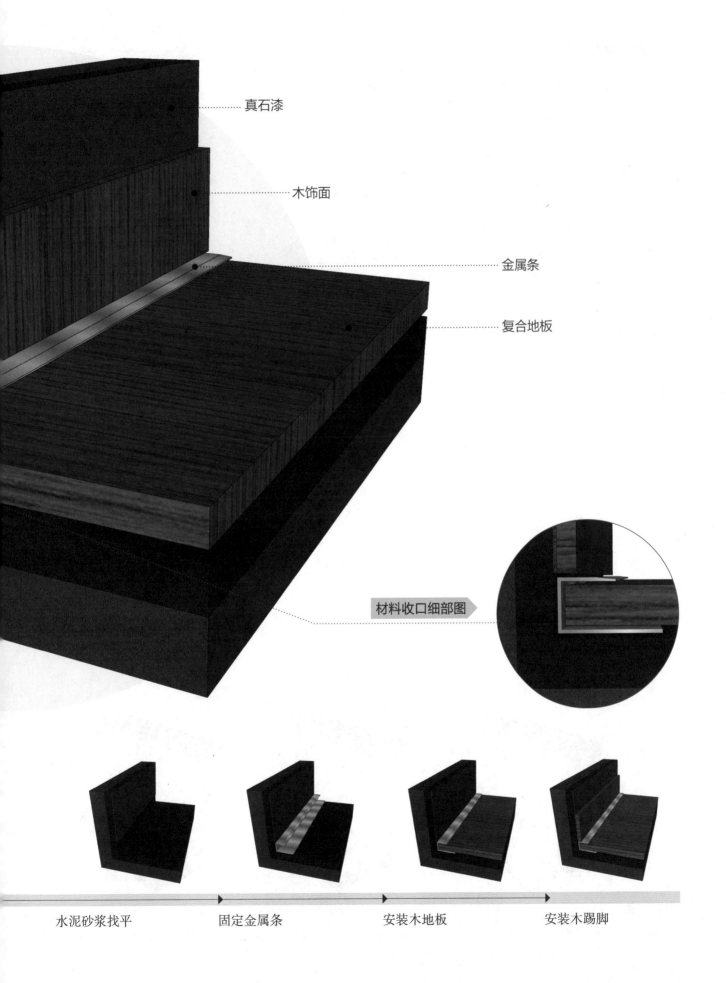

真石漆

木饰面

金属条

复合地板

材料收口细部图

水泥砂浆找平   固定金属条   安装木地板   安装木踢脚

2. 木质踢脚线

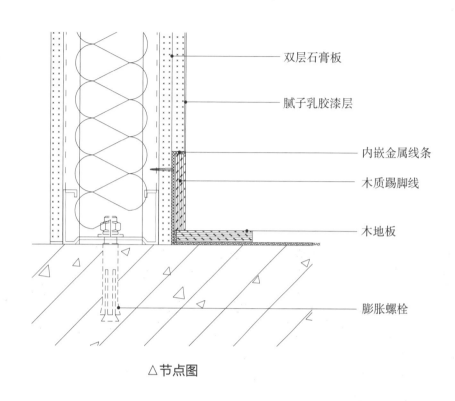

双层石膏板

腻子乳胶漆层

内嵌金属线条

木质踢脚线

木地板

膨胀螺栓

△ 节点图

膨胀螺栓 ············

双层石膏板 ············

腻子乳胶漆层 ············

踢脚线为内嵌的木质踢脚线。相比外
凸式的踢脚线更加美观，而且不容易
积攒灰尘，更加方便清理。

内嵌金属线条 ············

木质踢脚线 ············

木地板 ············

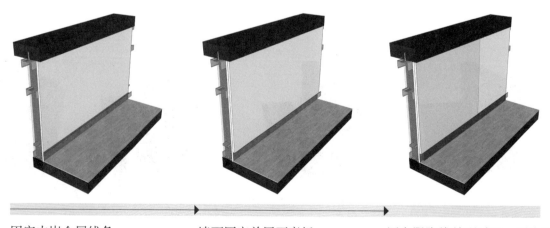

施工流程

固定内嵌金属线条   墙面固定单层石膏板   固定踢脚线并刮腻子，刷涂料

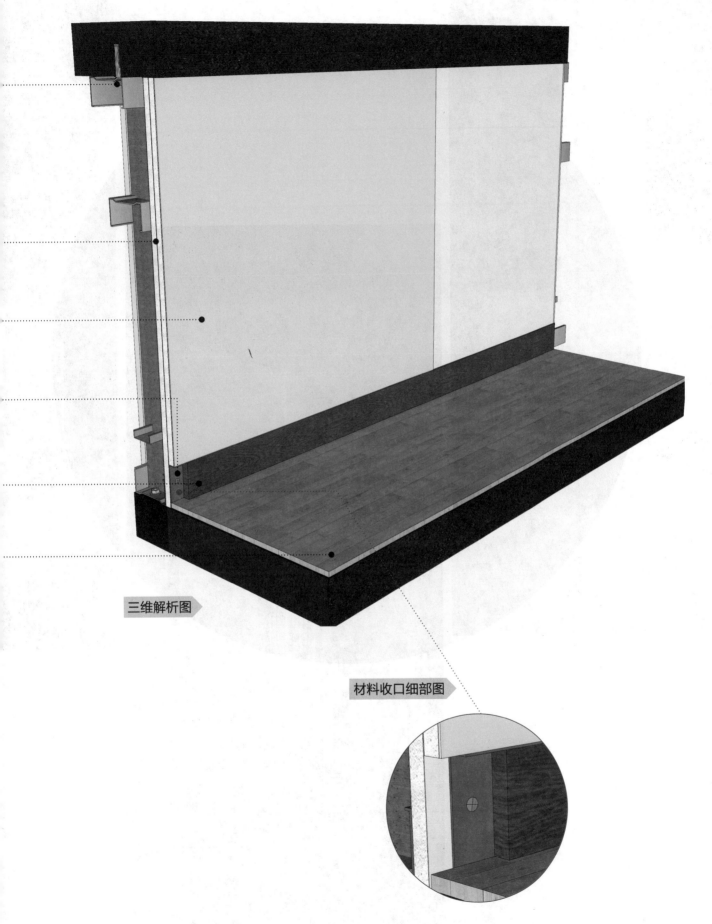

三维解析图

材料收口细部图

第八章

金属

金属是室内设计中常见的装饰材料，由于其高反射的特性，因此在家居空间中的使用面积较小，但是在一些展示空间、办公空间中的使用面积则会更大一些，能够利用其高反射的特点，让空间充满冷感和科技感。室内装饰中常见的金属有铝材、不锈钢和镜面这三大类。

一、墙面金属与其他材料收口

1. 墙面镜面与瓷砖收口（做平）

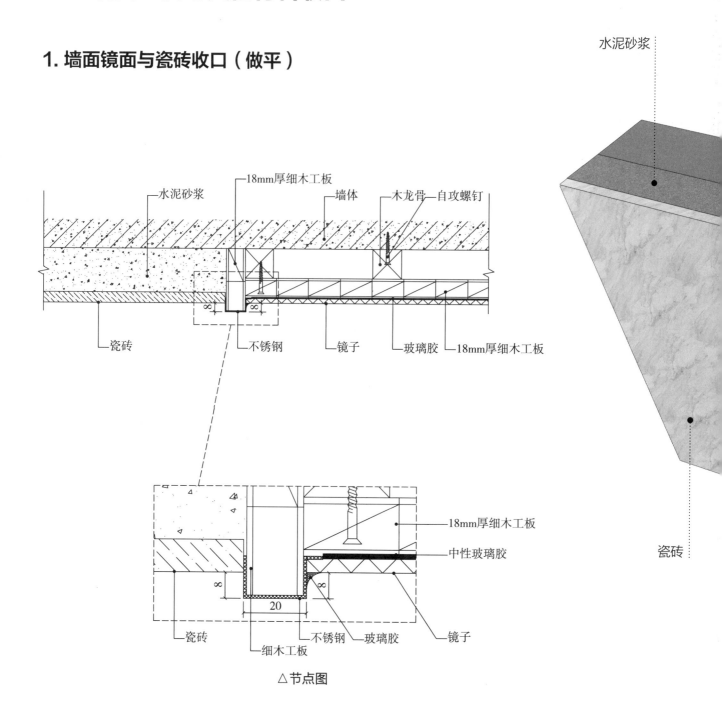

△节点图

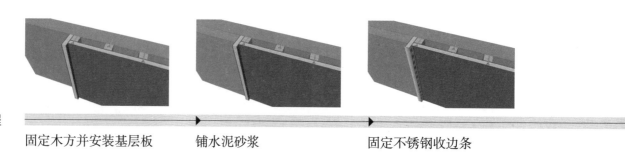

施工流程

固定木方并安装基层板　　铺水泥砂浆　　固定不锈钢收边条

墙体

18mm 厚细木工板

中性玻璃胶

自攻螺钉

木龙骨

材料收口细部图

玻璃胶

不锈钢
利用不锈钢来过渡镜面和瓷砖，
其宽度可设置为 10~30mm，在安
装好不锈钢后，打胶即可完工。

镜子

三维解析图

安装石材

刷中性玻璃胶

胶粘镜面

玻璃胶二次固定

2. 墙面镜面与瓷砖收口（凸起）

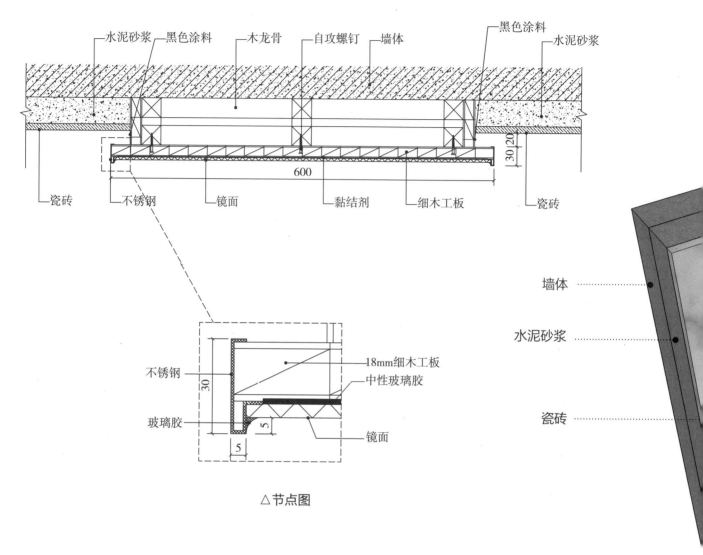

△节点图

由于设计中镜面与瓷砖不在同一平面上，不锈钢主要负责镜面四周的收口，所以不锈钢边不能与镜面在同一平面上，做凸出来的效果，才能更好地收口。这种做法适合小面积镜子的安装，墙面安装吊柜也能参考这种施工方法。

施工流程

固定木方并安装基层板 → 铺水泥砂浆 → 安装瓷砖

木龙骨　细木工板

黏结剂

自攻螺钉

三维解析图

镜面

材料收口细部图

固定木方并做木基层　　安装不锈钢收口条　　用中性玻璃胶粘镜面　　玻璃胶二次固定

3. 墙面镜面与瓷砖收口（阳角处）

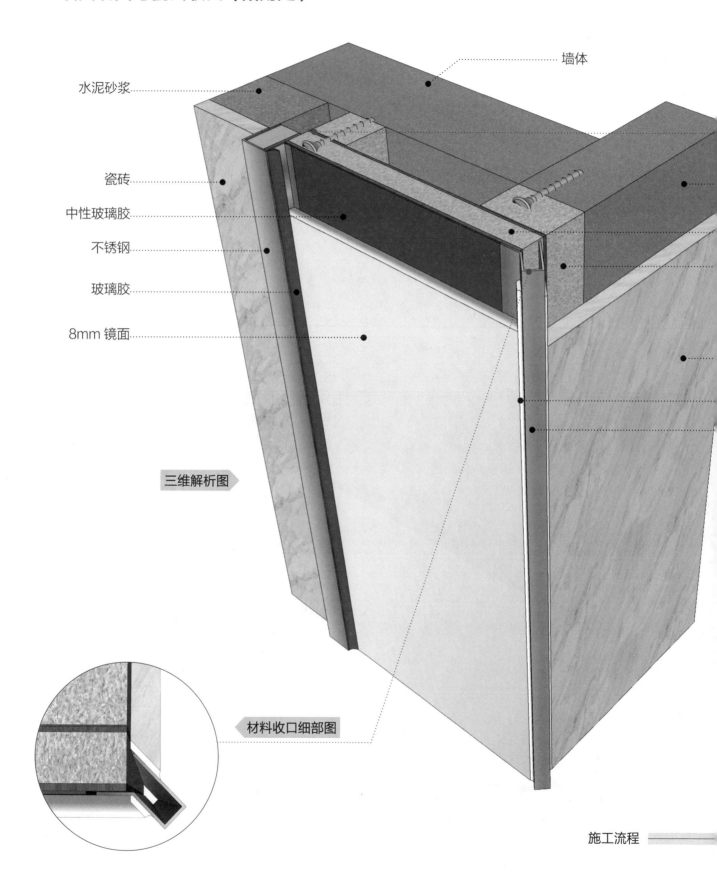

墙体

水泥砂浆

瓷砖

中性玻璃胶

不锈钢

玻璃胶

8mm 镜面

三维解析图

材料收口细部图

施工流程

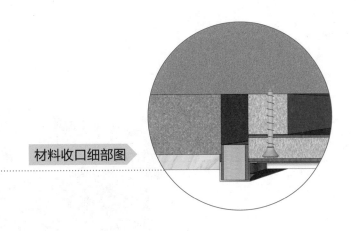

材料收口细部图

水泥砂浆

18mm 厚细木工板

木方

瓷砖

玻璃胶

不锈钢

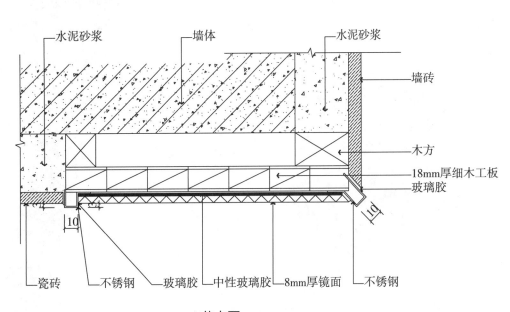

△节点图

节点图标注：
水泥砂浆　墙体　水泥砂浆
墙砖
木方
18mm厚细木工板
玻璃胶
10
瓷砖　不锈钢　玻璃胶　中性玻璃胶　8mm厚镜面　不锈钢

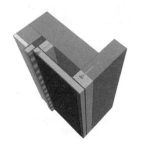

固定木方并安装基层板

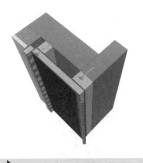

涂玻璃胶并固定收口条

安装镜面，注意镜面阳角位置需做斜角处理

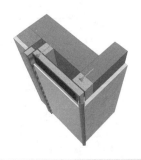

安装瓷砖，瓷砖阳角位置应做斜角处理

4. 墙面镜面与石材收口

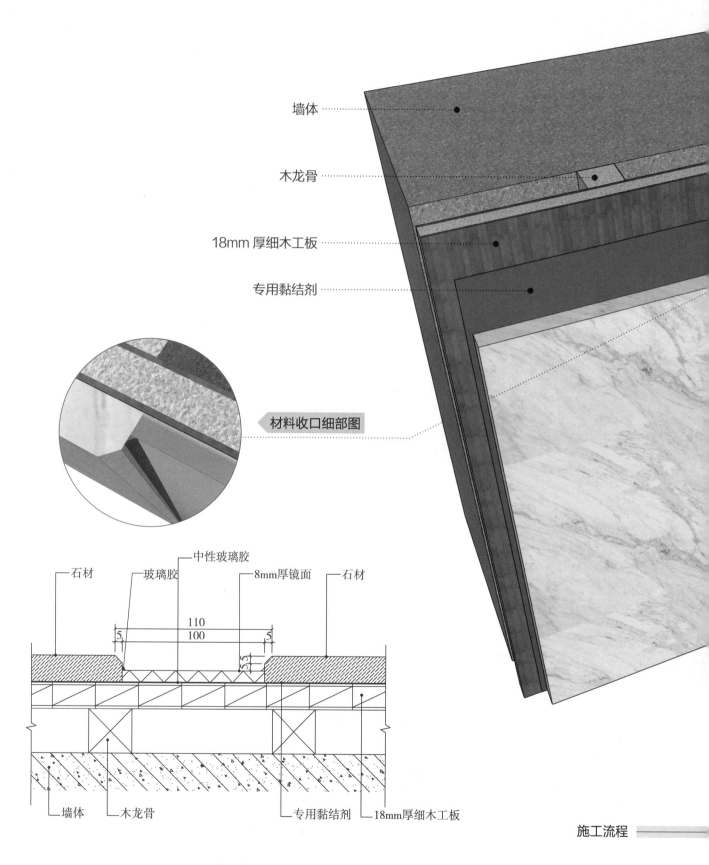

墙体

木龙骨

18mm 厚细木工板

专用黏结剂

材料收口细部图

石材　玻璃胶　中性玻璃胶　8mm厚镜面　石材

110
100
5　　　　5

5.5

墙体　木龙骨　　　专用黏结剂　18mm厚细木工板

△ 节点图

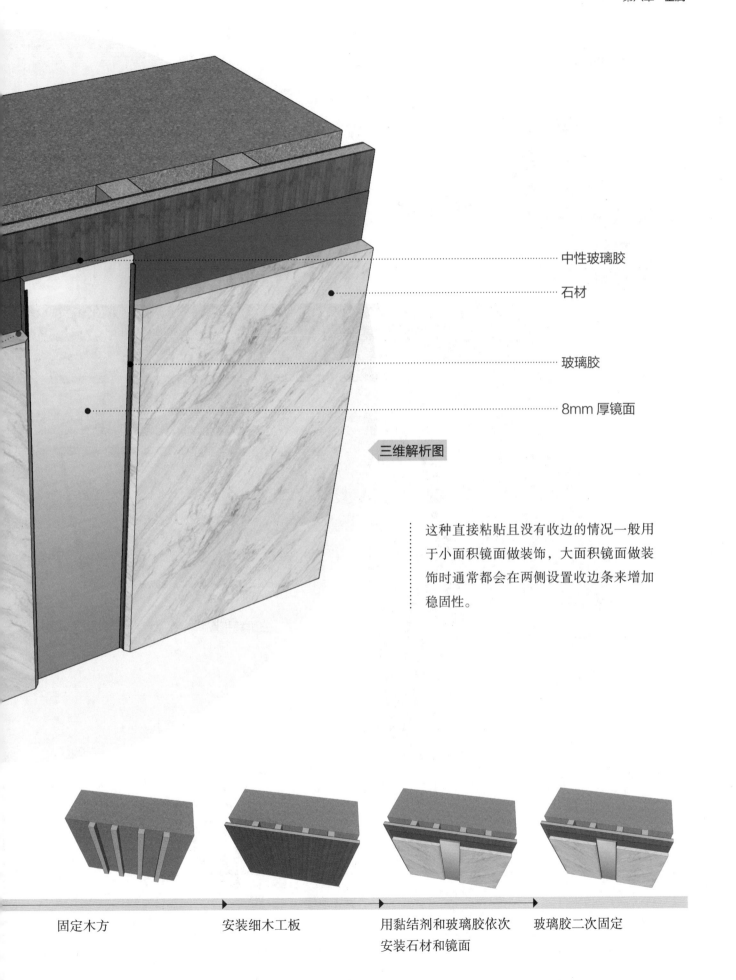

中性玻璃胶

石材

玻璃胶

8mm 厚镜面

三维解析图

这种直接粘贴且没有收边的情况一般用于小面积镜面做装饰，大面积镜面做装饰时通常都会在两侧设置收边条来增加稳固性。

固定木方   安装细木工板   用黏结剂和玻璃胶依次   玻璃胶二次固定
                                      安装石材和镜面

5. 墙面镜箱与石材收口

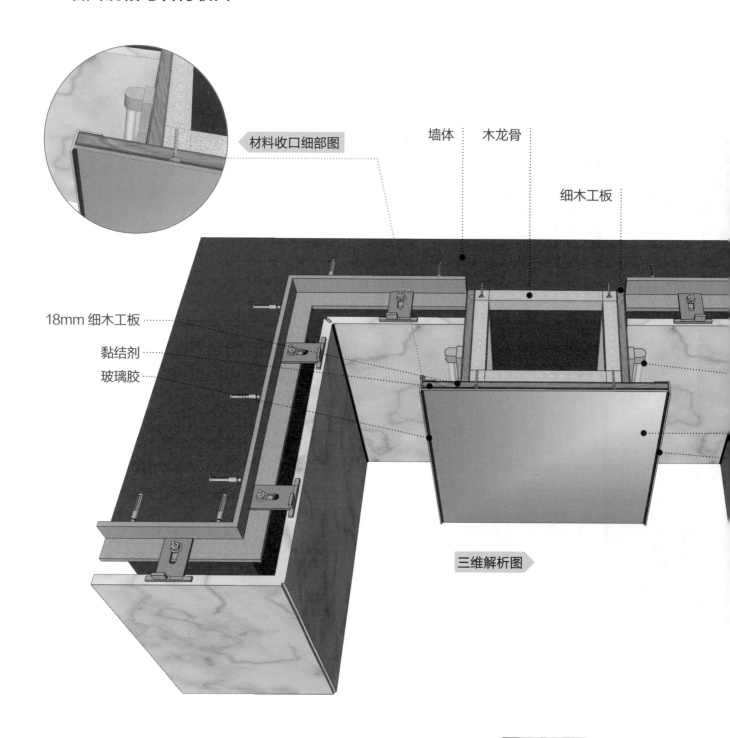

材料收口细部图

墙体   木龙骨

细木工板

18mm 细木工板

黏结剂

玻璃胶

三维解析图

施工流程

固定木方并安装基层板

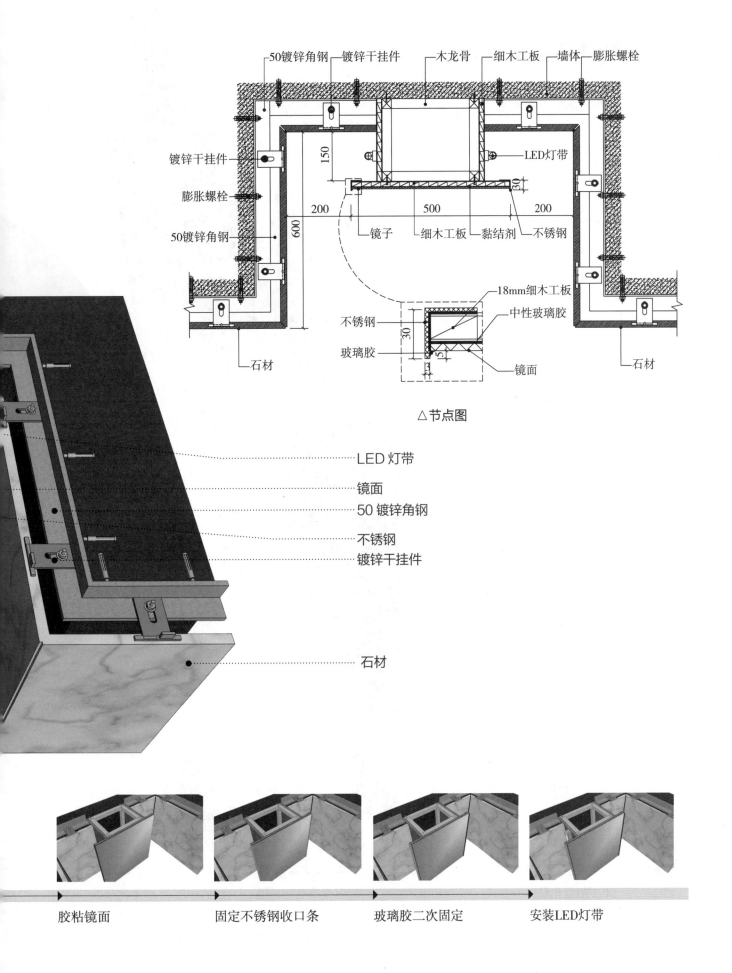

50镀锌角钢　镀锌干挂件　木龙骨　细木工板　墙体　膨胀螺栓

镀锌干挂件

膨胀螺栓

50镀锌角钢

LED灯带

150

600

200　　500　　200

30

镜子　细木工板　黏结剂　不锈钢

18mm细木工板

不锈钢

玻璃胶

中性玻璃胶

镜面

30

石材　　石材

△节点图

LED 灯带

镜面

50 镀锌角钢

不锈钢

镀锌干挂件

石材

胶粘镜面　　固定不锈钢收口条　　玻璃胶二次固定　　安装LED灯带

6. 墙面镜箱与墙砖收口

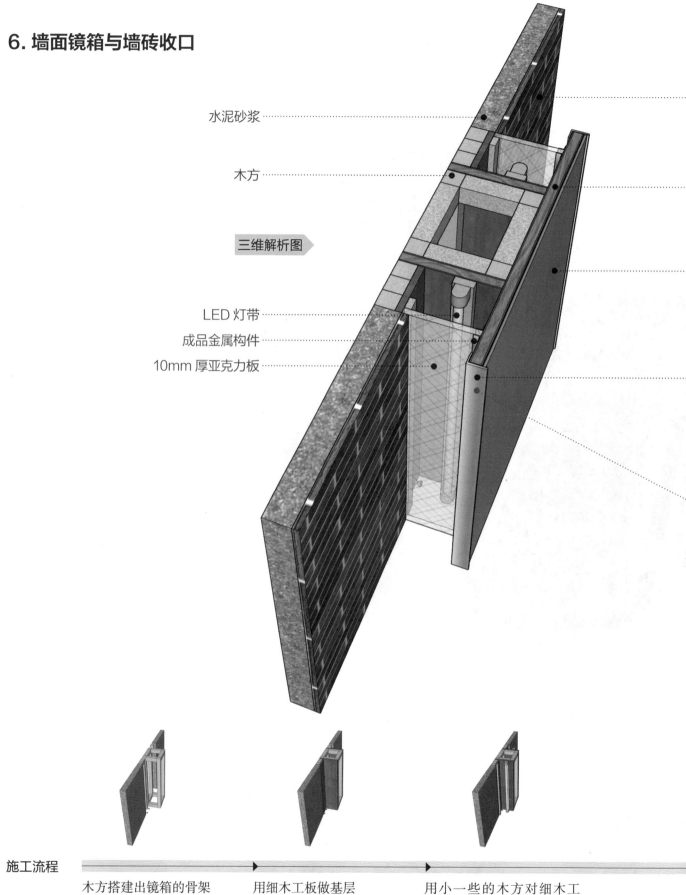

水泥砂浆

木方

三维解析图

LED 灯带
成品金属构件
10mm 厚亚克力板

施工流程

木方搭建出镜箱的骨架　　用细木工板做基层　　用小一些的木方对细木工板进行二次加固，并安装 LED灯带

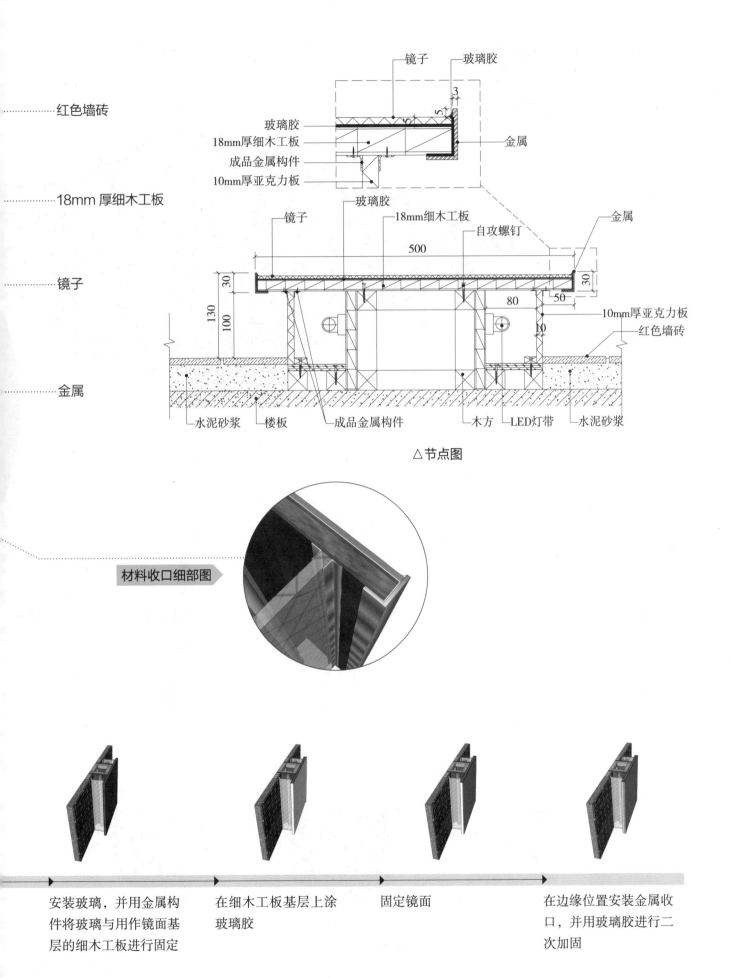

红色墙砖

18mm 厚细木工板

镜子

金属

镜子　玻璃胶

玻璃胶
18mm厚细木工板
成品金属构件
10mm厚亚克力板

3
5
5
金属

镜子　玻璃胶　18mm细木工板　自攻螺钉　金属

500

30
130
100
30
80
50
10
10mm厚亚克力板
红色墙砖

水泥砂浆　楼板　成品金属构件　木方　LED灯带　水泥砂浆

△节点图

材料收口细部图

安装玻璃，并用金属构件将玻璃与用作镜面基层的细木工板进行固定

在细木工板基层上涂玻璃胶

固定镜面

在边缘位置安装金属收口，并用玻璃胶进行二次加固

7. 墙面试衣镜与石膏板收口

（1）墙面试衣镜与石膏板收口（整墙做镜面）

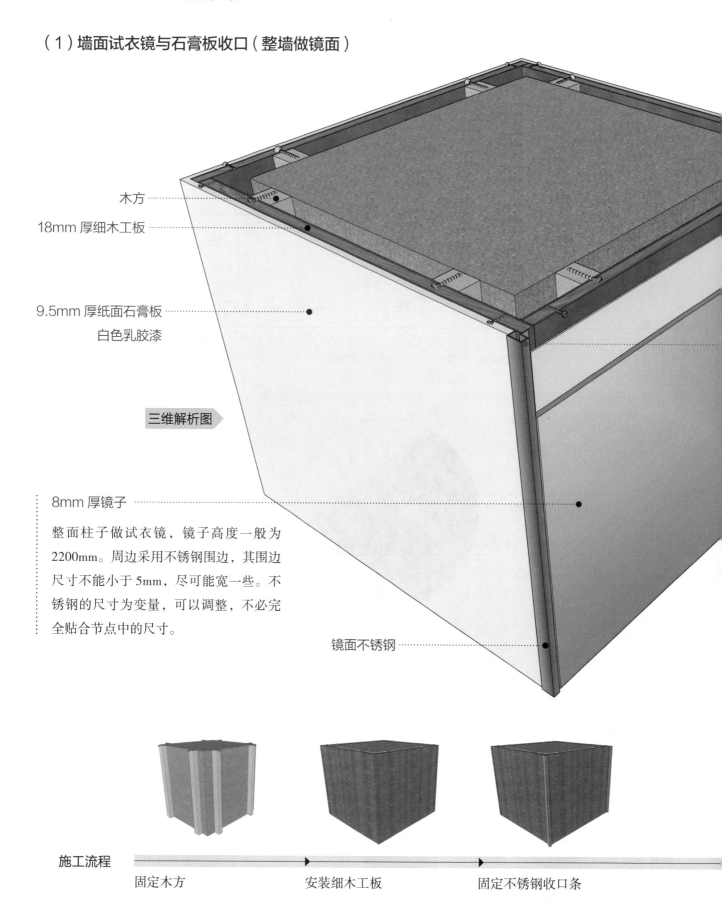

木方

18mm 厚细木工板

9.5mm 厚纸面石膏板
白色乳胶漆

三维解析图

8mm 厚镜子

整面柱子做试衣镜，镜子高度一般为
2200mm。周边采用不锈钢围边，其围边
尺寸不能小于 5mm，尽可能宽一些。不
锈钢的尺寸为变量，可以调整，不必完
全贴合节点中的尺寸。

镜面不锈钢

施工流程

固定木方　　　　　　　安装细木工板　　　　固定不锈钢收口条

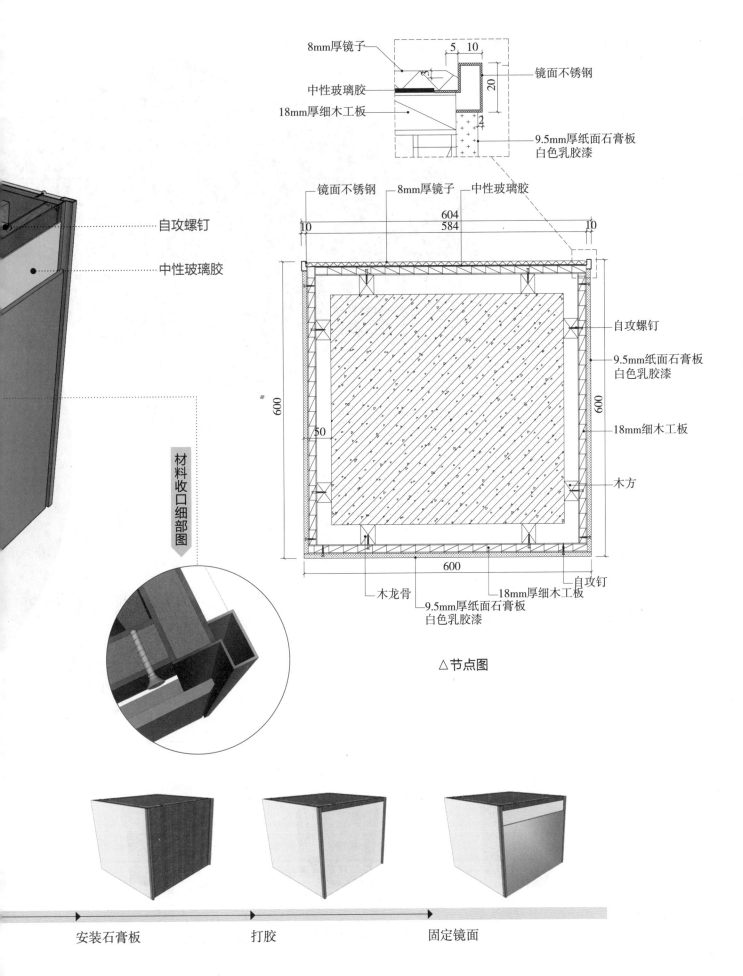

8mm厚镜子

5　10

镜面不锈钢

中性玻璃胶

20

18mm厚细木工板

2

9.5mm厚纸面石膏板
白色乳胶漆

自攻螺钉

中性玻璃胶

镜面不锈钢　8mm厚镜子　中性玻璃胶

10　　604　　10
584

600

50

自攻螺钉

9.5mm纸面石膏板
白色乳胶漆

600

18mm细木工板

木方

600

材料收口细部图

木龙骨　　　　　18mm厚细木工板　　自攻钉
9.5mm厚纸面石膏板
白色乳胶漆

△节点图

安装石膏板　　　　　打胶　　　　　固定镜面

（2）墙面试衣镜与石膏板收口（非整墙做镜面）

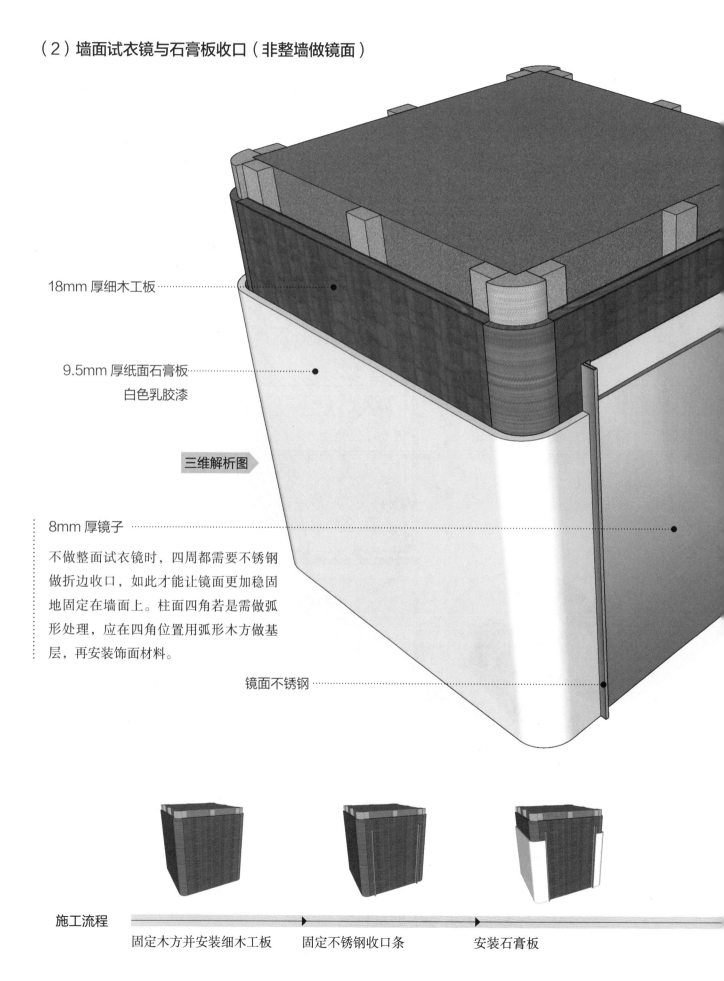

18mm 厚细木工板 ⋯⋯⋯⋯⋯⋯⋯

9.5mm 厚纸面石膏板 ⋯⋯⋯⋯⋯
白色乳胶漆

三维解析图

8mm 厚镜子 ⋯⋯⋯⋯⋯⋯

不做整面试衣镜时，四周都需要不锈钢
做折边收口，如此才能让镜面更加稳固
地固定在墙面上。柱面四角若是需做弧
形处理，应在四角位置用弧形木方做基
层，再安装饰面材料。

镜面不锈钢 ⋯⋯⋯⋯⋯⋯

施工流程

固定木方并安装细木工板　　　固定不锈钢收口条　　　安装石膏板

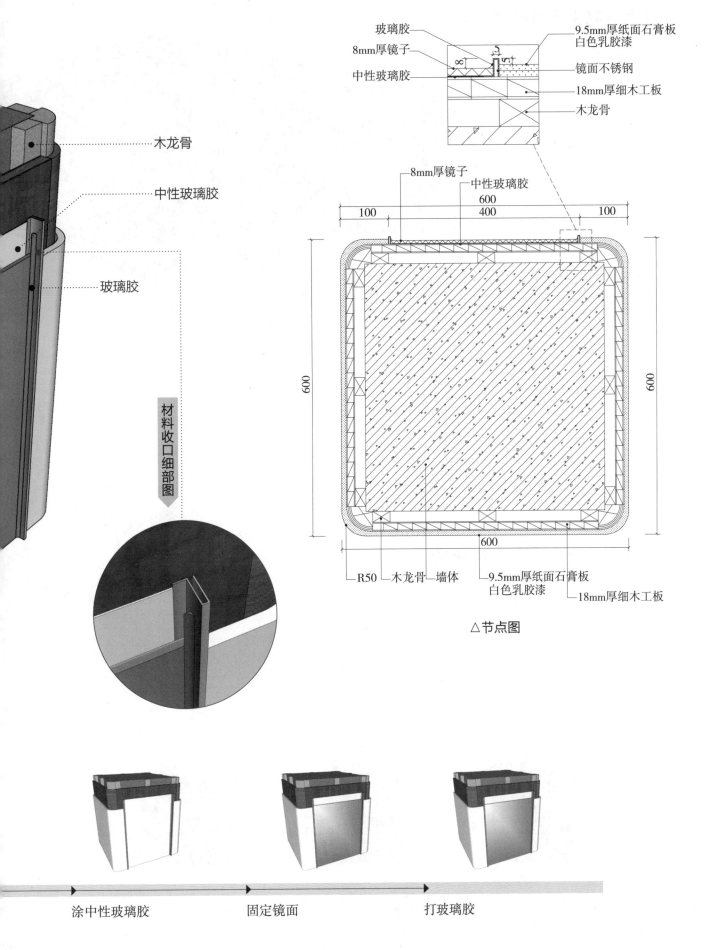

玻璃胶
8mm厚镜子
中性玻璃胶

9.5mm厚纸面石膏板
白色乳胶漆
镜面不锈钢
18mm厚细木工板
木龙骨

木龙骨

中性玻璃胶

玻璃胶

材料收口细部图

8mm厚镜子
中性玻璃胶
600
100   400   100

600   600

600

R50 木龙骨 墙体   9.5mm厚纸面石膏板
白色乳胶漆
18mm厚细木工板

△节点图

涂中性玻璃胶   固定镜面   打玻璃胶

8. 墙面试衣镜与涂料收口

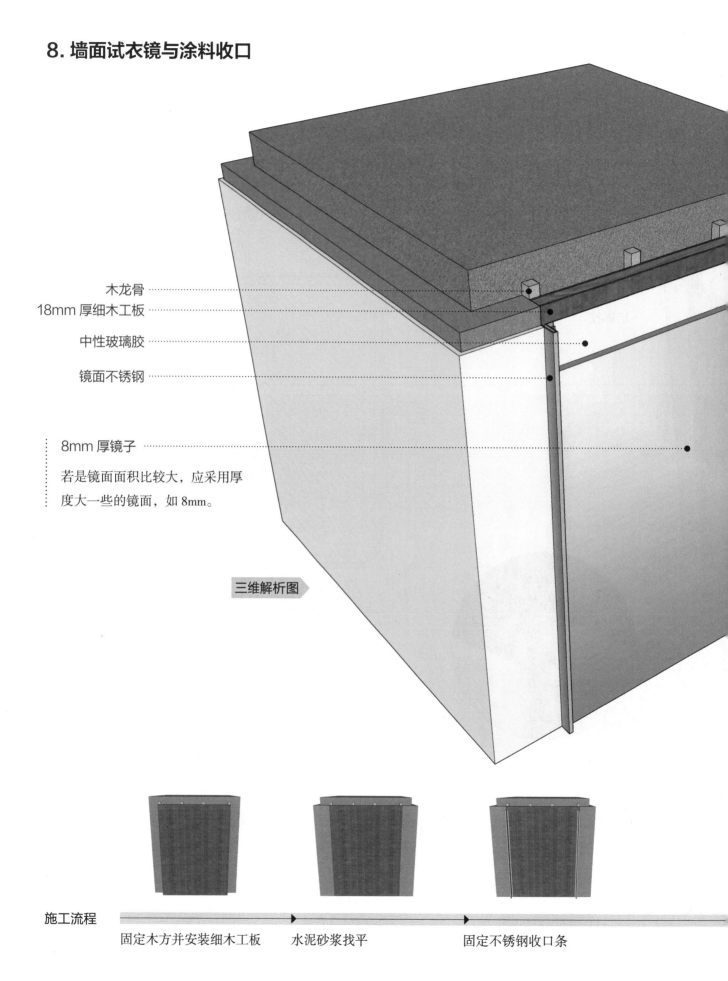

木龙骨

18mm 厚细木工板

中性玻璃胶

镜面不锈钢

8mm 厚镜子

若是镜面面积比较大，应采用厚
度大一些的镜面，如 8mm。

三维解析图

施工流程

固定木方并安装细木工板　　　水泥砂浆找平　　　固定不锈钢收口条

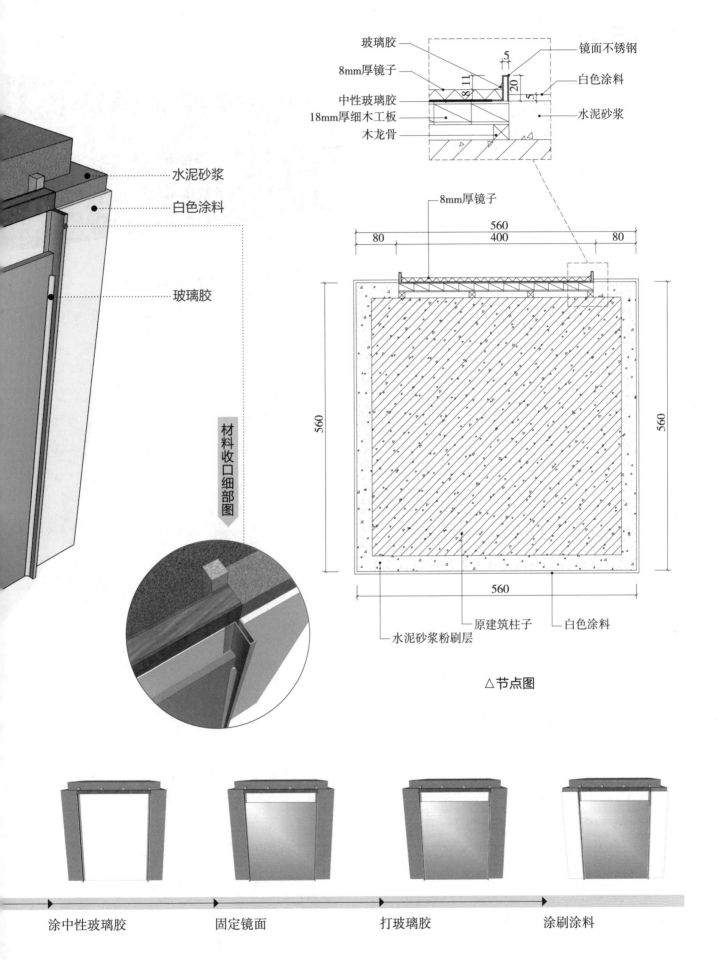

玻璃胶
8mm厚镜子
中性玻璃胶
18mm厚细木工板
木龙骨
镜面不锈钢
白色涂料
水泥砂浆

水泥砂浆
白色涂料
玻璃胶

材料收口细部图

8mm厚镜子

560
80   400   80

560

560

560

水泥砂浆粉刷层
原建筑柱子
白色涂料

△节点图

涂中性玻璃胶   固定镜面   打玻璃胶   涂刷涂料

9. 墙面金属垭口

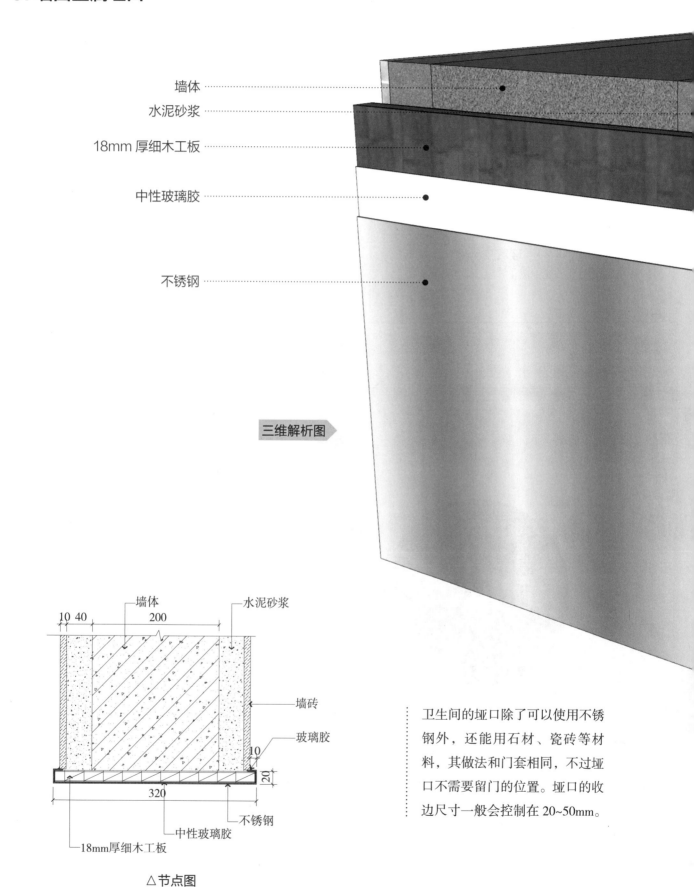

墙体

水泥砂浆

18mm 厚细木工板

中性玻璃胶

不锈钢

三维解析图

墙体
200

水泥砂浆

10 40

墙砖

玻璃胶

10

20

320

不锈钢

中性玻璃胶

18mm 厚细木工板

△节点图

卫生间的垭口除了可以使用不锈钢外，还能用石材、瓷砖等材料，其做法和门套相同，不过垭口不需要留门的位置。垭口的收边尺寸一般会控制在 20~50mm。

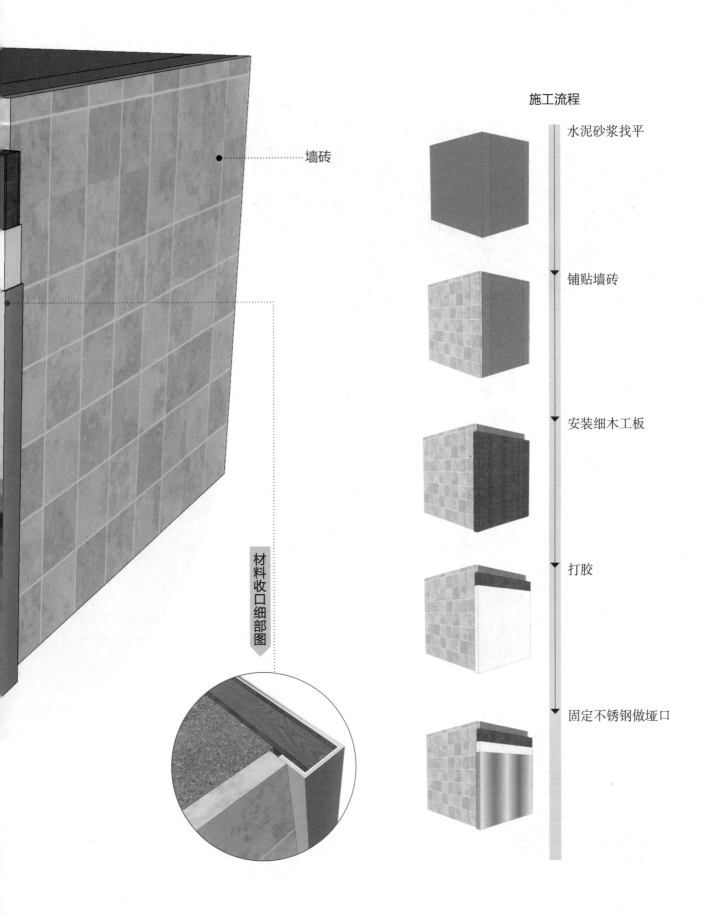

墙砖

材料收口细部图

施工流程

水泥砂浆找平

铺贴墙砖

安装细木工板

打胶

固定不锈钢做垭口

10. 墙面金属板与双轨道防火卷帘收口

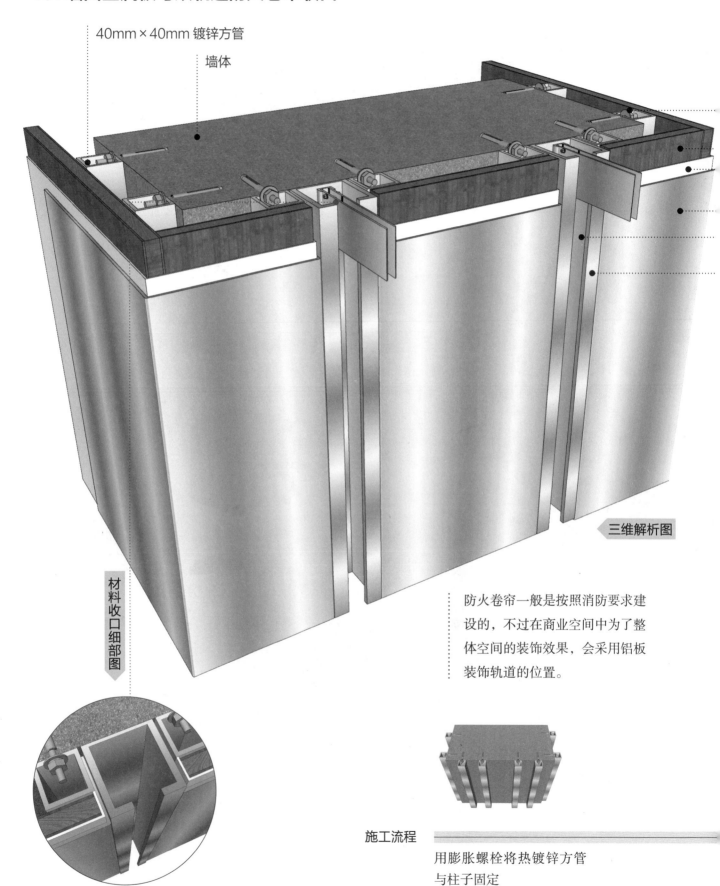

40mm×40mm 镀锌方管

墙体

三维解析图

材料收口细部图

防火卷帘一般是按照消防要求建设的，不过在商业空间中为了整体空间的装饰效果，会采用铝板装饰轨道的位置。

施工流程

用膨胀螺栓将热镀锌方管与柱子固定

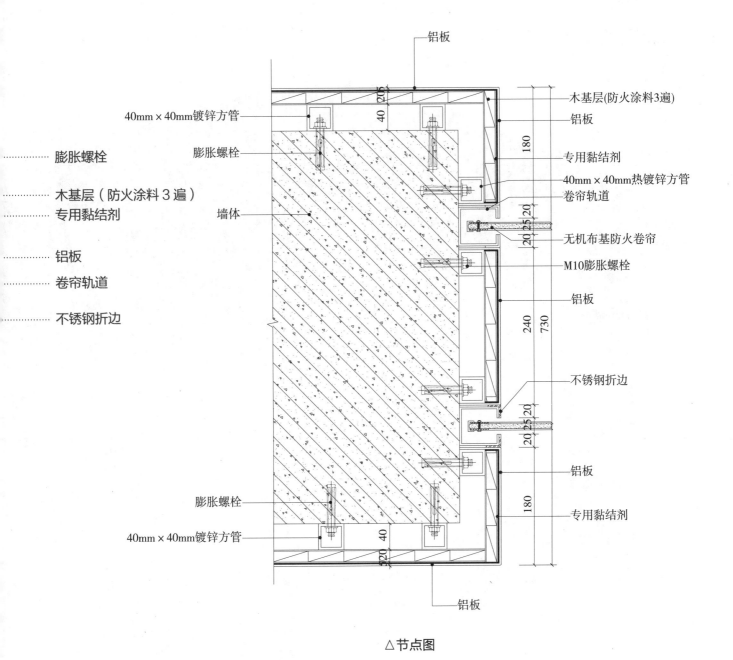

膨胀螺栓

木基层（防火涂料3遍）
专用黏结剂

铝板

卷帘轨道

不锈钢折边

铝板

40mm×40mm镀锌方管

膨胀螺栓

墙体

膨胀螺栓

40mm×40mm镀锌方管

木基层(防火涂料3遍)

铝板

专用黏结剂

40mm×40mm热镀锌方管

卷帘轨道

无机布基防火卷帘

M10膨胀螺栓

铝板

不锈钢折边

铝板

专用黏结剂

铝板

△ 节点图

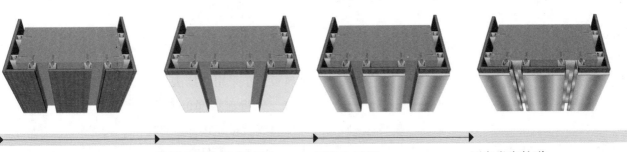

安装木基层　　　　　使用金属专用黏结剂　　　　固定金属板　　　　固定卷帘轨道

11. 墙面金属板收口

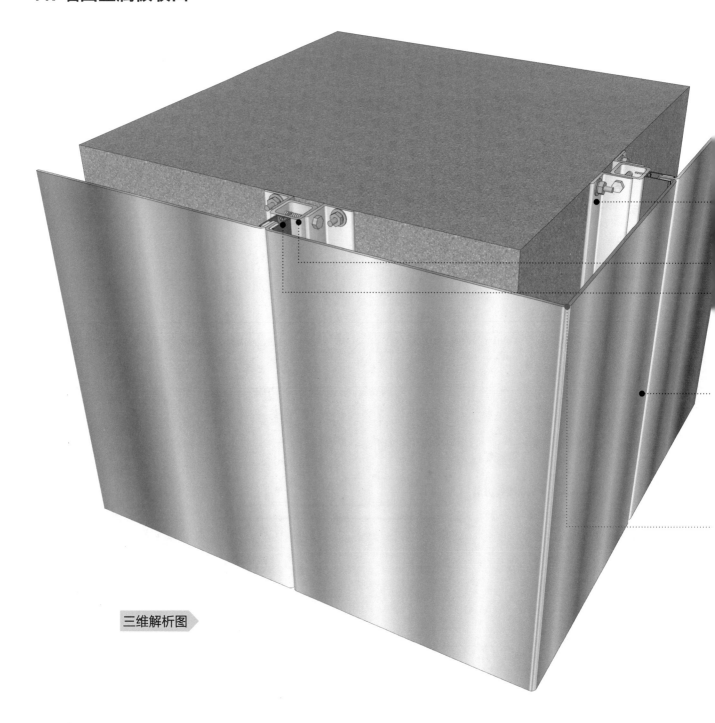

三维解析图

金属板阳角采用焊接法进行收口。先将连接部位焊接，焊接完成后将连接部位打磨光滑平整，使其呈现出自然的弧度。

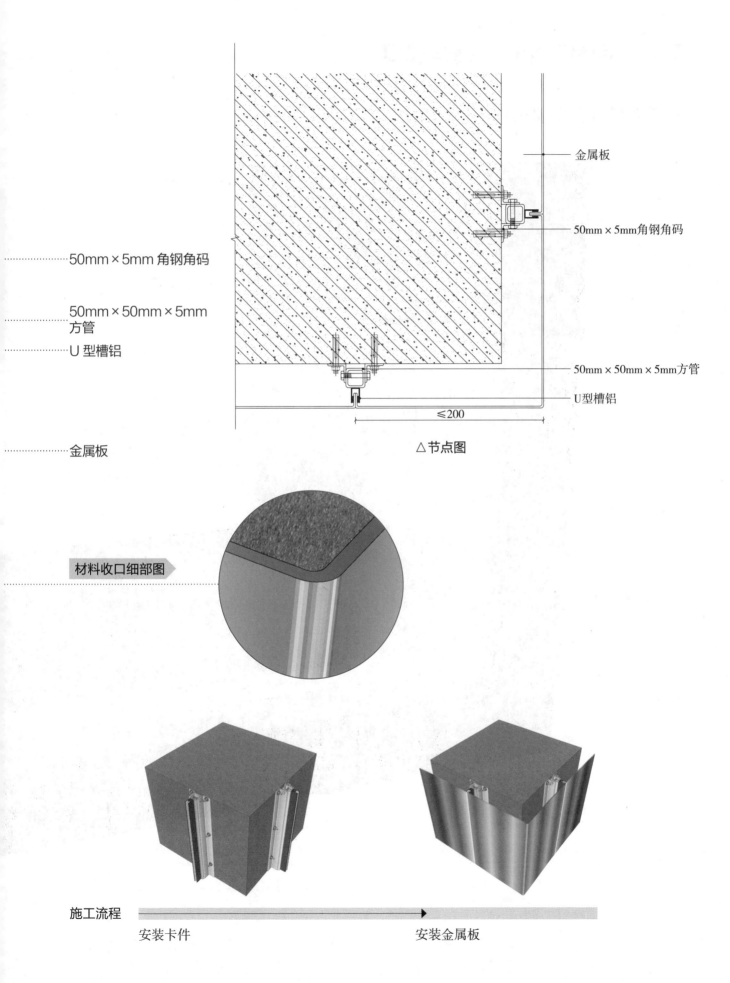

50mm×5mm 角钢角码

金属板

50mm×5mm角钢角码

50mm×5mm 角钢角码

50mm×50mm×5mm
方管

U 型槽铝

50mm×50mm×5mm方管

U型槽铝

≤200

△节点图

金属板

材料收口细部图

施工流程

安装卡件

安装金属板

二、墙面金属与地面材料收口

1. 墙面阴角金属踢脚线收口

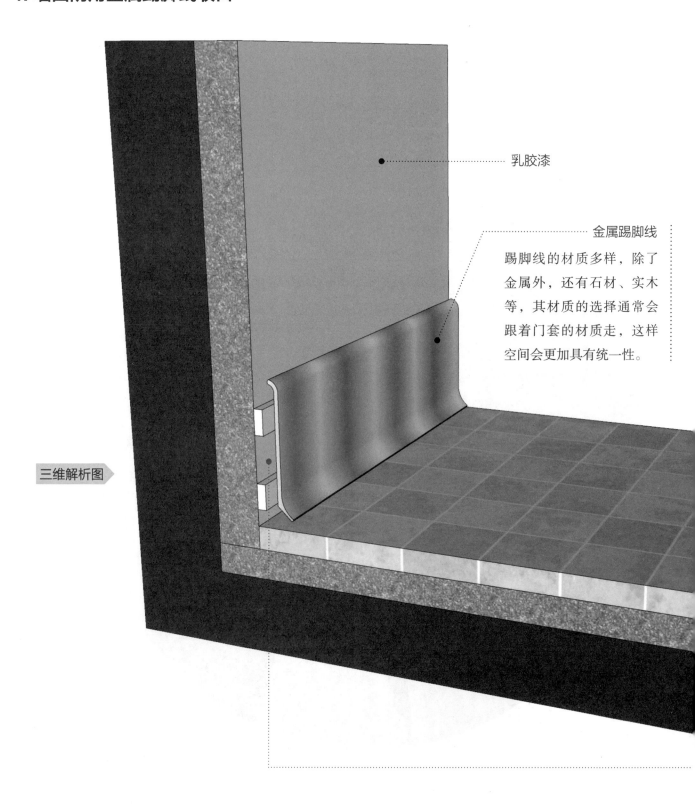

乳胶漆

金属踢脚线

踢脚线的材质多样，除了金属外，还有石材、实木等，其材质的选择通常会跟着门套的材质走，这样空间会更加具有统一性。

三维解析图

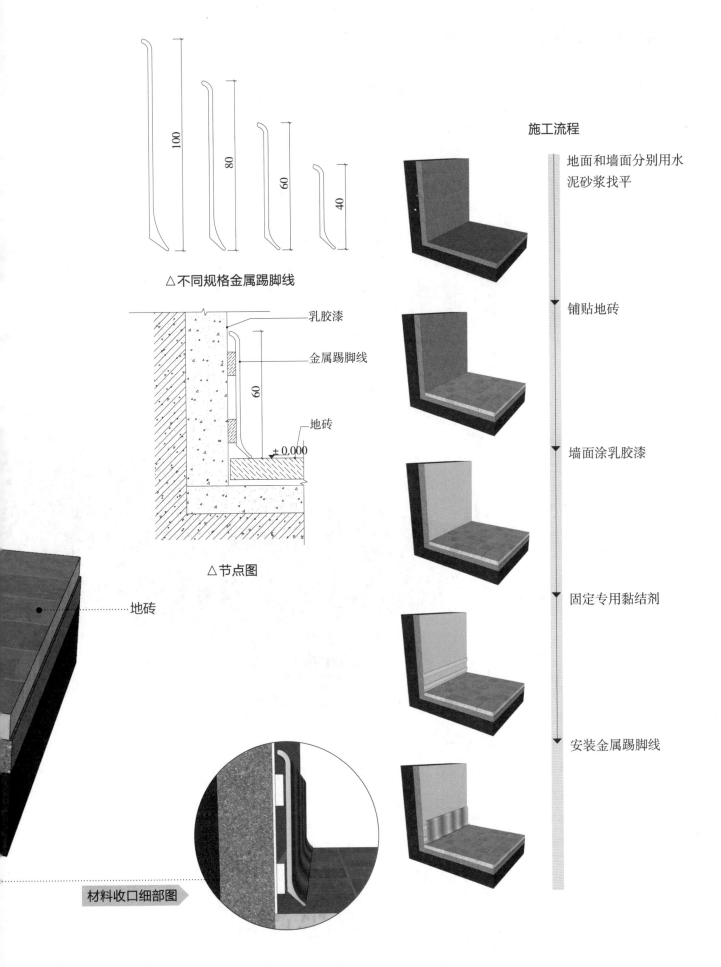

△不同规格金属踢脚线

乳胶漆

金属踢脚线

60

地砖

±0.000

△节点图

地砖

材料收口细部图

施工流程

地面和墙面分别用水泥砂浆找平

铺贴地砖

墙面涂乳胶漆

固定专用黏结剂

安装金属踢脚线

2. 墙面直面金属踢脚线与灯光收口

（1）墙面直面金属踢脚线与灯光收口（踢脚中间）

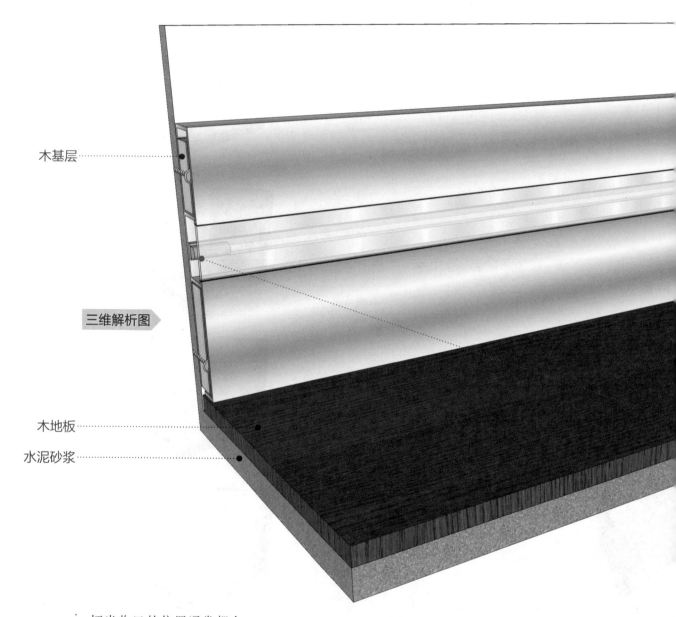

木基层

三维解析图

木地板

水泥砂浆

灯光收口的位置通常都会采用 LED 灯，最好是成品定制的，光效好，尺寸小，安装也十分灵活，不必担心施工难度的问题。

施工流程

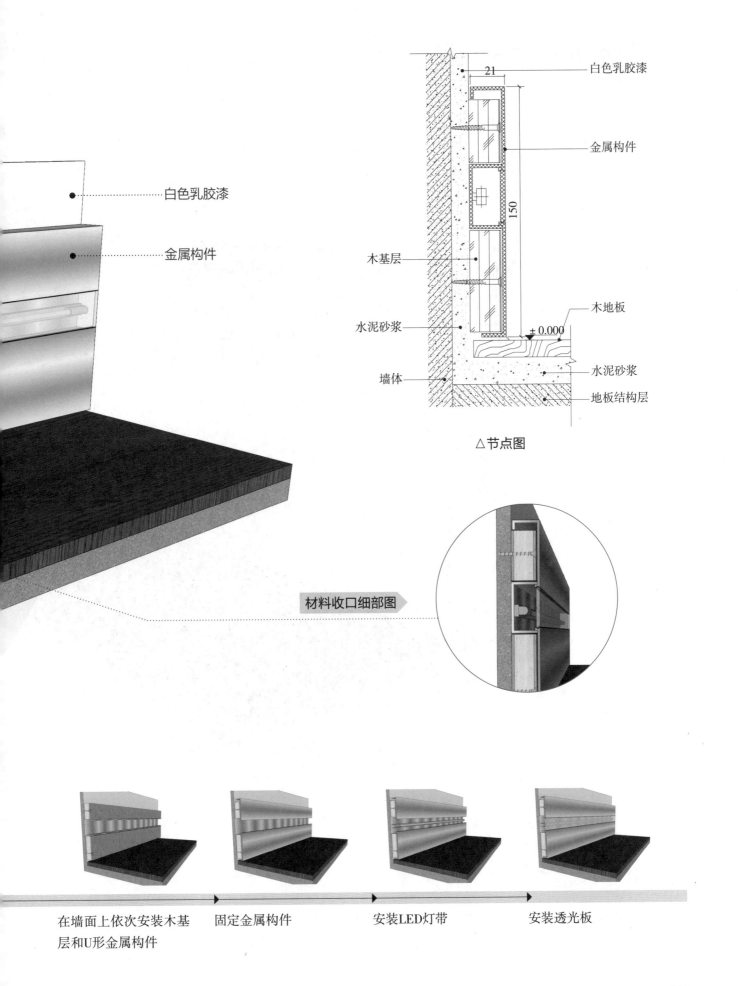

白色乳胶漆

金属构件

白色乳胶漆

金属构件

木基层

水泥砂浆

墙体

木地板

± 0.000

水泥砂浆

地板结构层

21

150

△节点图

材料收口细部图

在墙面上依次安装木基层和U形金属构件

固定金属构件

安装LED灯带

安装透光板

（2）墙面直面金属踢脚线与灯光收口（暗藏踢脚内）

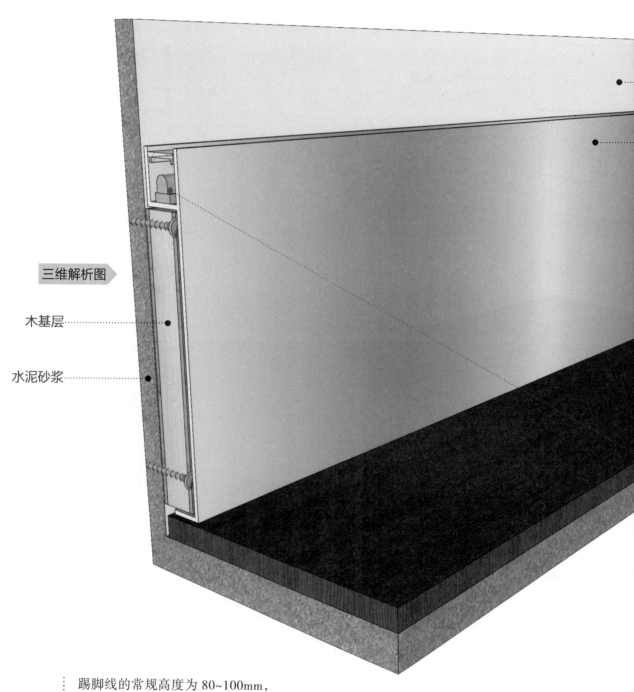

三维解析图

木基层

水泥砂浆

踢脚线的常规高度为80~100mm，有做灯光需求的情况，则会适当加高踢脚线的高度，通常会在150mm。

施工流程

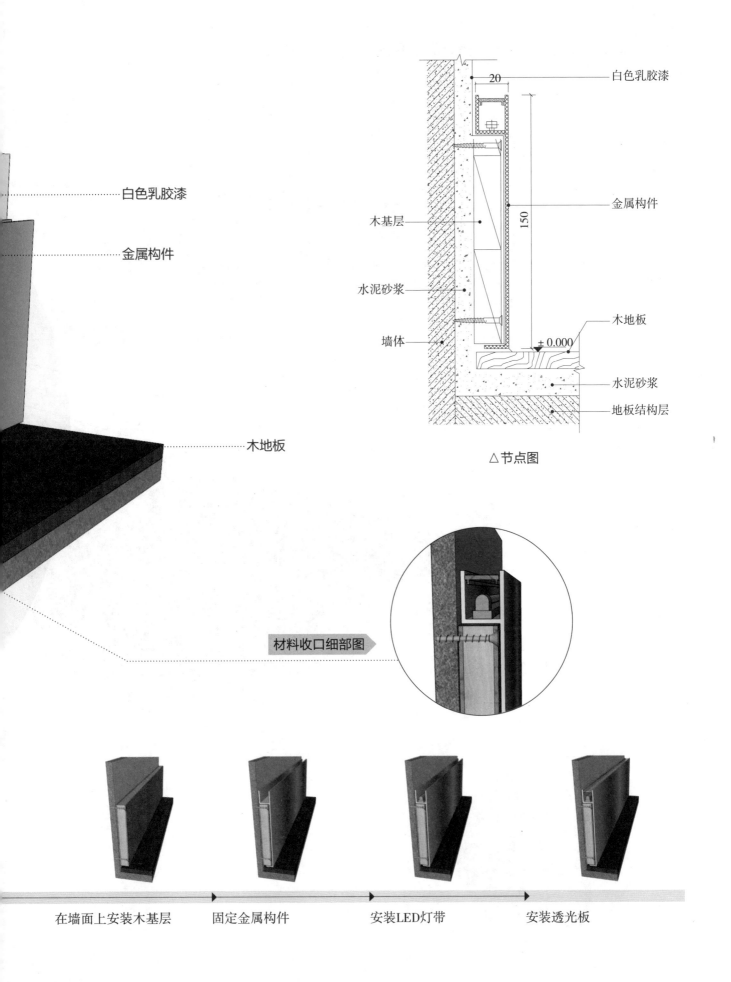

白色乳胶漆

金属构件

木基层

水泥砂浆

墙体

20

150

白色乳胶漆

金属构件

± 0.000

木地板

水泥砂浆

地板结构层

木地板

△节点图

材料收口细部图

在墙面上安装木基层　　　固定金属构件　　　安装LED灯带　　　安装透光板

（3）墙面直面金属踢脚线与灯光收口（踢脚下方）

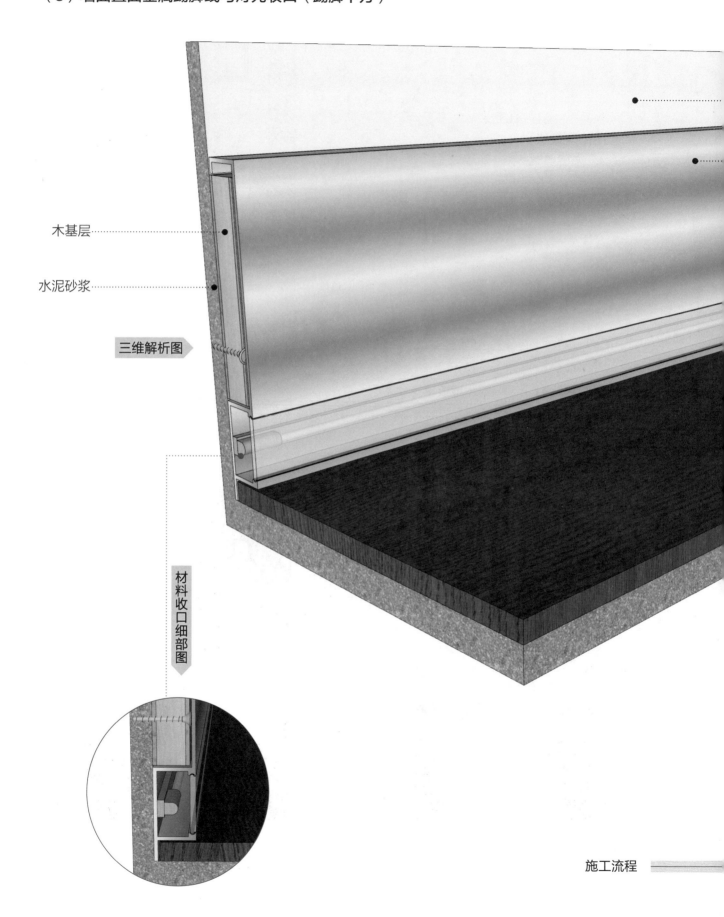

木基层

水泥砂浆

三维解析图

材料收口细部图

施工流程

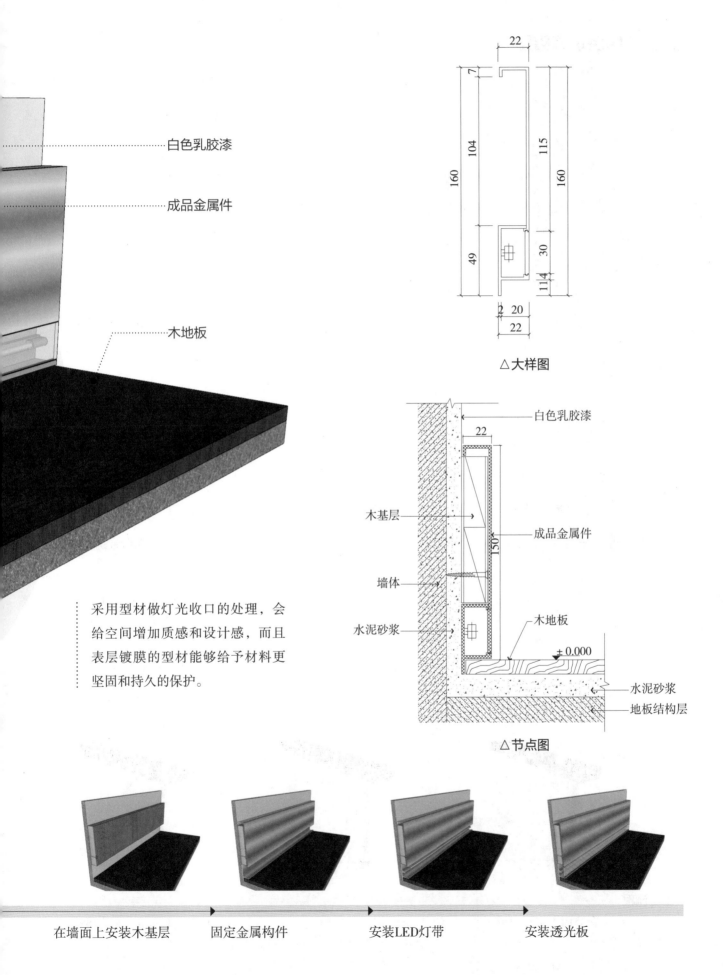

白色乳胶漆

成品金属件

木地板

采用型材做灯光收口的处理，会给空间增加质感和设计感，而且表层镀膜的型材能够给予材料更坚固和持久的保护。

△大样图

白色乳胶漆

木基层

成品金属件

墙体

水泥砂浆

木地板

±0.000

水泥砂浆

地板结构层

△节点图

在墙面上安装木基层　　　固定金属构件　　　安装LED灯带　　　安装透光板

3. 极窄明装金属踢脚线 1

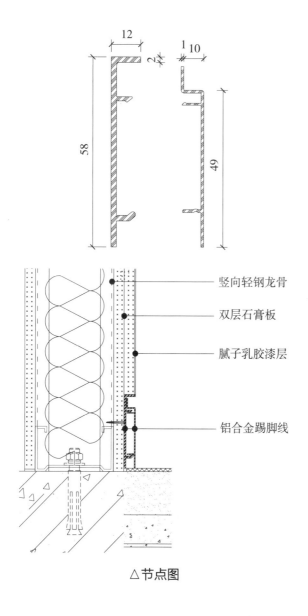

△节点图

竖向轻钢龙骨

双层石膏板

腻子乳胶漆层

铝合金踢脚线

竖向轻钢龙骨

双层石膏板

腻子乳胶漆层

铝合金踢脚线

踢脚线采用卡扣安装方式，对于施工更加方便，安装会更加牢固。

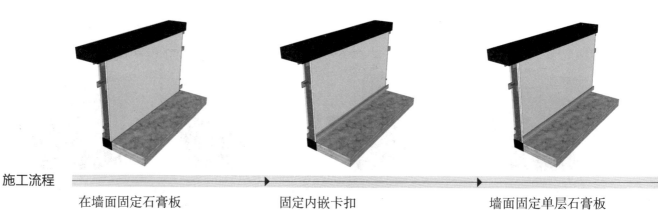

施工流程

在墙面固定石膏板　　　　固定内嵌卡扣　　　　墙面固定单层石膏板

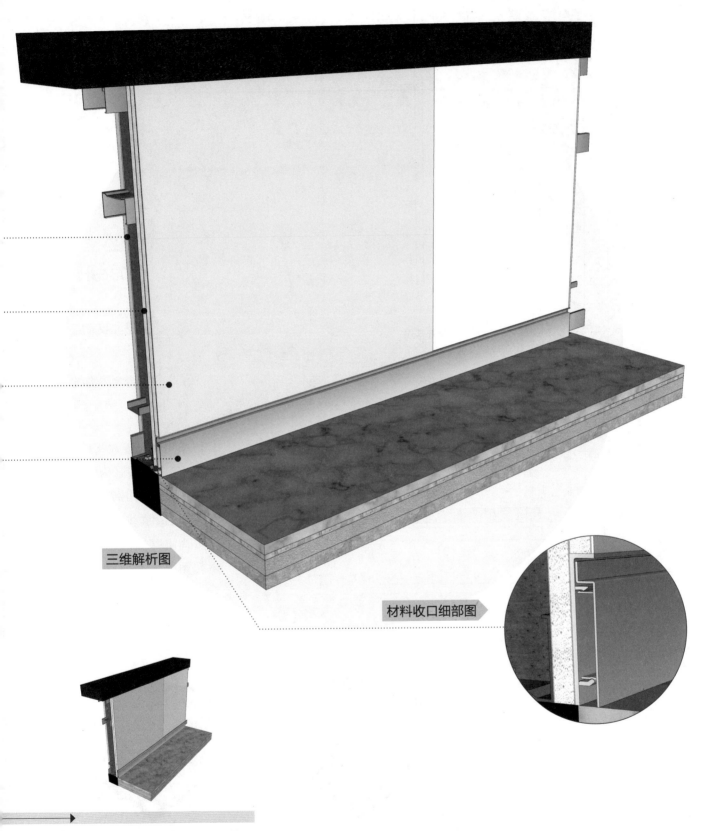

三维解析图

材料收口细部图

固定踢脚线并刮腻子，刷涂料

4. 极窄明装金属踢脚线 2

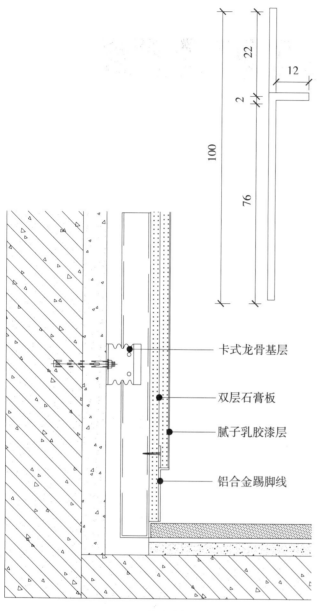

卡式龙骨基层

双层石膏板

腻子乳胶漆层

铝合金踢脚线

△节点图

卡式龙骨基层 ....

双层石膏板 ....

腻子乳胶漆层 ....

铝合金踢脚线 ....

采用留缝方式收口，将踢脚线设计为内嵌形式，采用铝合金材料的踢脚线，不仅时尚简洁，而且还持久耐用。

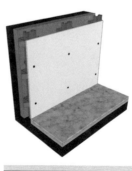
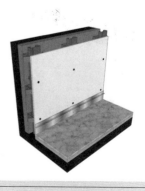

施工流程

安装石膏板   固定踢脚线

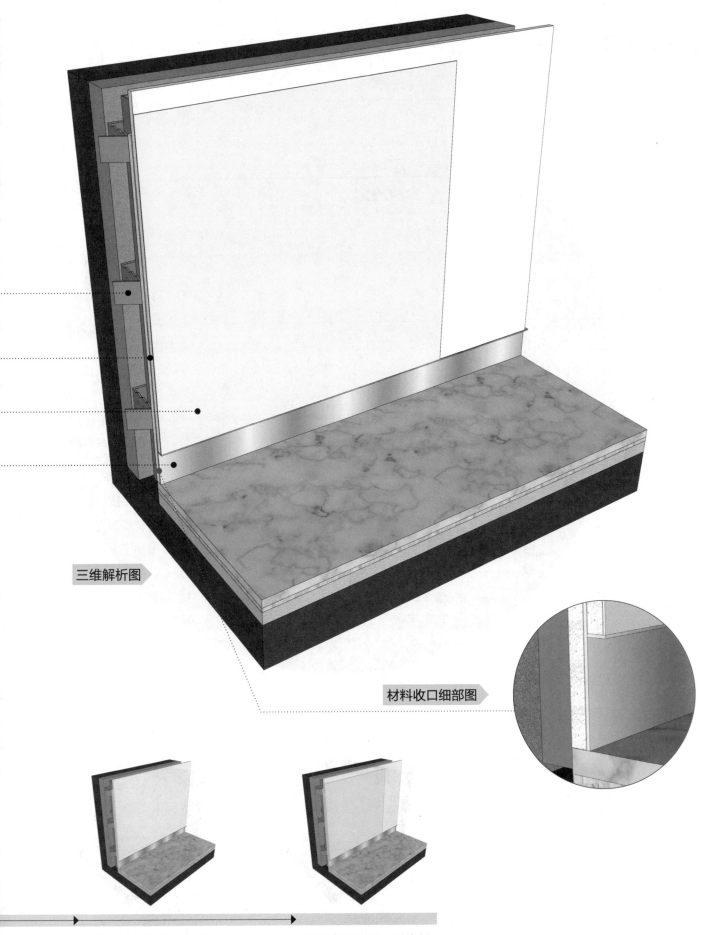

三维解析图

材料收口细部图

墙面固定单层石膏板　　　　　　　墙面满刮腻子，刷涂料

5. 极窄明装金属踢脚线 3

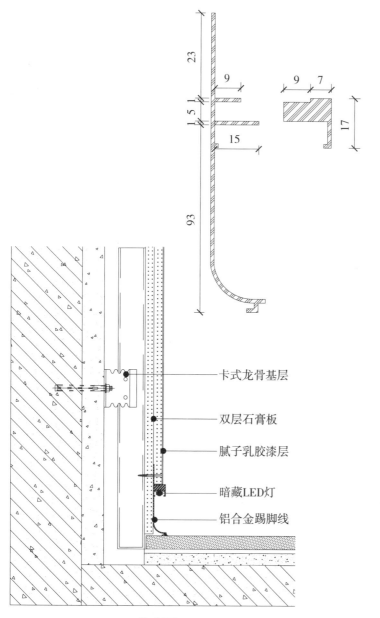

△节点图

卡式龙骨基层

双层石膏板

腻子乳胶漆层

暗藏 LED 灯
铝合金踢脚线

内嵌式灯带踢脚线结合了内嵌踢脚线和灯带的优点，增加了室内空间和便于打扫的优点，还将空间营造出舒适或浪漫的氛围。

施工流程

安装石膏板   固定踢脚线

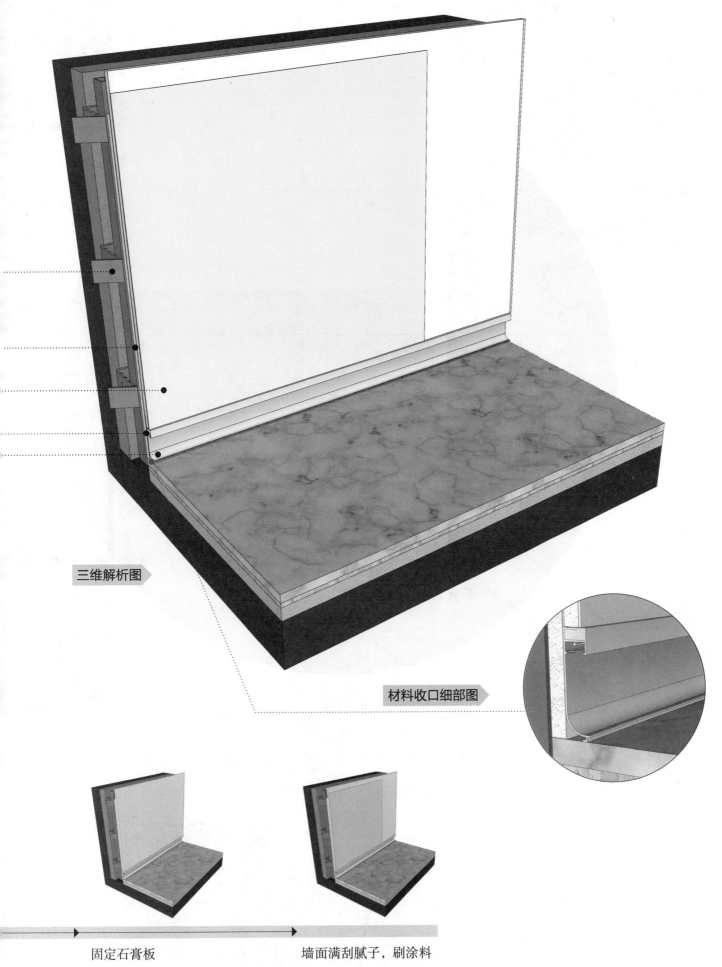

三维解析图

材料收口细部图

固定石膏板

墙面满刮腻子，刷涂料

第九章

透光材料

透光材料泛指具有一定透光率的装饰材料，在室内空间中使用频率较高的透光材料可大致分为亚克力、透光软膜及玻璃这几种，其中玻璃最为常见，也经常被使用在各种位置，可以起到隔绝视线、引光等作用。

一、顶棚透光材料与其他材料收口

1. 顶棚亚克力与涂料收口

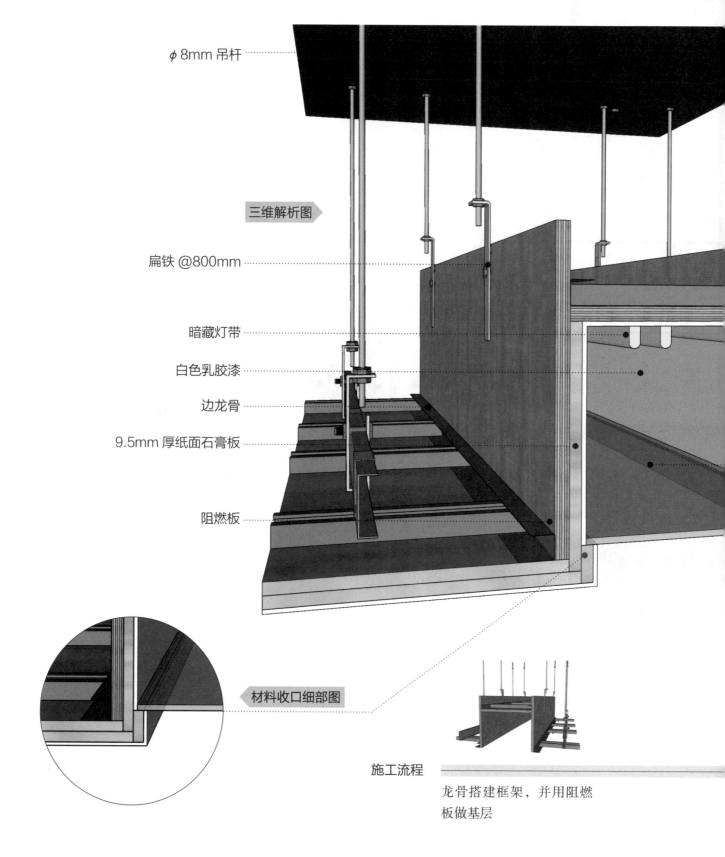

ϕ 8mm 吊杆

三维解析图

扁铁 @800mm

暗藏灯带

白色乳胶漆

边龙骨

9.5mm 厚纸面石膏板

阻燃板

材料收口细部图

施工流程

龙骨搭建框架，并用阻燃
板做基层

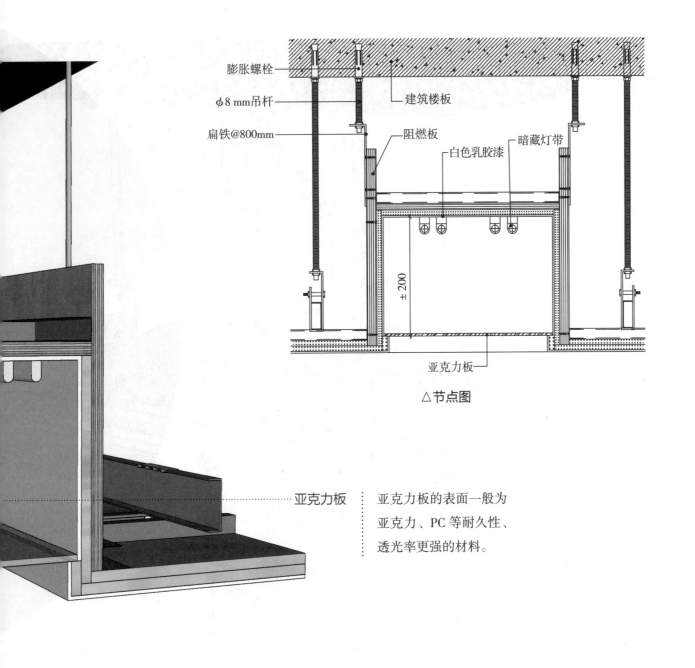

膨胀螺栓

φ8 mm吊杆

扁铁@800mm

建筑楼板

阻燃板

白色乳胶漆

暗藏灯带

± 200

亚克力板

△ 节点图

亚克力板 ┄┄ 亚克力板的表面一般为
亚克力、PC 等耐久性、
透光率更强的材料。

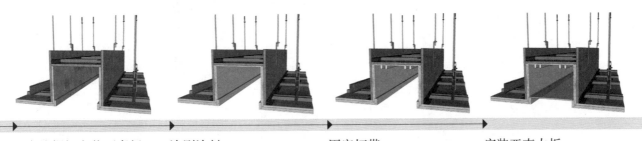

用自攻螺钉安装石膏板　　涂刷涂料　　　　固定灯带　　　　安装亚克力板

2. 顶棚玻璃挡烟垂壁与涂料收口

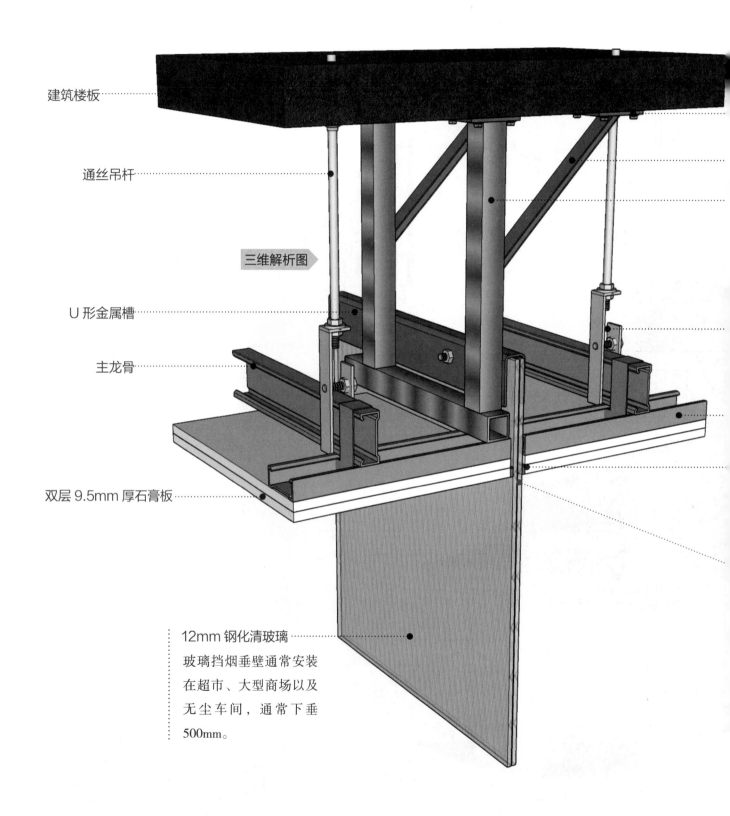

建筑楼板

通丝吊杆

三维解析图

U 形金属槽

主龙骨

双层 9.5mm 厚石膏板

12mm 钢化清玻璃
玻璃挡烟垂壁通常安装
在超市、大型商场以及
无尘车间，通常下垂
500mm。

施工流程

预埋镀锌钢板

镀锌角钢

镀锌方钢

吊件

副龙骨

密封胶填缝

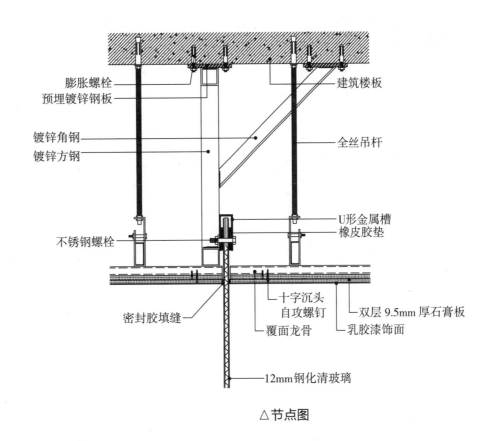

膨胀螺栓
预埋镀锌钢板

镀锌角钢
镀锌方钢

不锈钢螺栓

建筑楼板

全丝吊杆

U形金属槽
橡皮胶垫

密封胶填缝

十字沉头
自攻螺钉

覆面龙骨

双层 9.5mm 厚石膏板

乳胶漆饰面

12mm钢化清玻璃

△ 节点图

材料收口细部图

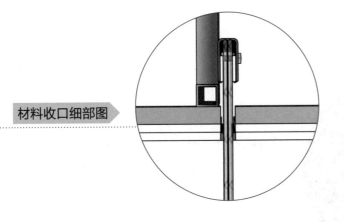

龙骨搭建框架　　　　固定玻璃挡烟垂壁　　　　安装石膏板　　　　密封胶填缝

二、墙面透光材料与其他材料收口

1. 墙面玻璃与木饰面收口

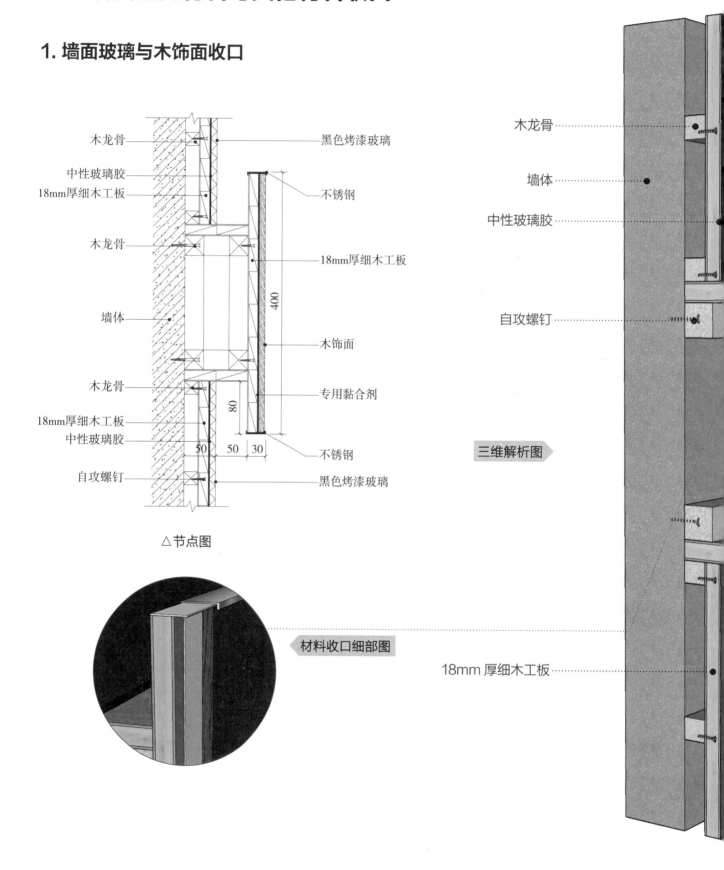

木龙骨

中性玻璃胶

18mm厚细木工板

木龙骨

墙体

木龙骨

18mm厚细木工板

中性玻璃胶

自攻螺钉

黑色烤漆玻璃

不锈钢

18mm厚细木工板

木饰面

专用黏合剂

不锈钢

黑色烤漆玻璃

400

80

50　50　30

△节点图

材料收口细部图

木龙骨

墙体

中性玻璃胶

自攻螺钉

三维解析图

18mm 厚细木工板

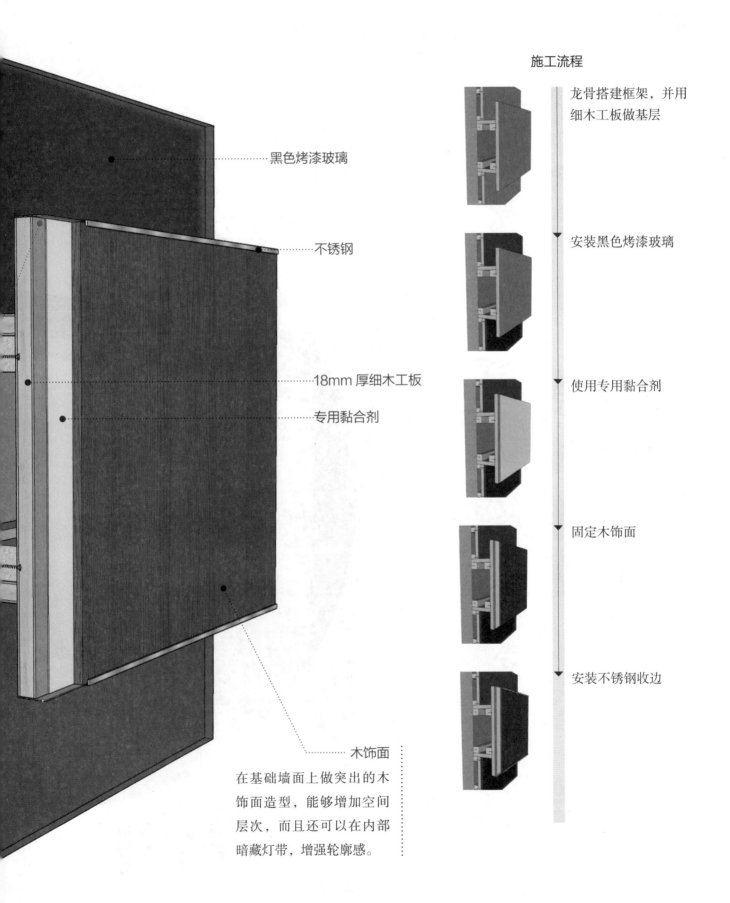

黑色烤漆玻璃

不锈钢

18mm 厚细木工板

专用黏合剂

木饰面

在基础墙面上做突出的木
饰面造型，能够增加空间
层次，而且还可以在内部
暗藏灯带，增强轮廓感。

施工流程

龙骨搭建框架，并用
细木工板做基层

安装黑色烤漆玻璃

使用专用黏合剂

固定木饰面

安装不锈钢收边

2. 墙面玻璃与防火卷帘收口

原墙体

膨胀螺栓

40mm×40mm 镀锌方管

卷帘导轨

不锈钢饰面

18mm 厚细木工板

施工流程

安装金属构件

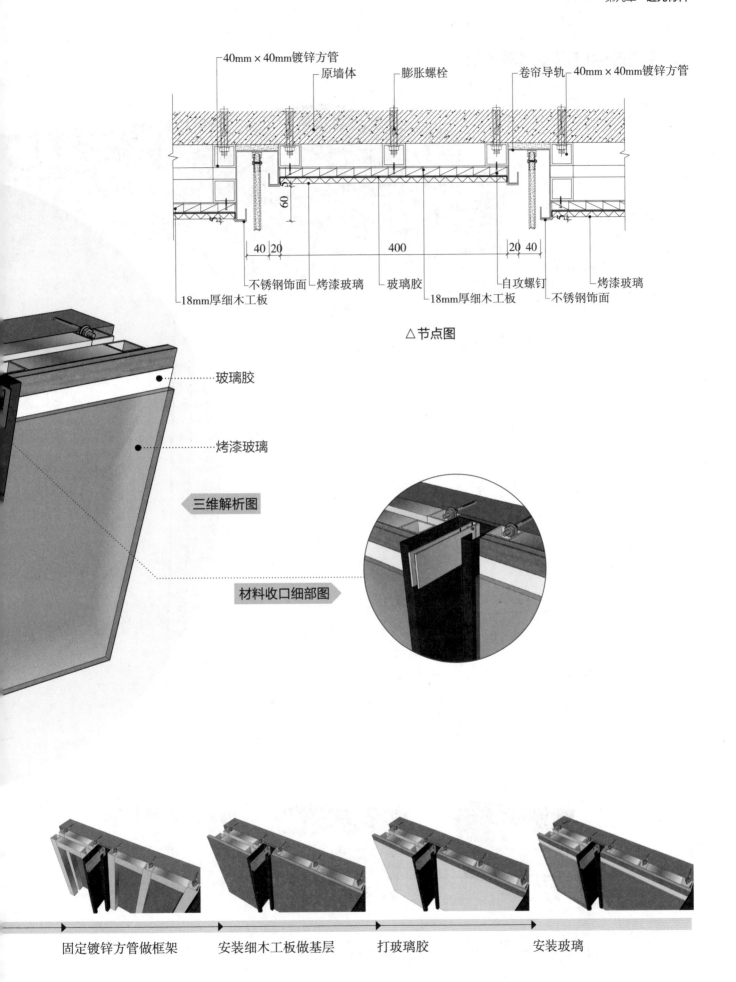

40mm×40mm镀锌方管　　原墙体　　膨胀螺栓　　卷帘导轨　40mm×40mm镀锌方管

60

40 20　　　　　400　　　　　20 40

不锈钢饰面　烤漆玻璃　玻璃胶　　　　自攻螺钉　　烤漆玻璃

18mm厚细木工板　　　　　　　　18mm厚细木工板　　不锈钢饰面

△节点图

玻璃胶

烤漆玻璃

三维解析图

材料收口细部图

固定镀锌方管做框架　　安装细木工板做基层　　打玻璃胶　　　　安装玻璃

3. 墙面玻璃与水泥墙面收口

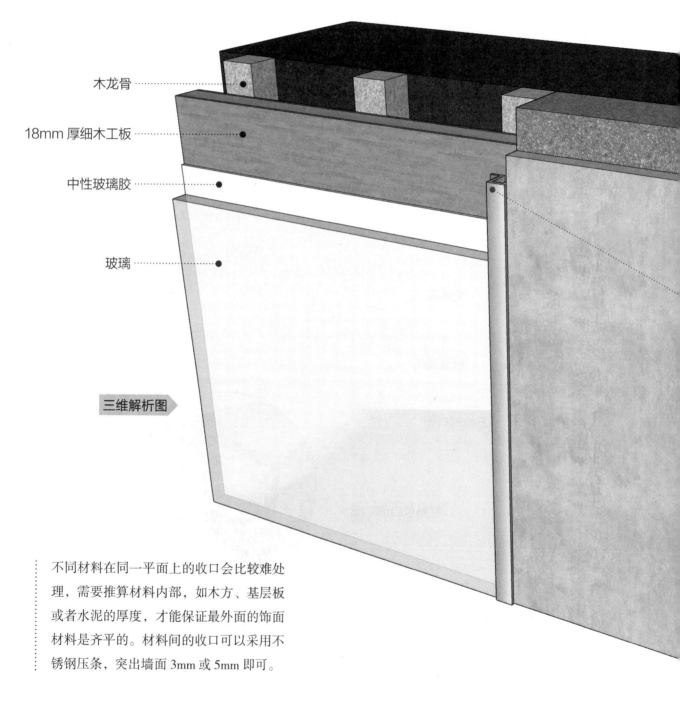

木龙骨

18mm 厚细木工板

中性玻璃胶

玻璃

三维解析图

不同材料在同一平面上的收口会比较难处理，需要推算材料内部，如木方、基层板或者水泥的厚度，才能保证最外面的饰面材料是齐平的。材料间的收口可以采用不锈钢压条，突出墙面 3mm 或 5mm 即可。

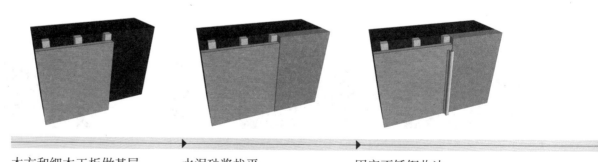

施工流程

木方和细木工板做基层　　　　水泥砂浆找平　　　　固定不锈钢收边

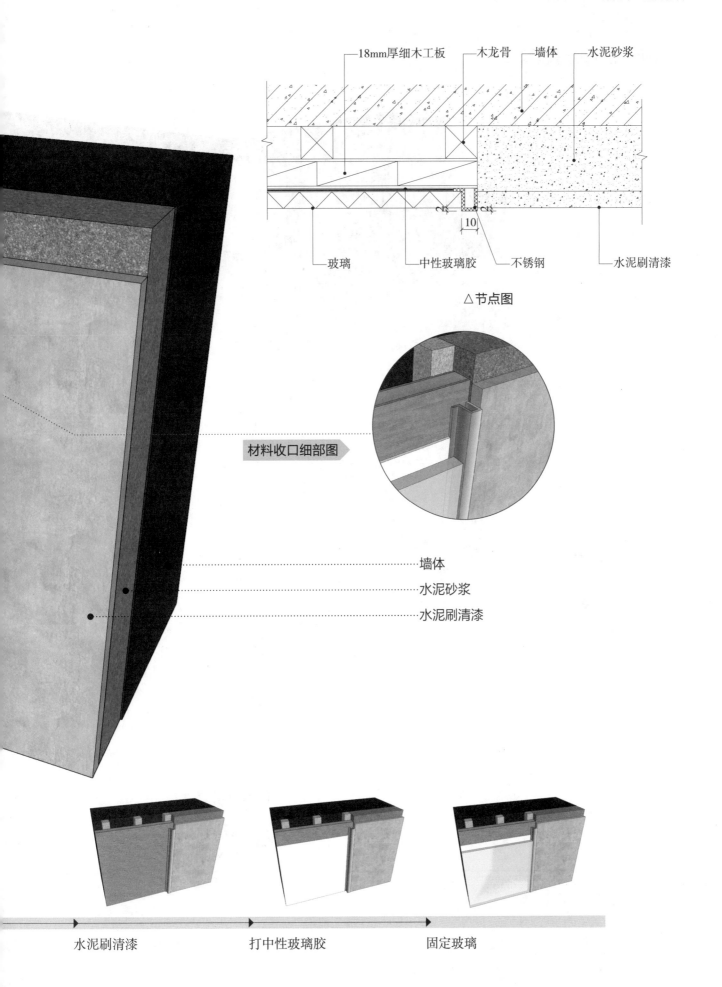

18mm厚细木工板　木龙骨　墙体　水泥砂浆

10

玻璃　中性玻璃胶　不锈钢　水泥刷清漆

△ 节点图

材料收口细部图

墙体

水泥砂浆

水泥刷清漆

水泥刷清漆　打中性玻璃胶　固定玻璃

4. 墙面玻璃阳角收口

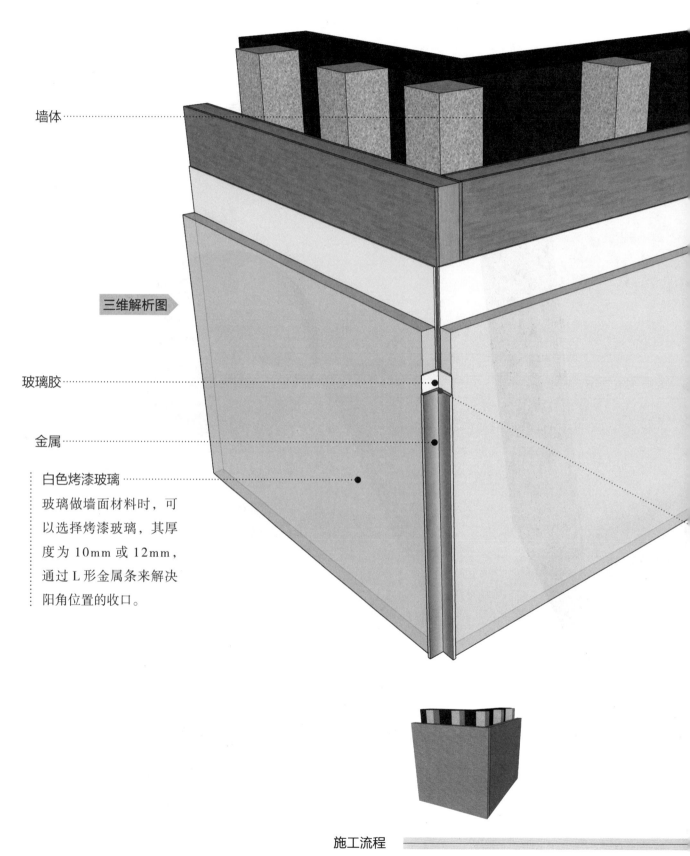

墙体

三维解析图

玻璃胶

金属

白色烤漆玻璃
玻璃做墙面材料时，可
以选择烤漆玻璃，其厚
度为 10mm 或 12mm，
通过 L 形金属条来解决
阳角位置的收口。

施工流程

木方和细木工板做基层

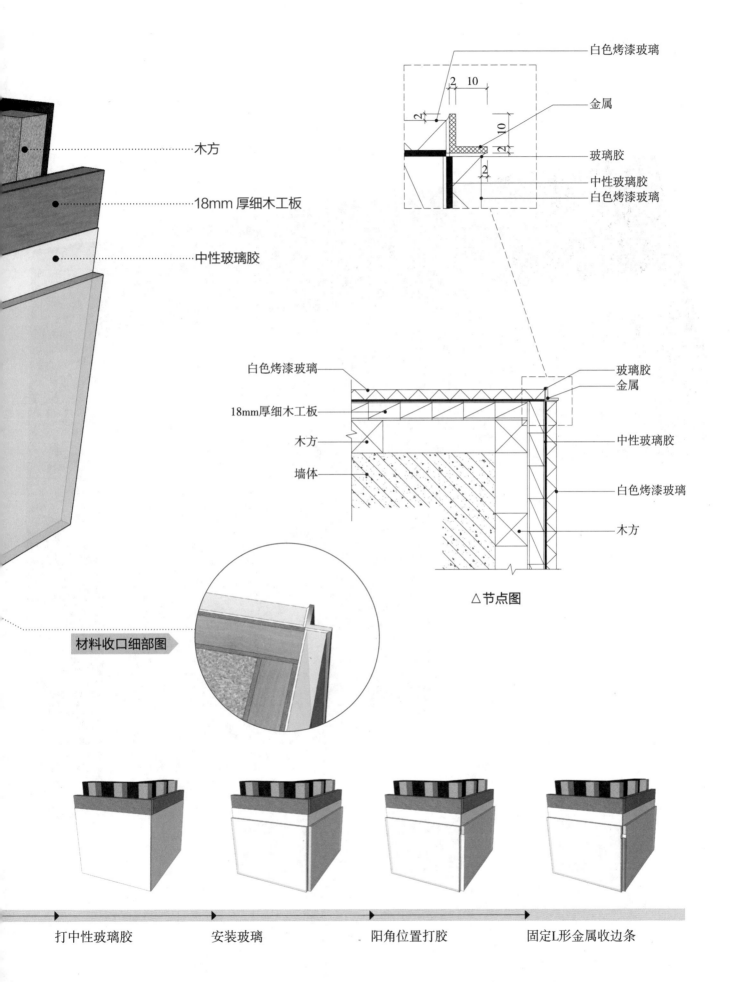

白色烤漆玻璃

金属

玻璃胶

中性玻璃胶
白色烤漆玻璃

木方

18mm 厚细木工板

中性玻璃胶

玻璃胶
金属

白色烤漆玻璃

18mm厚细木工板

中性玻璃胶

木方

白色烤漆玻璃

墙体

木方

△节点图

材料收口细部图

打中性玻璃胶   安装玻璃   阳角位置打胶   固定L形金属收边条

5. 墙面镜面玻璃阴角收口

三维解析图

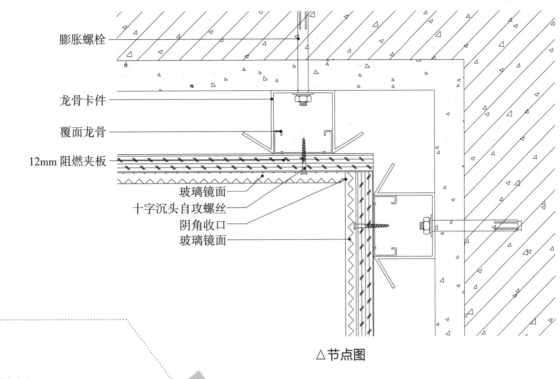

膨胀螺栓

龙骨卡件

覆面龙骨

12mm 阻燃夹板

玻璃镜面

十字沉头自攻螺丝

阴角收口

玻璃镜面

△ 节点图

材料收口细部图

········· 龙骨卡件
········· 膨胀螺栓
········· 覆面龙骨

········· 阴角收口

········· 12mm 阻燃夹板

········· 玻璃镜面

以平面对接方式将阴角进行留缝处理。顶面的镜面还进行了倒角处理，为了保证在视野内阴角的美观性，施工中需要严格控制倒角的尺寸。

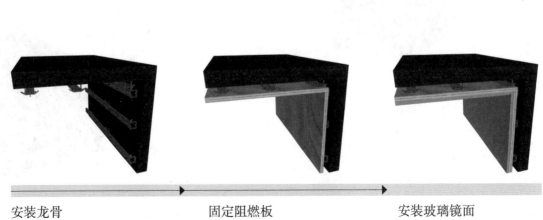

施工流程

安装龙骨　　　　　　　固定阻燃板　　　　　　安装玻璃镜面

6.墙面镜面玻璃阳角收口

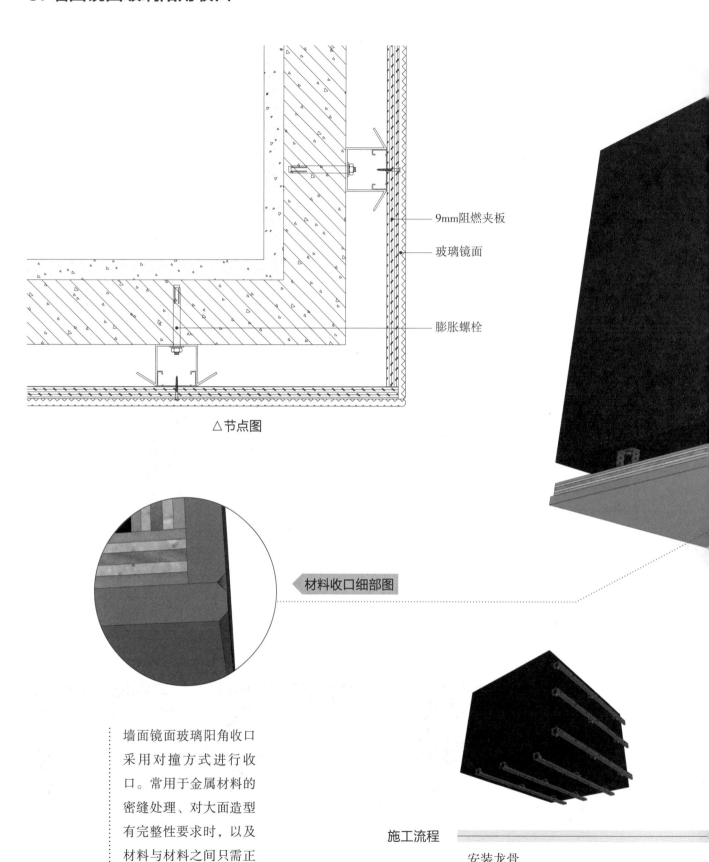

9mm阻燃夹板

玻璃镜面

膨胀螺栓

△节点图

材料收口细部图

墙面镜面玻璃阳角收口采用对撞方式进行收口。常用于金属材料的密缝处理、对大面造型有完整性要求时，以及材料与材料之间只需正常衔接时的场合。

施工流程

安装龙骨

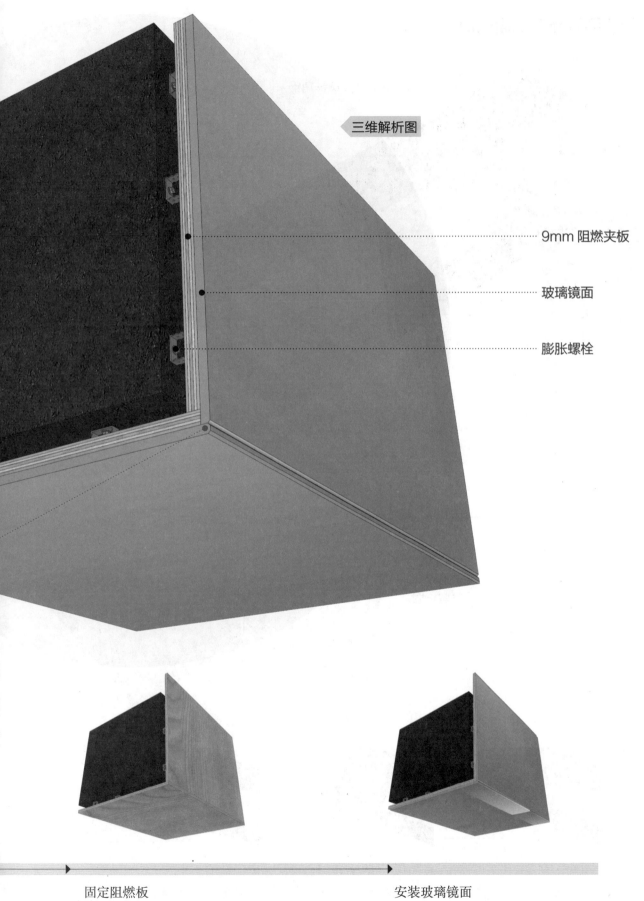

三维解析图

9mm 阻燃夹板

玻璃镜面

膨胀螺栓

固定阻燃板   安装玻璃镜面

7. 墙面玻璃隔断与墙面收口

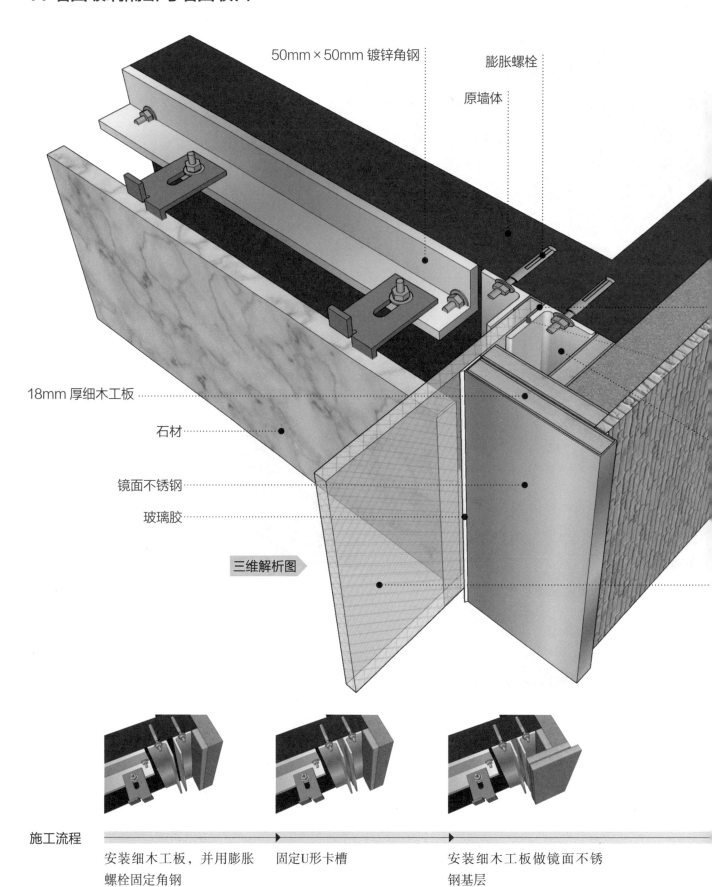

50mm×50mm 镀锌角钢

膨胀螺栓

原墙体

18mm 厚细木工板

石材

镜面不锈钢

玻璃胶

三维解析图

施工流程

安装细木工板，并用膨胀
螺栓固定角钢

固定U形卡槽

安装细木工板做镜面不锈
钢基层

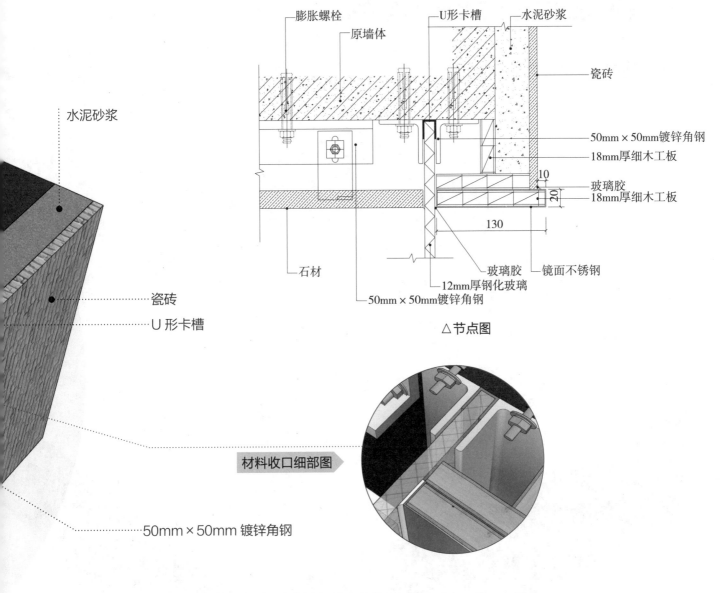

膨胀螺栓
原墙体
U形卡槽
水泥砂浆
瓷砖
50mm×50mm镀锌角钢
18mm厚细木工板
玻璃胶
18mm厚细木工板
10
20
130
石材
玻璃胶
镜面不锈钢
12mm厚钢化玻璃
50mm×50mm镀锌角钢

△节点图

水泥砂浆
瓷砖
U 形卡槽

材料收口细部图

50mm×50mm 镀锌角钢

12mm 厚钢化玻璃 ┊ 玻璃隔断可以定为 10mm、12mm、15mm 厚，常见于办公空间中，能够在不阻绝光线的前提下隔开不同的功能空间。

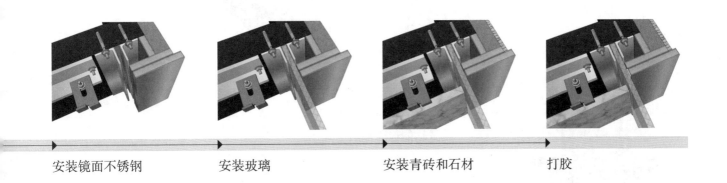

安装镜面不锈钢   安装玻璃   安装青砖和石材   打胶

三、墙面透光材料与地面材料收口

墙面玻璃隔断与地面石材收口

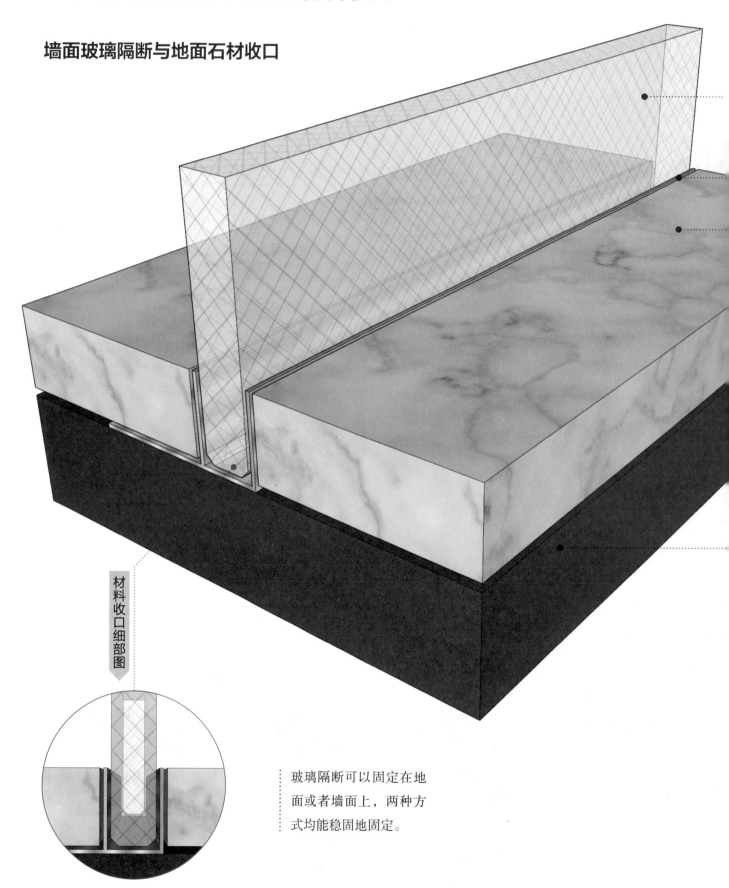

材料收口细部图

玻璃隔断可以固定在地
面或者墙面上，两种方
式均能稳固地固定。

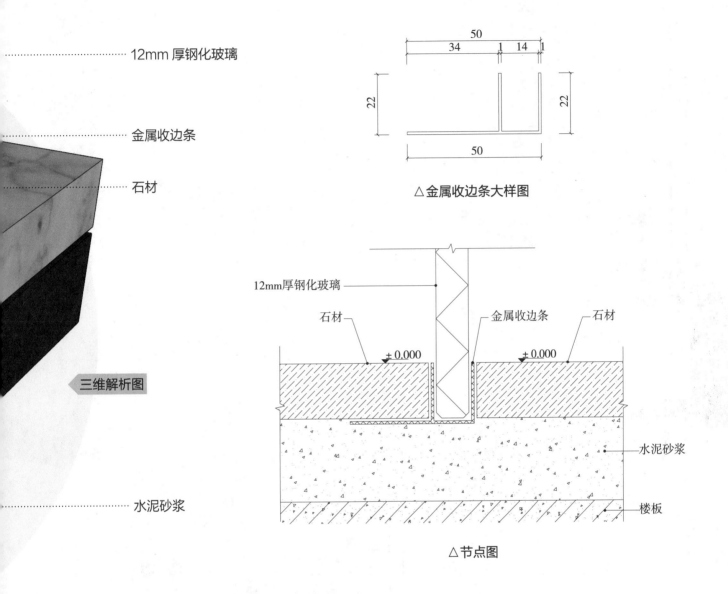

12mm 厚钢化玻璃

金属收边条

石材

三维解析图

水泥砂浆

50
34　1　14　1

22

22

50

△金属收边条大样图

12mm厚钢化玻璃

石材

±0.000

金属收边条

石材

±0.000

水泥砂浆

楼板

△节点图

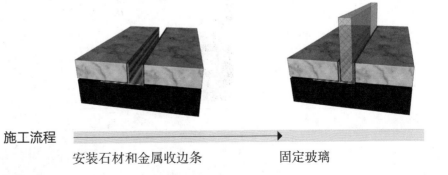

施工流程

安装石材和金属收边条　　　　　固定玻璃

第十章

瓷砖

瓷砖是室内使用频率很高的一种耐酸碱的瓷质或石质装饰建材。目前市面上的大部分瓷砖，是以黏土、长石、石英砂等耐火的金属氧化物及半金属氧化物为制作材料的。但随着科技的不断发展，瓷砖新品层出不穷，所使用的制作材料局限性越来越小，逐渐扩大到了硅酸盐和非氧化物的范围，并出现了很多新的制作工艺，使瓷砖的使用出现了更多的可能性。

一、墙面瓷砖与其他材料收口

1. 墙面瓷砖与涂料收口

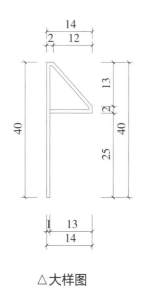

△大样图

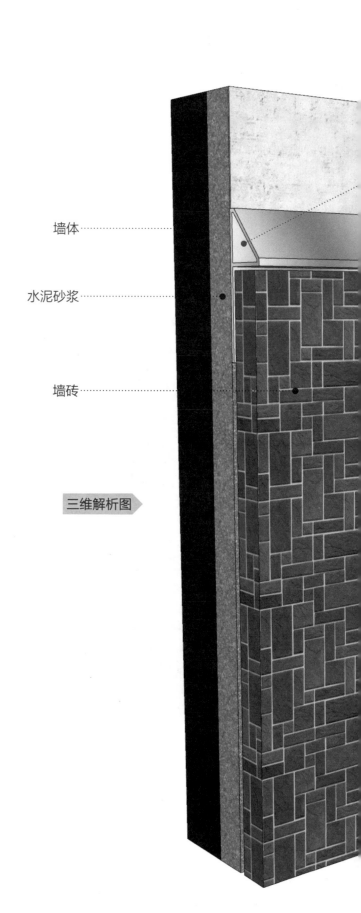

墙体

水泥砂浆

墙砖

三维解析图

真石漆

金属条

墙体

水泥砂浆

墙砖

△节点图

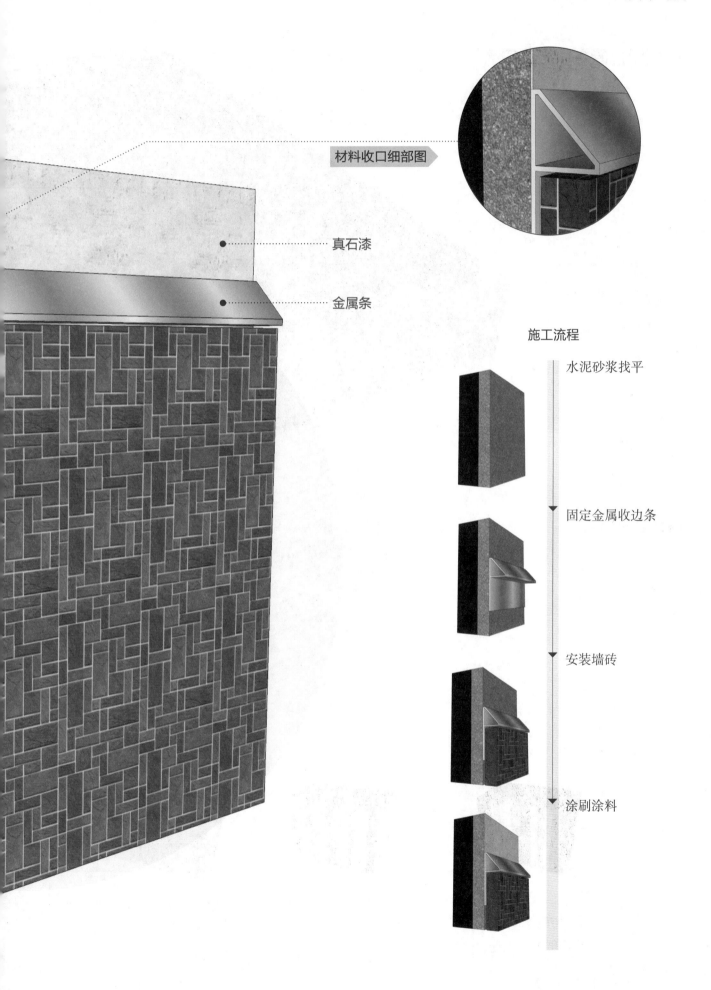

材料收口细部图

真石漆

金属条

施工流程

水泥砂浆找平

固定金属收边条

安装墙砖

涂刷涂料

2. 墙面瓷砖与墙纸收口

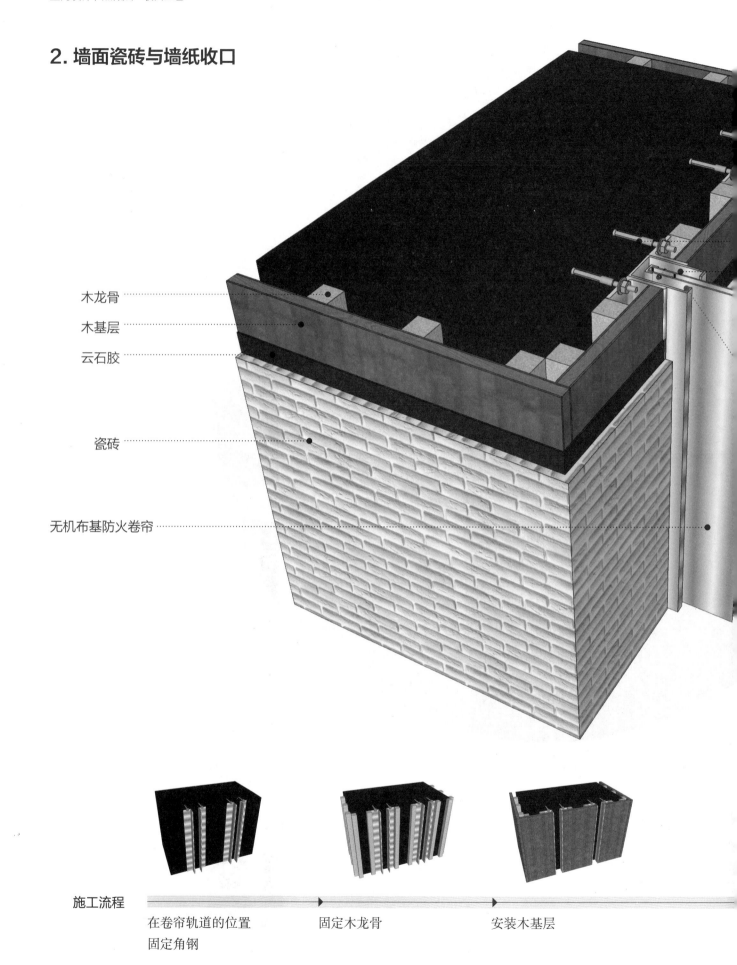

木龙骨

木基层

云石胶

瓷砖

无机布基防火卷帘

施工流程

在卷帘轨道的位置
固定角钢

固定木龙骨

安装木基层

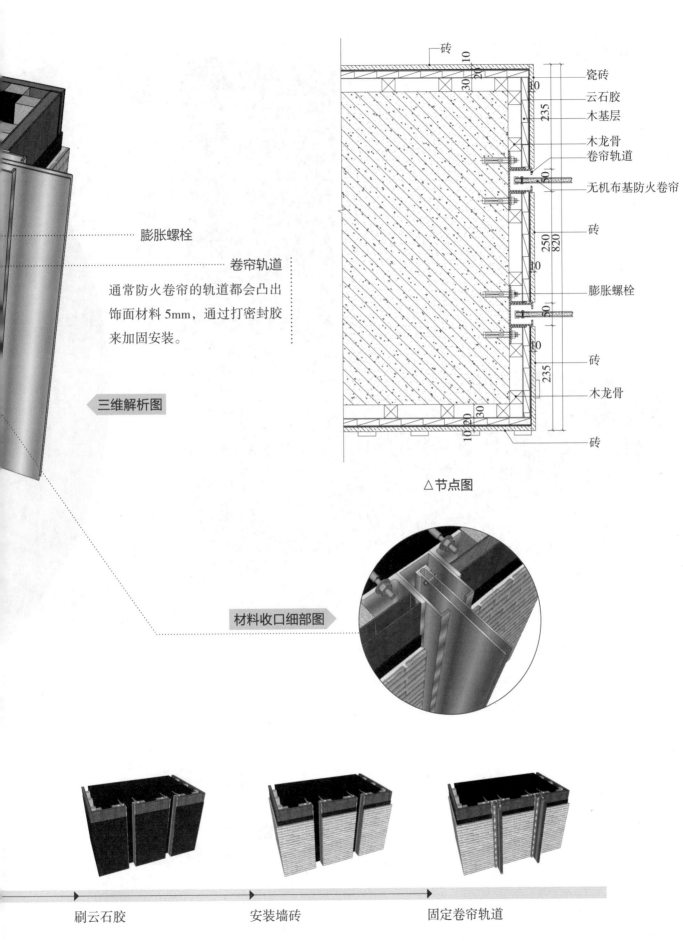

膨胀螺栓

卷帘轨道

通常防火卷帘的轨道都会凸出饰面材料 5mm，通过打密封胶来加固安装。

三维解析图

瓷砖
云石胶
木基层
木龙骨
卷帘轨道
无机布基防火卷帘
砖
膨胀螺栓
砖
木龙骨
砖

△节点图

材料收口细部图

刷云石胶　　　安装墙砖　　　固定卷帘轨道

3. 墙面瓷砖阳角收口（斜角）

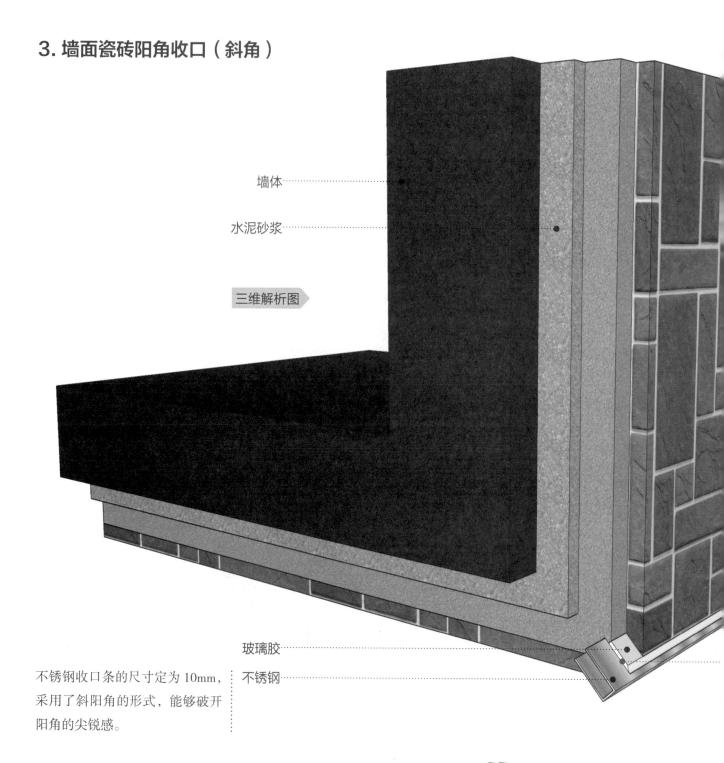

墙体

水泥砂浆

三维解析图 ▶

玻璃胶

不锈钢收口条的尺寸定为 10mm，采用了斜阳角的形式，能够破开阳角的尖锐感。

不锈钢

施工流程

水泥砂浆找平

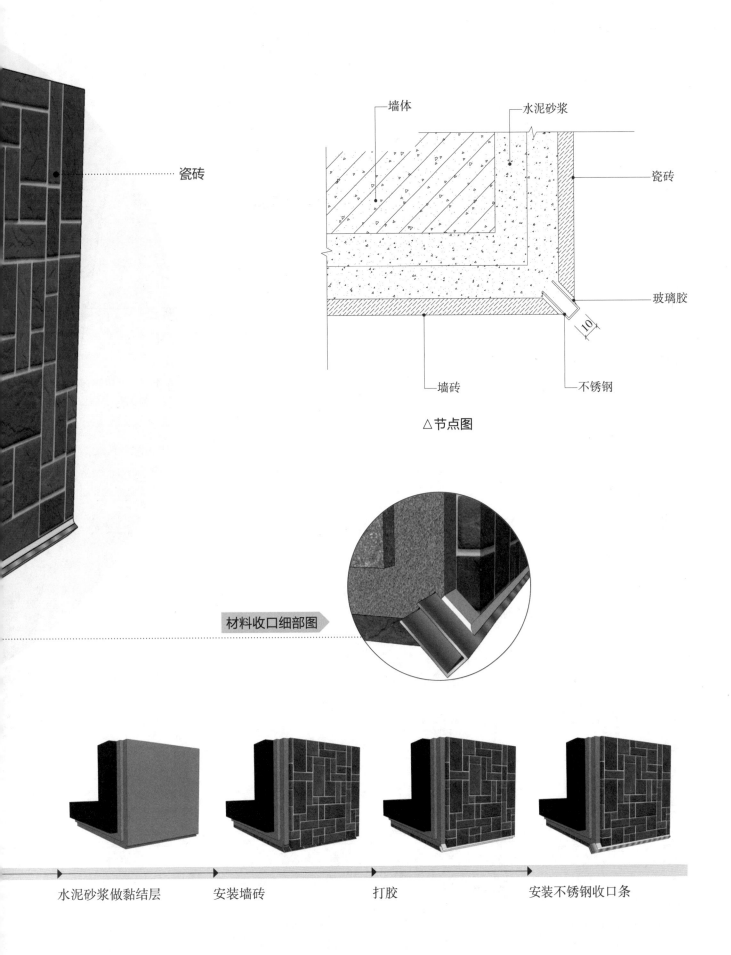

瓷砖

墙体　水泥砂浆

瓷砖

玻璃胶

10

墙砖　不锈钢

△节点图

材料收口细部图

水泥砂浆做黏结层　安装墙砖　打胶　安装不锈钢收口条

245

4. 墙面瓷砖阳角收口（直角 1）

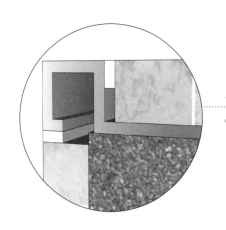

材料收口细部图

虽然图中所示的为瓷砖湿贴工艺的应用场景，但不论是石材、瓷砖、木饰面还是干挂等其他工艺，都适用这种直角的收口方式。

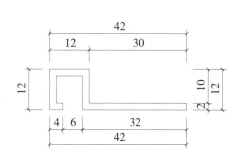

△ 大样图

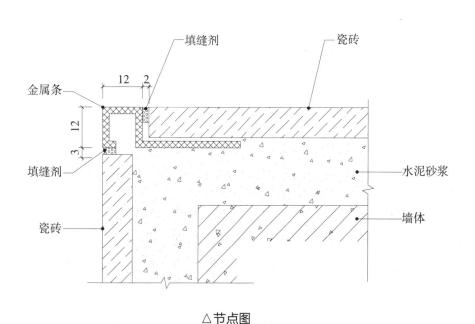

△ 节点图

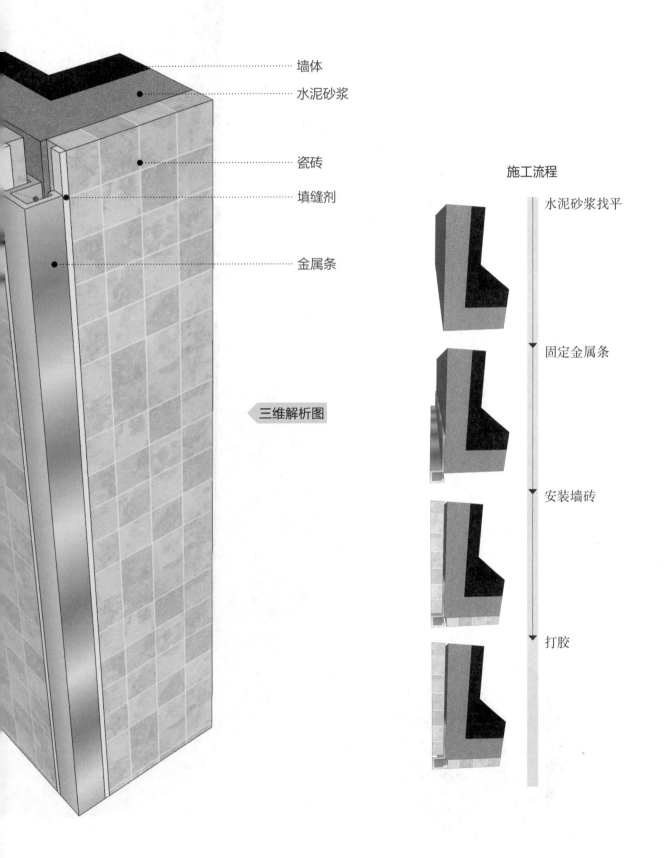

墙体

水泥砂浆

瓷砖

填缝剂

金属条

三维解析图

施工流程

水泥砂浆找平

固定金属条

安装墙砖

打胶

5. 墙面瓷砖内凹收口

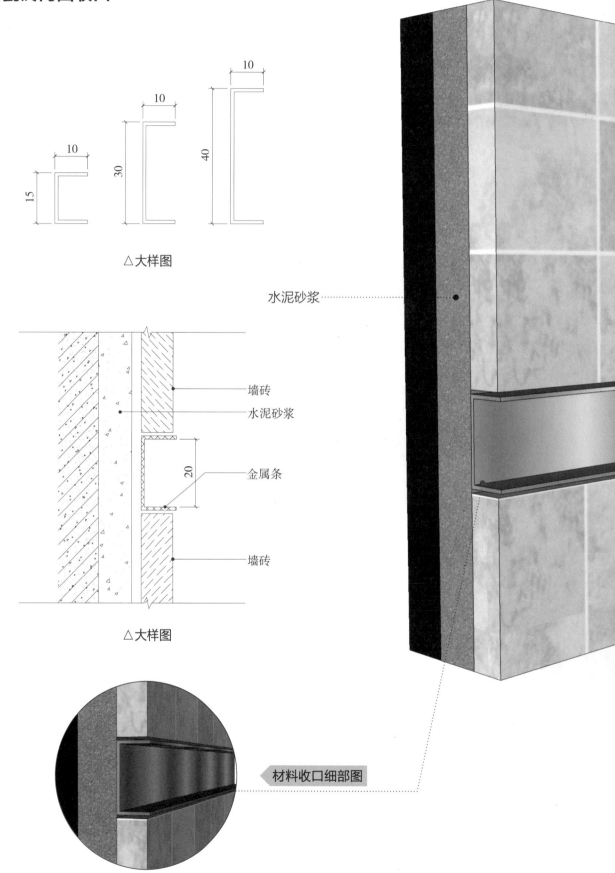

△大样图

水泥砂浆 ⋯⋯

墙砖
水泥砂浆

20

金属条

墙砖

△大样图

材料收口细部图

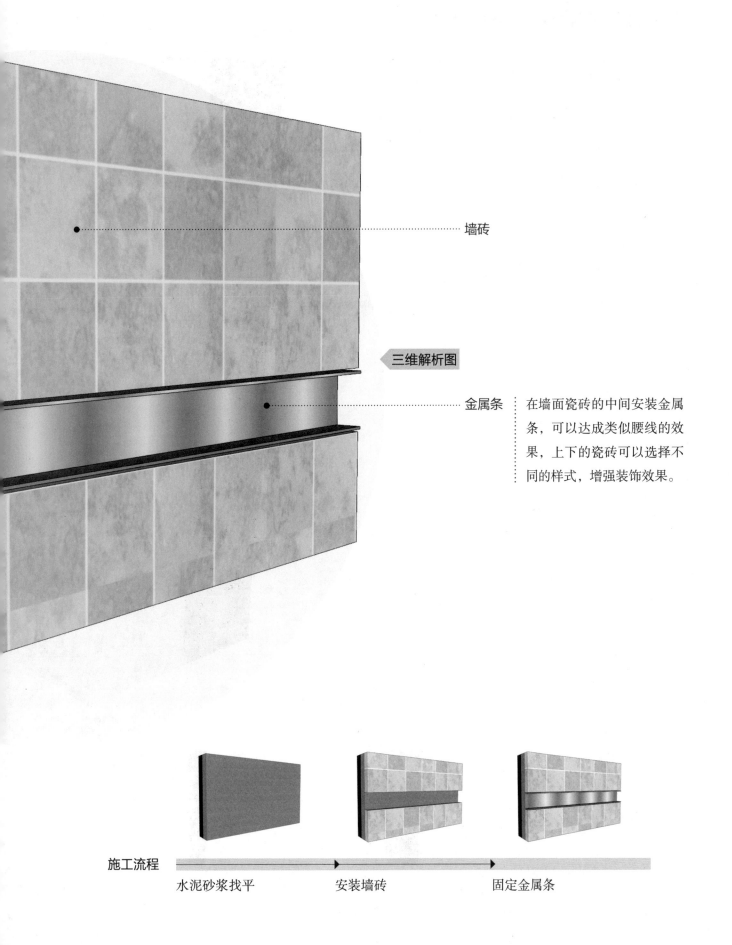

墙砖

三维解析图

金属条

在墙面瓷砖的中间安装金属条，可以达成类似腰线的效果，上下的瓷砖可以选择不同的样式，增强装饰效果。

施工流程

水泥砂浆找平　　　安装墙砖　　　固定金属条

6. 墙面瓷砖与涂料收口处灯带做法

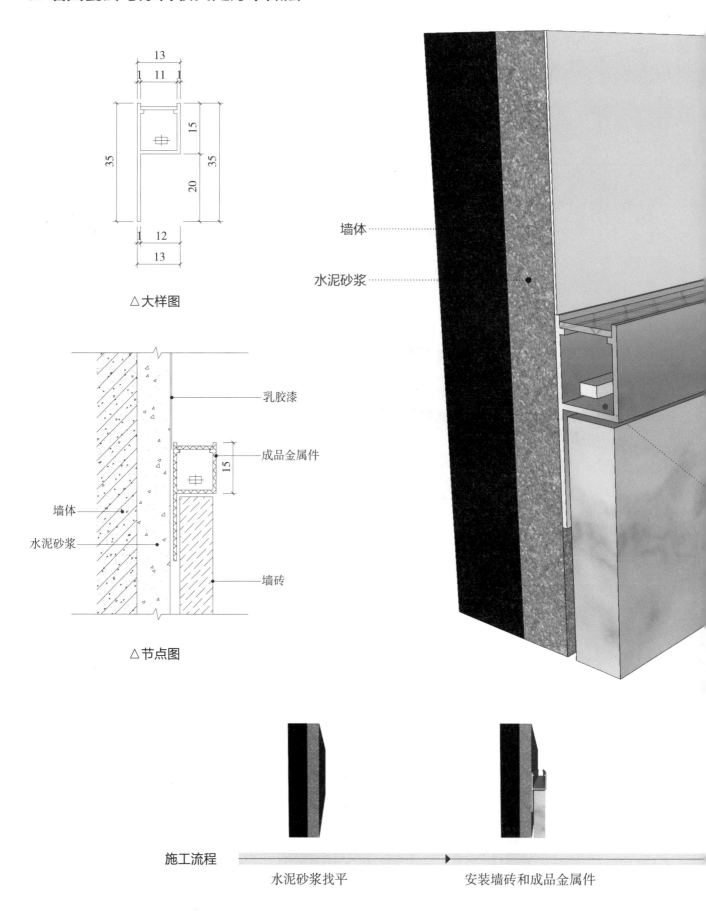

△大样图

△节点图

乳胶漆

成品金属件

墙体

水泥砂浆

墙砖

墙体

水泥砂浆

施工流程

水泥砂浆找平

安装墙砖和成品金属件

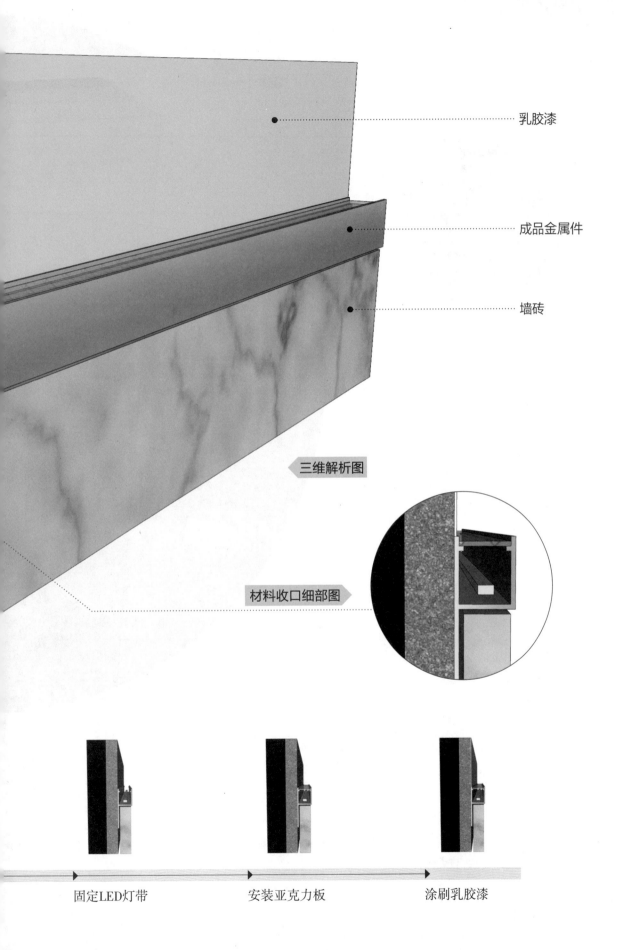

乳胶漆

成品金属件

墙砖

三维解析图

材料收口细部图

固定LED灯带　　　　　　安装亚克力板　　　　　　涂刷乳胶漆

7. 墙面瓷砖阳角处灯光收口

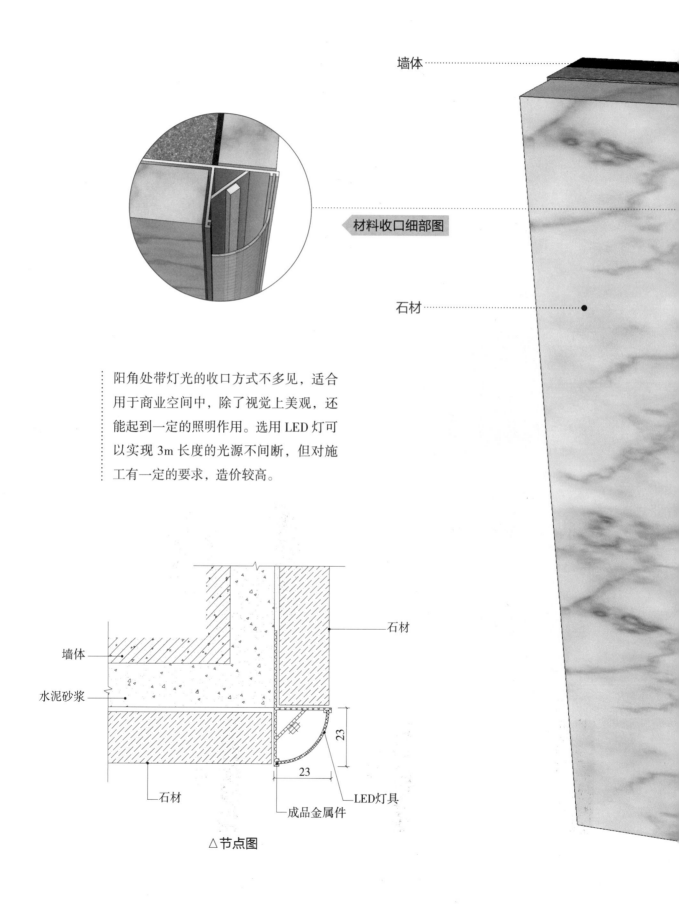

墙体

材料收口细部图

石材

阳角处带灯光的收口方式不多见，适合用于商业空间中，除了视觉上美观，还能起到一定的照明作用。选用 LED 灯可以实现 3m 长度的光源不间断，但对施工有一定的要求，造价较高。

墙体

水泥砂浆

石材

石材

23

23

LED灯具

成品金属件

△节点图

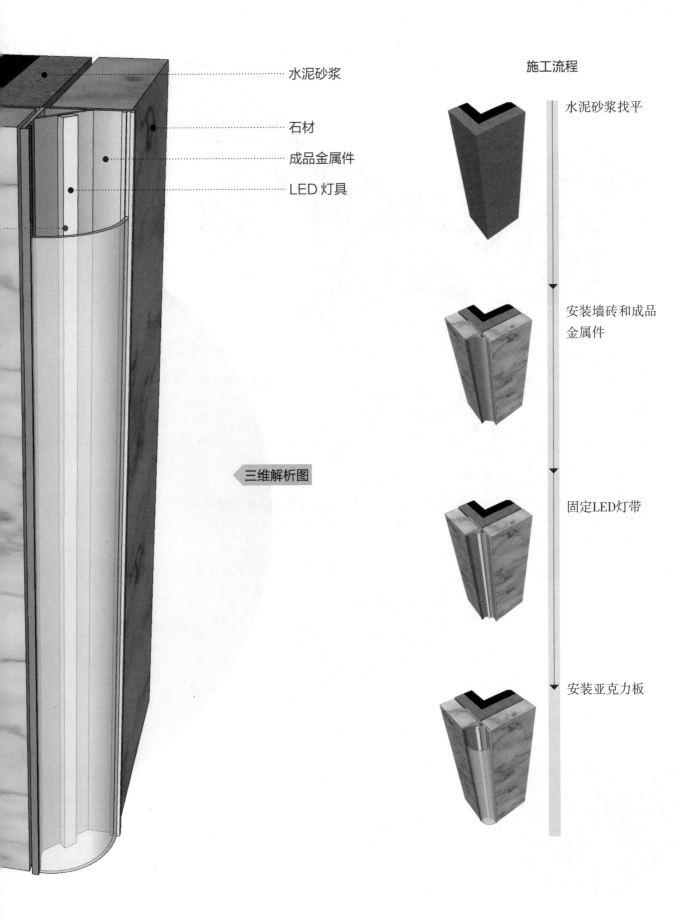

水泥砂浆

石材

成品金属件

LED 灯具

三维解析图

施工流程

水泥砂浆找平

安装墙砖和成品
金属件

固定LED灯带

安装亚克力板

8. 墙面瓷砖与木饰面阳角相接

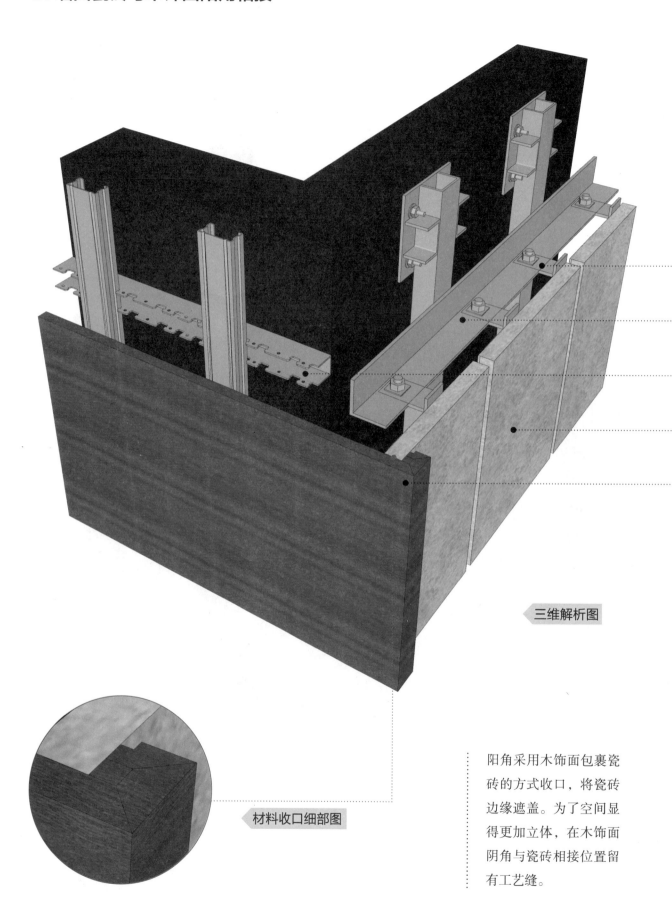

◁ 三维解析图

◁ 材料收口细部图

阳角采用木饰面包裹瓷砖的方式收口，将瓷砖边缘遮盖。为了空间显得更加立体，在木饰面阴角与瓷砖相接位置留有工艺缝。

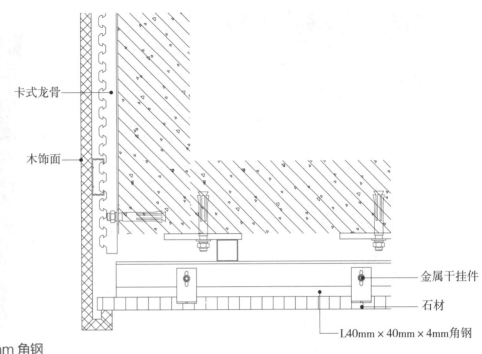

卡式龙骨

木饰面

金属干挂件

石材

L40mm × 40mm × 4mm角钢

△节点图

·········· 金属干挂件

·········· L40mm × 40mm × 4mm 角钢

·········· 卡式龙骨

·········· 石材

·········· 木饰面

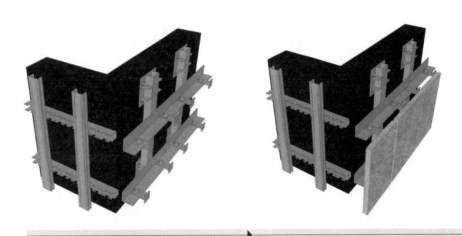

施工流程

墙体安装石材挂件和卡式龙骨　　　　固定瓷砖

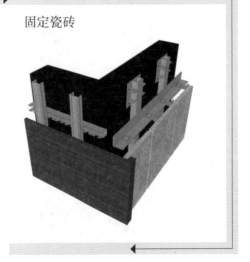

安装木饰面

二、墙面瓷砖与地面材料收口

1. 墙面瓷砖与地砖收口（直角）

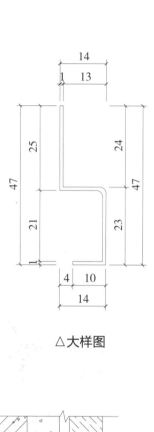

△大样图

墙体 ......

水泥砂浆 ......

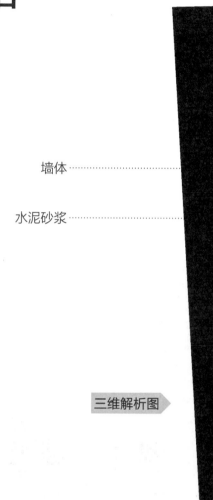

三维解析图

△节点图

墙砖

金属条

地砖

水泥砂浆

墙体

水泥砂浆

墙体

± 0.000

施工流程

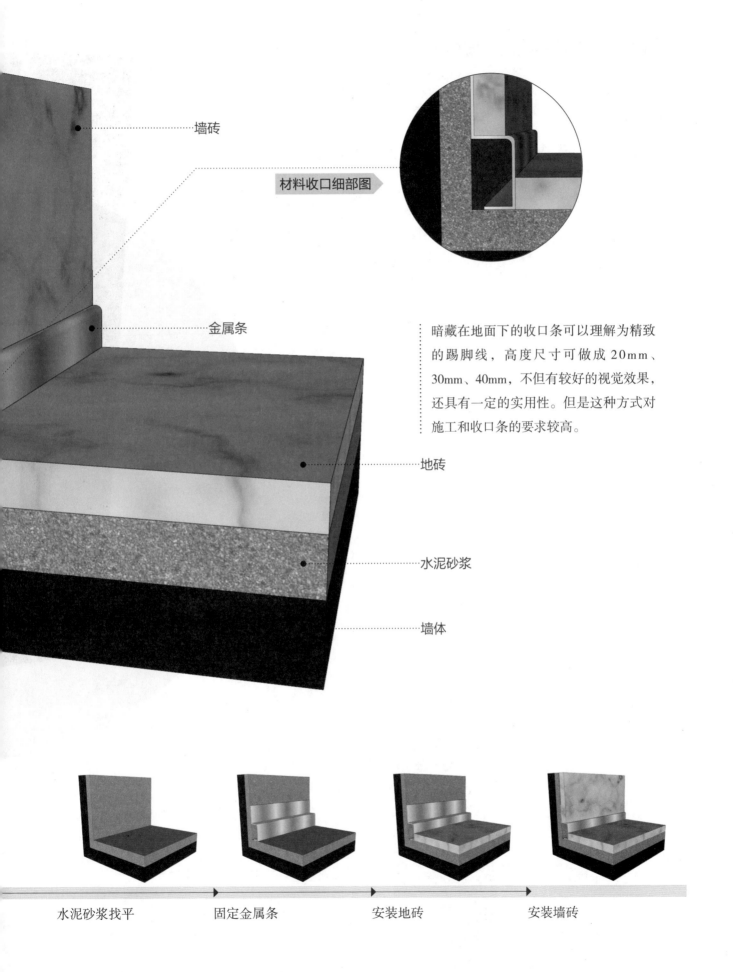

墙砖

材料收口细部图

金属条

暗藏在地面下的收口条可以理解为精致的踢脚线，高度尺寸可做成 20mm、30mm、40mm，不但有较好的视觉效果，还具有一定的实用性。但是这种方式对施工和收口条的要求较高。

地砖

水泥砂浆

墙体

水泥砂浆找平 → 固定金属条 → 安装地砖 → 安装墙砖

2. 墙面瓷砖与墙砖收口（凹面）

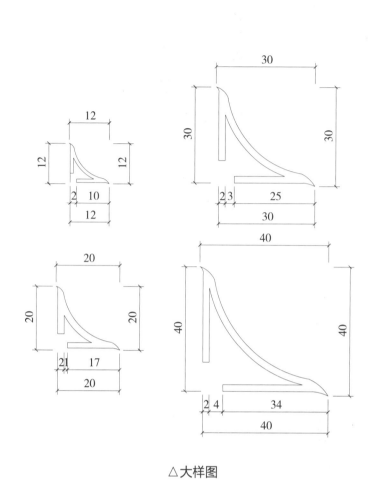

△ 大样图

墙体 ············

水泥砂浆 ············

三维解析图

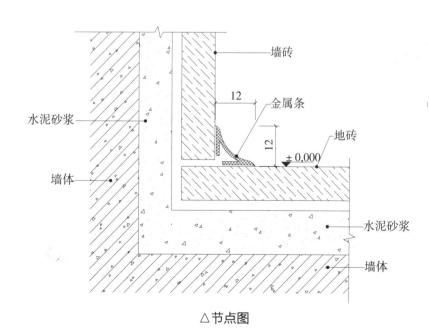

△ 节点图

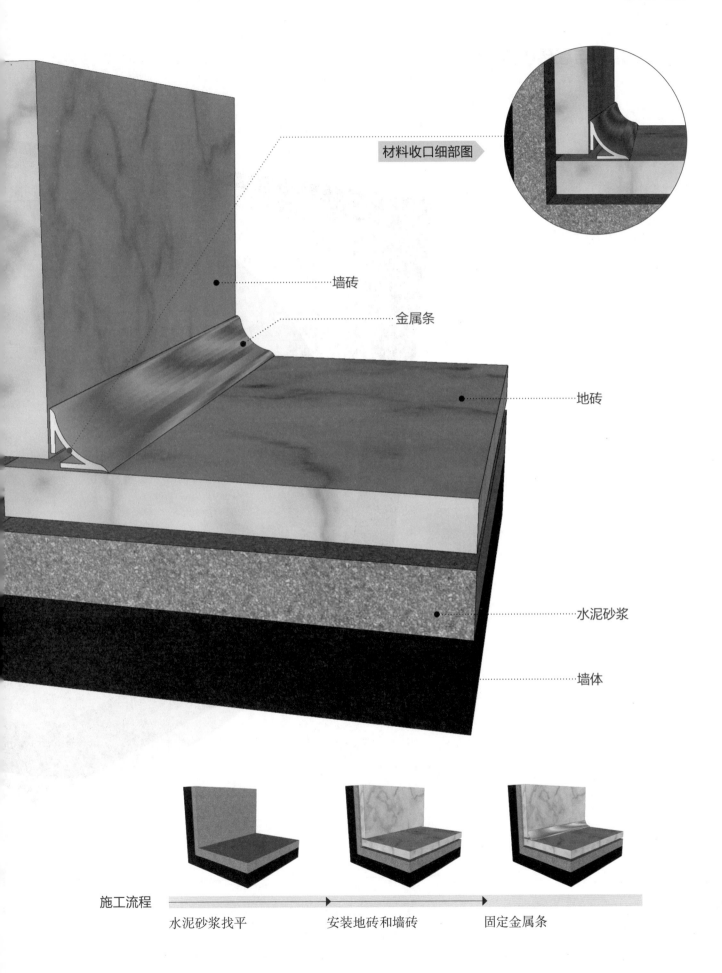

材料收口细部图

墙砖

金属条

地砖

水泥砂浆

墙体

施工流程

水泥砂浆找平　　　　　安装地砖和墙砖　　　　　固定金属条

3. 墙面瓷砖与墙砖收口（斜角）

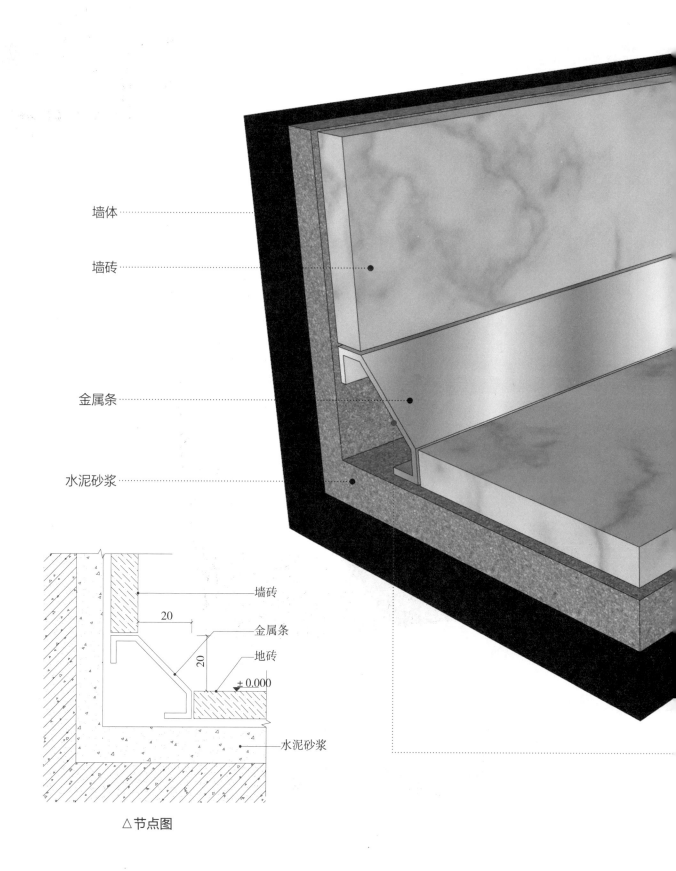

墙体

墙砖

金属条

水泥砂浆

墙砖

20

金属条

地砖

20

± 0.000

水泥砂浆

△节点图

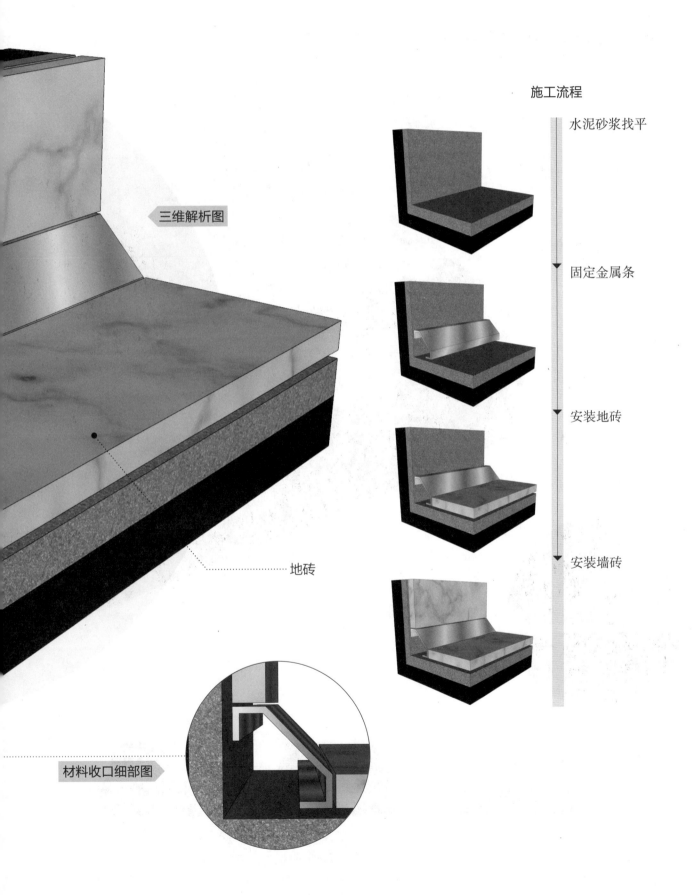

三维解析图

施工流程

水泥砂浆找平

固定金属条

安装地砖

安装墙砖

地砖

材料收口细部图

三、地面瓷砖与其他材料收口

1. 地面瓷砖与木地板收口（L形）

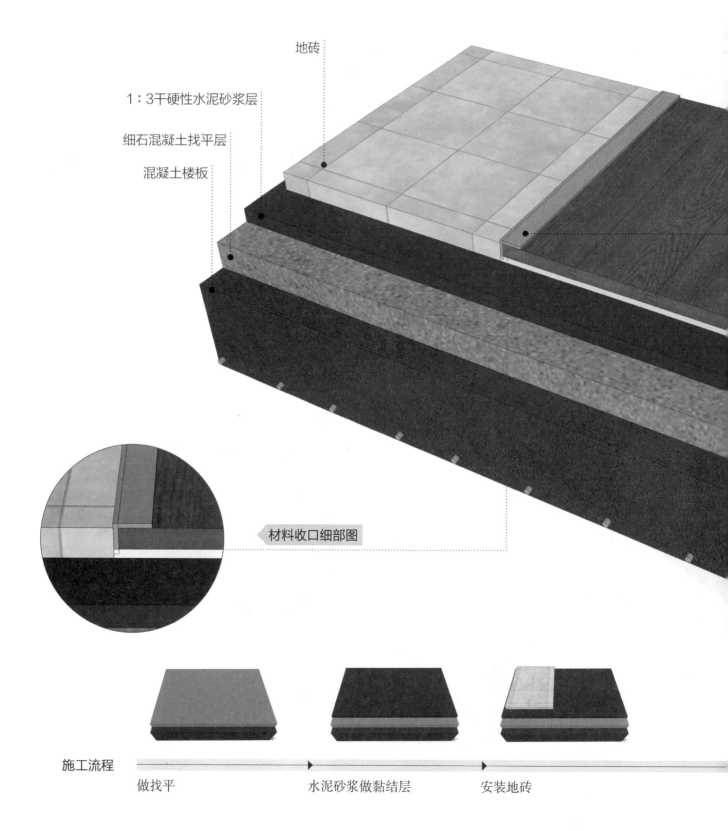

地砖

1：3干硬性水泥砂浆层

细石混凝土找平层

混凝土楼板

材料收口细部图

施工流程

做找平　　　　　　水泥砂浆做黏结层　　　　安装地砖

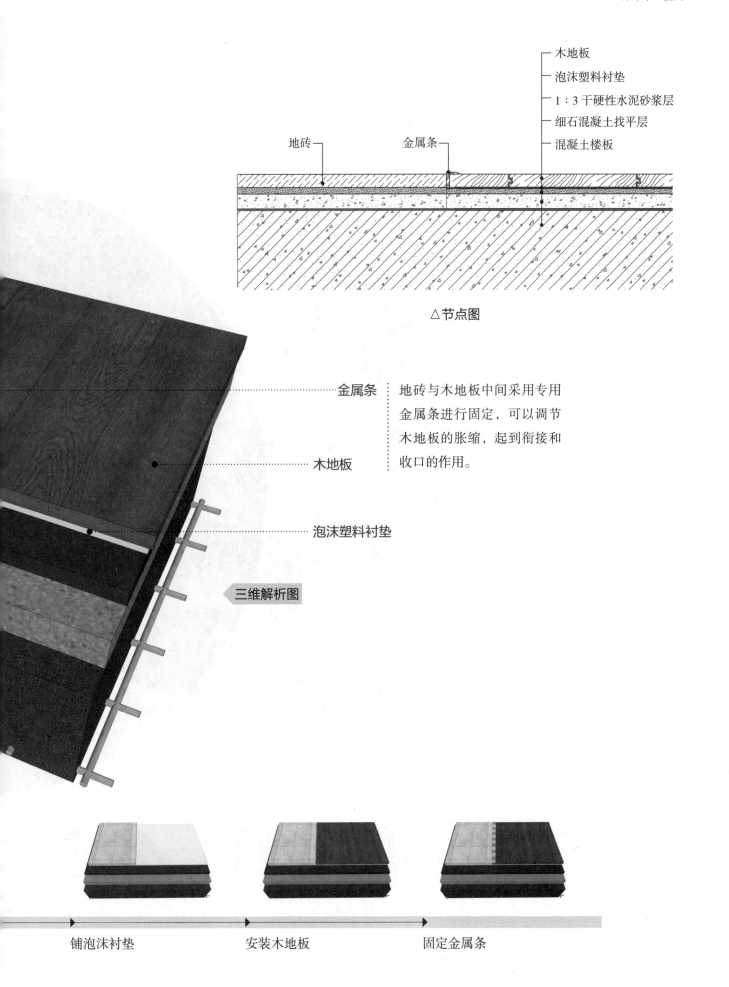

木地板
泡沫塑料衬垫
1:3干硬性水泥砂浆层
细石混凝土找平层
混凝土楼板

地砖 金属条

△节点图

金属条 地砖与木地板中间采用专用
金属条进行固定，可以调节
木地板的胀缩，起到衔接和
木地板 收口的作用。

泡沫塑料衬垫

三维解析图

铺泡沫衬垫 安装木地板 固定金属条

2. 地面瓷砖与木地板收口（T形）

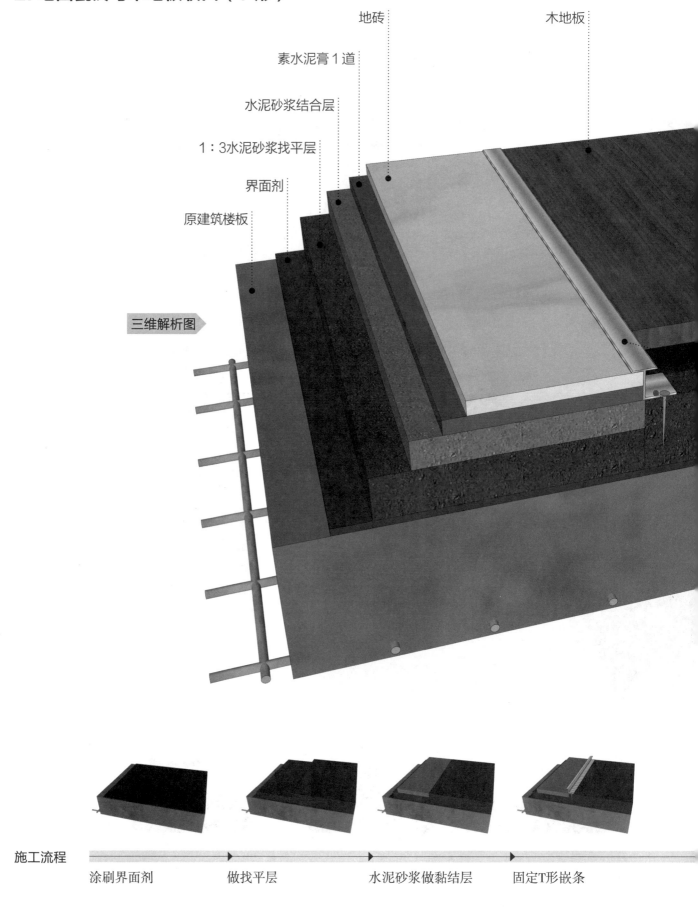

地砖

木地板

素水泥膏1道

水泥砂浆结合层

1：3水泥砂浆找平层

界面剂

原建筑楼板

三维解析图

施工流程

涂刷界面剂　　　　做找平层　　　　水泥砂浆做黏结层　　　　固定T形嵌条

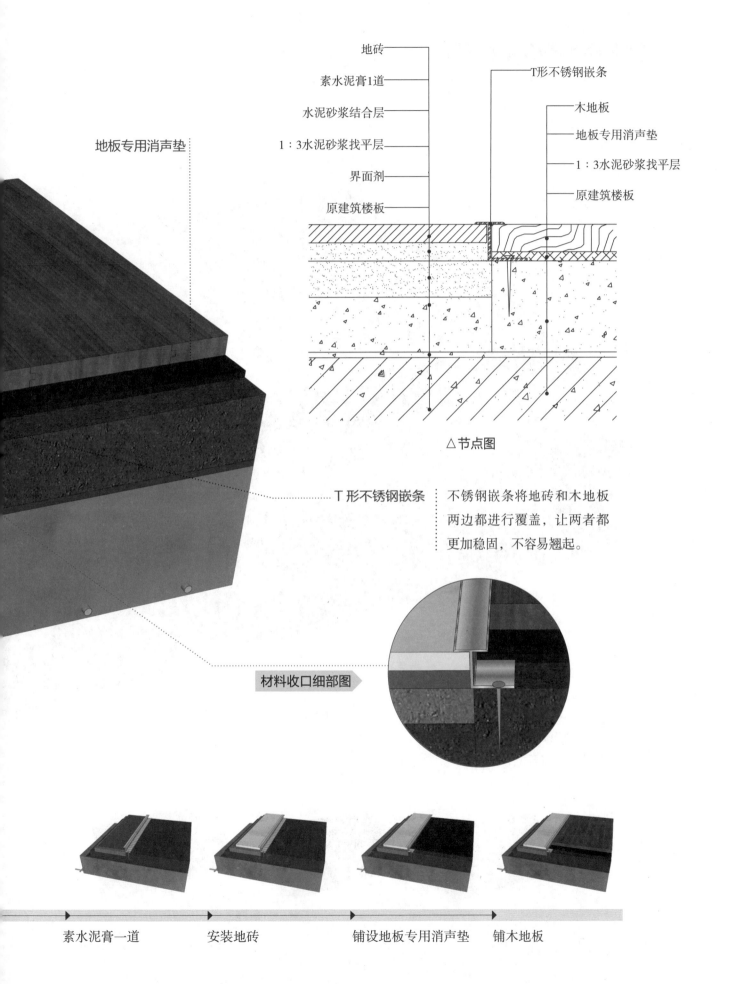

地板专用消声垫

地砖
素水泥膏1道
水泥砂浆结合层
1:3水泥砂浆找平层
界面剂
原建筑楼板

T形不锈钢嵌条
木地板
地板专用消声垫
1:3水泥砂浆找平层
原建筑楼板

△节点图

T形不锈钢嵌条

不锈钢嵌条将地砖和木地板
两边都进行覆盖,让两者都
更加稳固,不容易翘起。

材料收口细部图

素水泥膏一道　　安装地砖　　铺设地板专用消声垫　铺木地板

3. 地面瓷砖与 PVC 地板收口

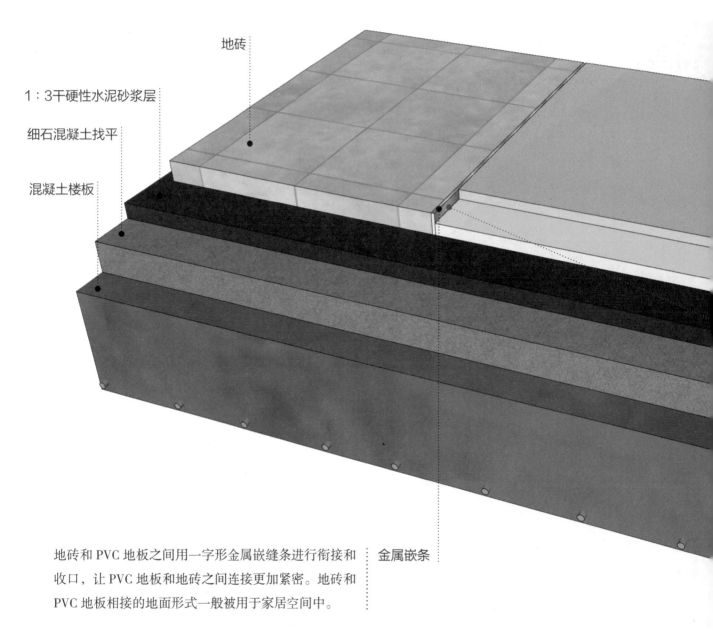

地砖

1:3干硬性水泥砂浆层

细石混凝土找平

混凝土楼板

地砖和 PVC 地板之间用一字形金属嵌缝条进行衔接和收口，让 PVC 地板和地砖之间连接更加紧密。地砖和 PVC 地板相接的地面形式一般被用于家居空间中。

金属嵌条

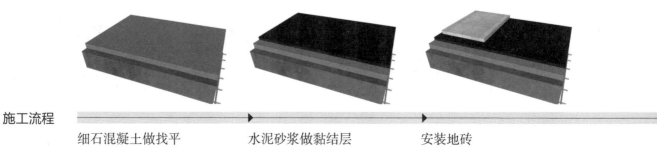

施工流程

细石混凝土做找平　　　　水泥砂浆做黏结层　　　　安装地砖

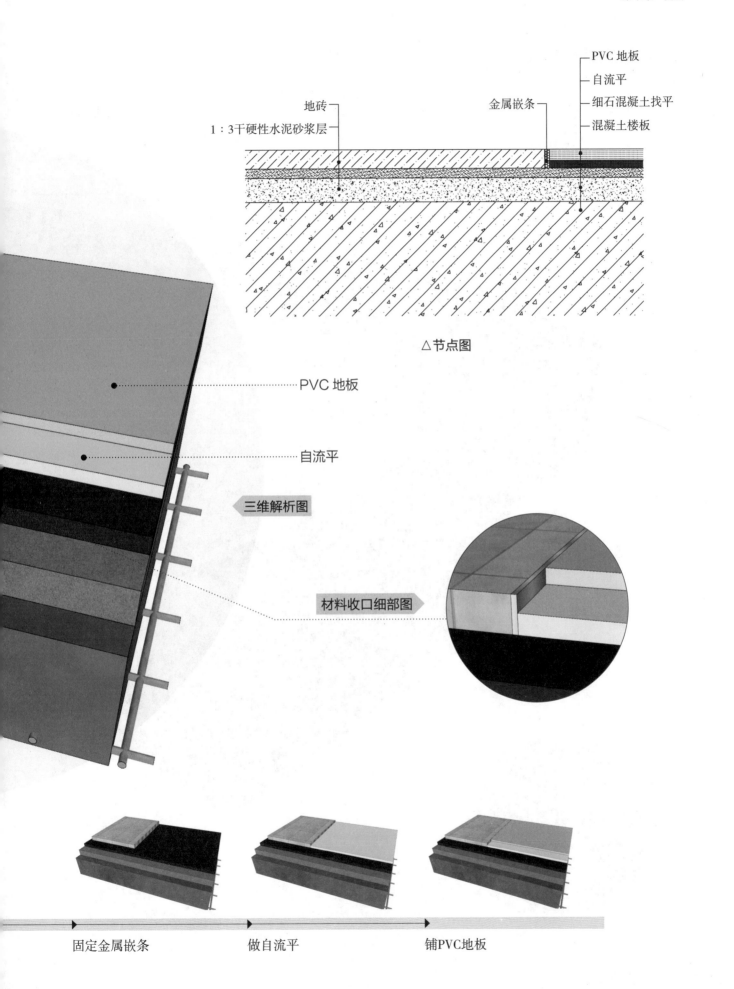

地砖

1：3干硬性水泥砂浆层

金属嵌条

PVC 地板
自流平
细石混凝土找平
混凝土楼板

△ 节点图

PVC 地板

自流平

三维解析图

材料收口细部图

固定金属嵌条　　　　做自流平　　　　铺PVC地板

4. 地面瓷砖踏步收口

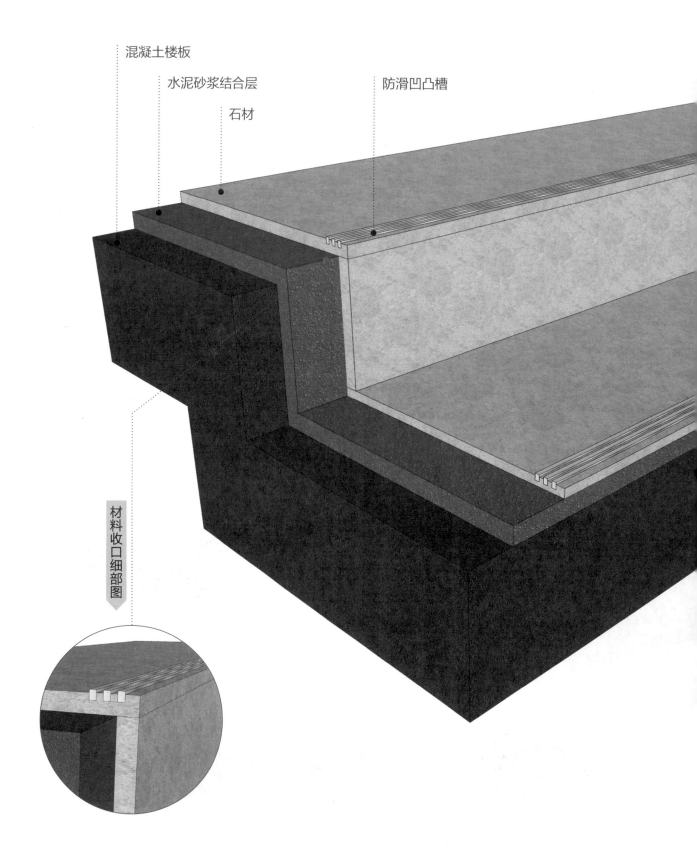

混凝土楼板

水泥砂浆结合层

石材

防滑凹凸槽

材料收口细部图

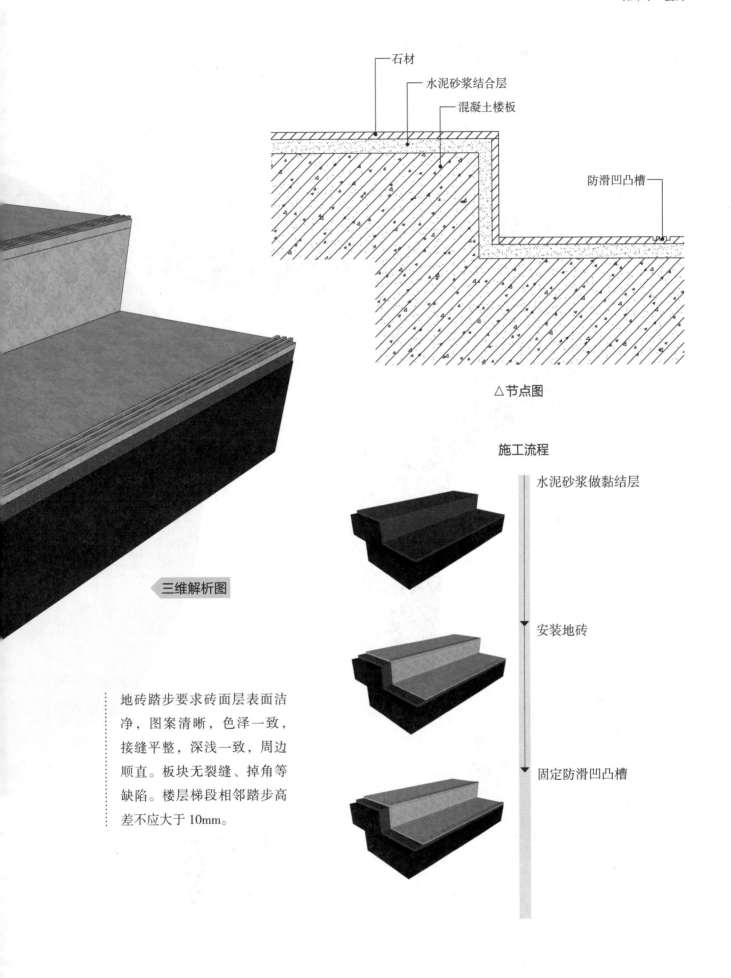

石材

水泥砂浆结合层

混凝土楼板

防滑凹凸槽

△节点图

三维解析图

施工流程

水泥砂浆做黏结层

安装地砖

固定防滑凹凸槽

地砖踏步要求砖面层表面洁净，图案清晰，色泽一致，接缝平整，深浅一致，周边顺直。板块无裂缝、掉角等缺陷。楼层梯段相邻踏步高差不应大于10mm。

5. 地面瓷砖踏步金属防滑收口

瓷砖

胶垫　金属条　瓷砖

三维解析图

材料收口细部图

施工流程

水泥砂浆找平

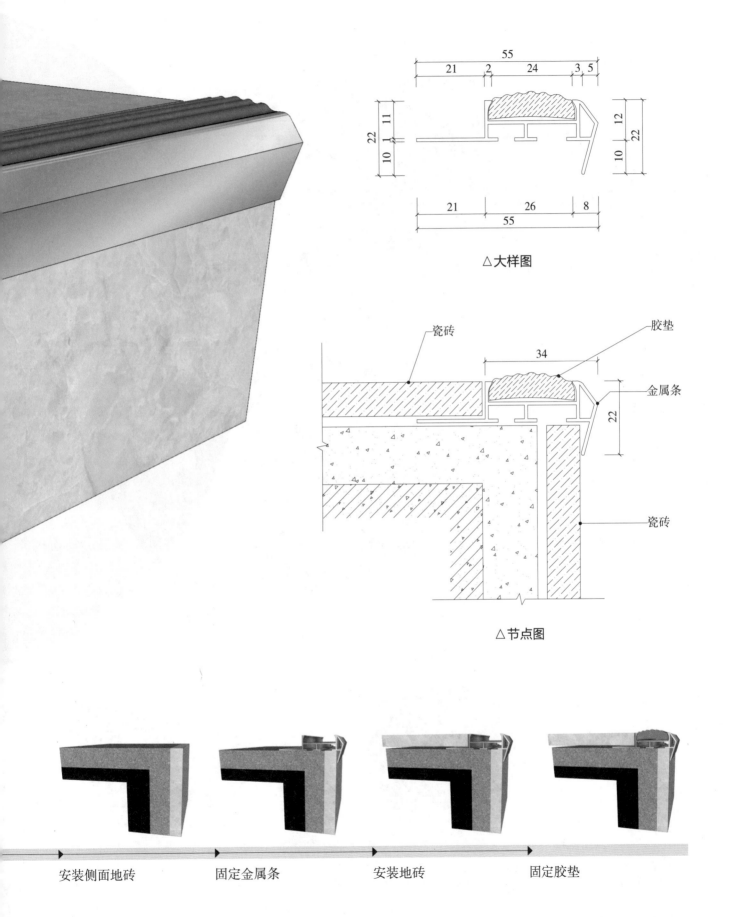

△大样图

瓷砖

胶垫

金属条

瓷砖

△节点图

安装侧面地砖　　　固定金属条　　　安装地砖　　　固定胶垫

6. 地面瓷砖踏步金属条收口 1

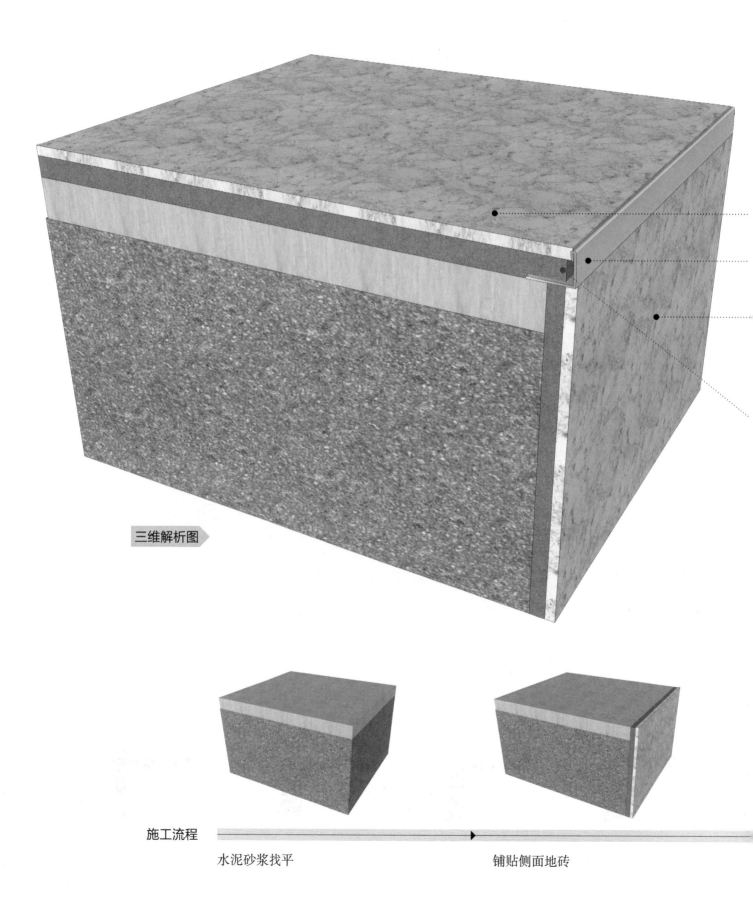

三维解析图 ▶

施工流程 ━━━━━━━━━━━━━▶

水泥砂浆找平　　　　　　　　　　　　　　　铺贴侧面地砖

地砖

不锈钢
收口条

8

15

地砖

8

△节点图

地砖

不锈钢收口条

地砖

阳角收口采用压条收口。该节点采用的收口条将石材的截面完全包裹，不仅保护了石材的边缘，而且不妨碍整体美观性。

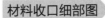
材料收口细部图

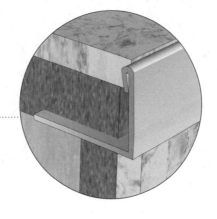

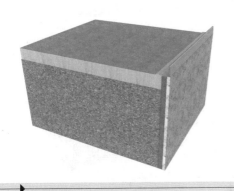

固定金属收口条

铺贴另一面地砖

7. 地面瓷砖踏步金属条收口 2

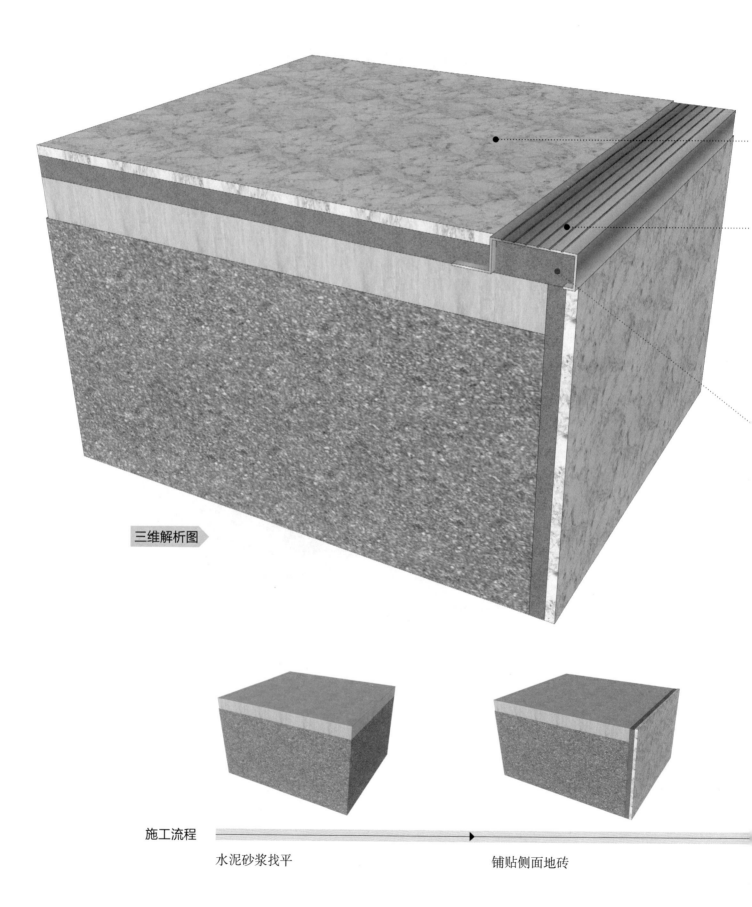

三维解析图▶

施工流程▶

水泥砂浆找平　　　　　　　　　　　　　　　　铺贴侧面地砖

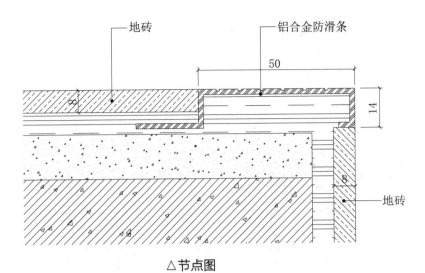

地砖 — 铝合金防滑条

50

14

8

地砖

△ 节点图

.... 地砖

.... 铝合金防滑条

石材阳角使用金属收口条收口。该收口条不仅牢固，不易破损，而且由于铝合金收口条横截面比较大，起到了很好的防滑效果。

材料收口细部图

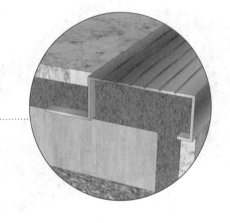

固定金属收口条

铺贴另一面地砖

8. 地面瓷砖踏步灯光收口

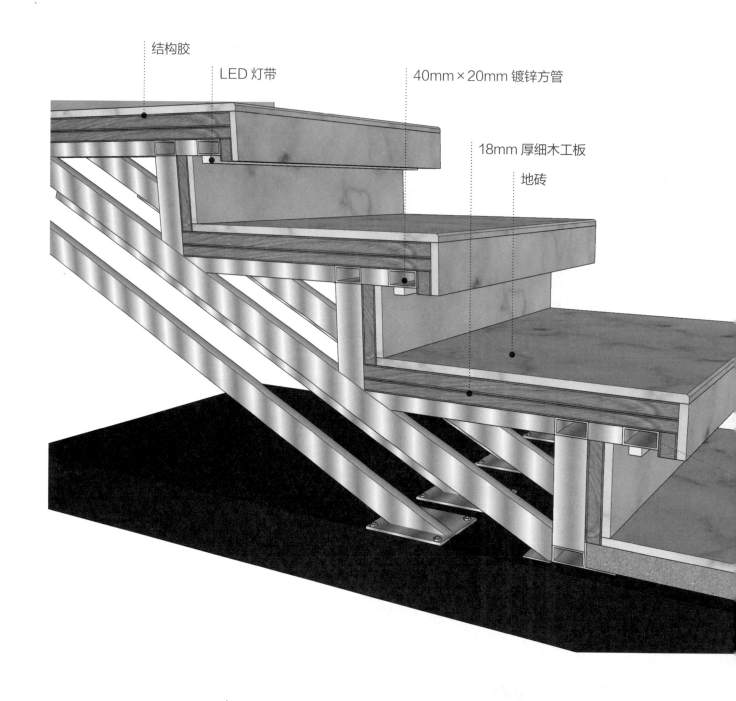

结构胶

LED 灯带

40mm×20mm 镀锌方管

18mm 厚细木工板

地砖

施工流程

用镀锌方管做楼梯骨架

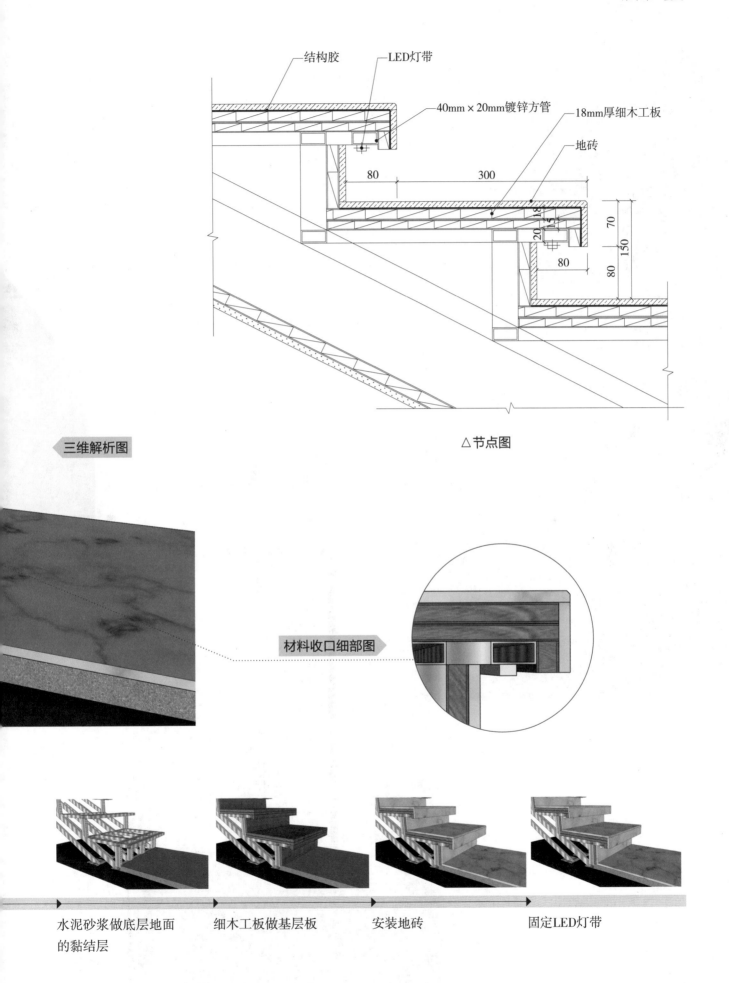

结构胶　LED灯带

40mm×20mm镀锌方管　18mm厚细木工板

地砖

80　　300　　70

20　1.5　150　80　80

△节点图

三维解析图

材料收口细部图

水泥砂浆做底层地面的黏结层　　细木工板做基层板　　安装地砖　　固定LED灯带

第十一章

石材

石材具有丰富的纹理变化和丰厚的颜色，1000多年前就开始被用于建筑装饰工程中，作为结构或饰面材料使用，这种习惯一直被延续到今天，但在现代建筑中，石材常见于地面和墙面。石材主要分为天然石材和人造石材，天然石材原料为天然石料，开采后经切割、打磨等一系列工序加工成板材或块材后被使用，最具特点的是，每块石材上都具有丰富的纹理变化，且不会存在花纹完全一样的两块板材，装饰效果个性而华丽。而人造石材则是由人工合成原料制作的环保型仿石材，它们并不能完全地取代天然石材，需根据具体使用情况来选择。

一、墙面石材与其他材料收口

1. 墙面石材与壁纸收口

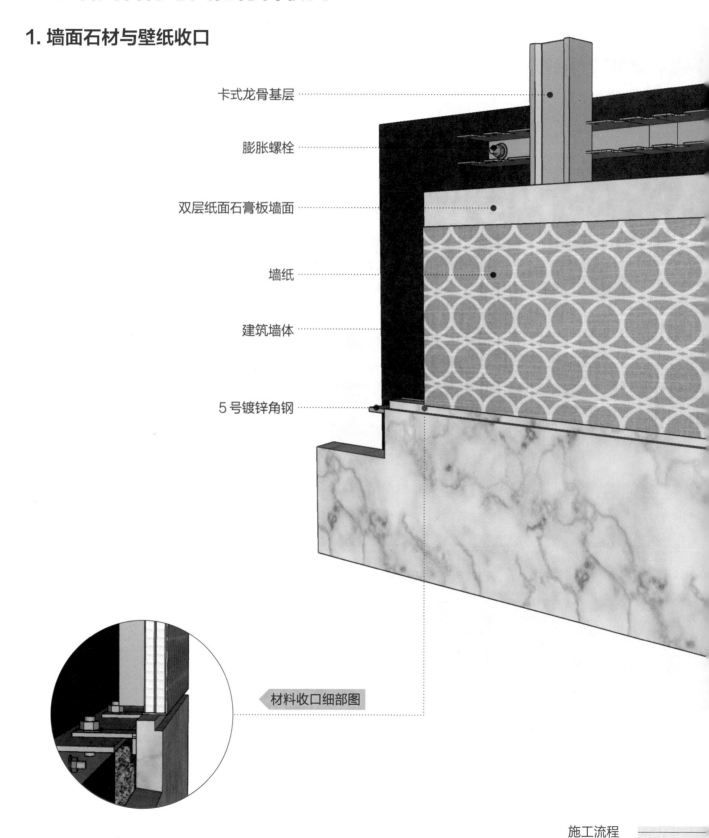

卡式龙骨基层

膨胀螺栓

双层纸面石膏板墙面

墙纸

建筑墙体

5 号镀锌角钢

材料收口细部图

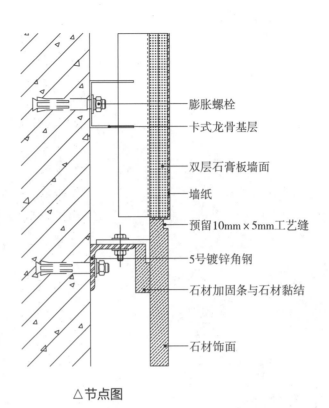

膨胀螺栓

卡式龙骨基层

双层石膏板墙面

墙纸

预留10mm×5mm工艺缝

5号镀锌角钢

石材加固条与石材黏结

石材饰面

△ 节点图

三维解析图

预留 10mm×5mm 工艺缝

石材饰面

石材靠墙纸一侧设置 10mm×5mm 的工艺裁口，安装完成后与墙面形成工艺槽，裱贴墙纸时将墙纸边缘伸进工艺槽内抹贴平整。

安装龙骨基层及石材干挂件

安装石材

固定双层石膏板

贴壁纸

2. 墙面马赛克阳角收口

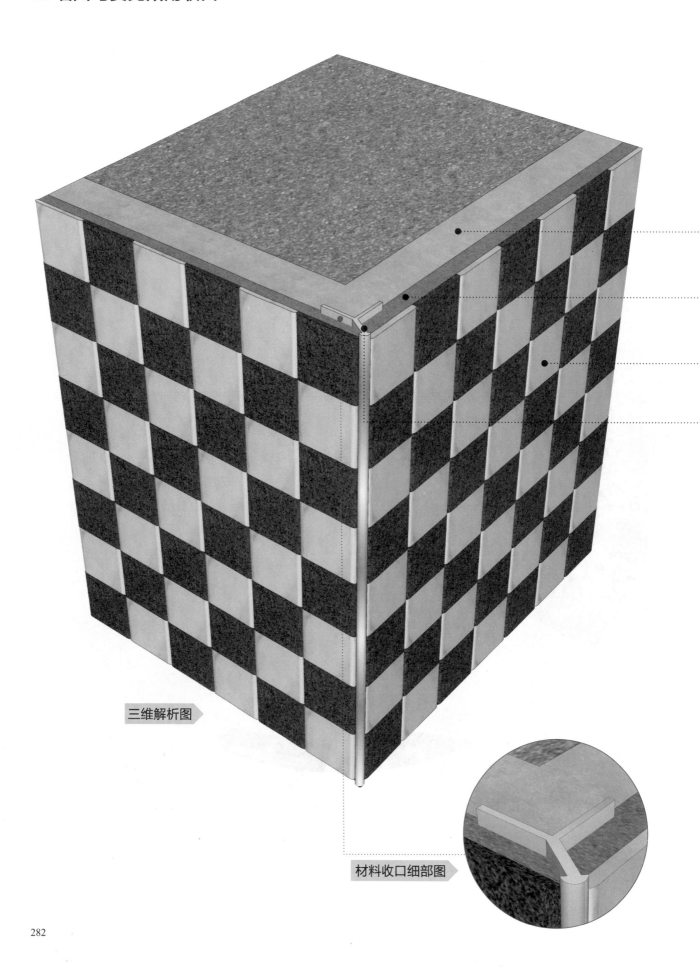

三维解析图

材料收口细部图

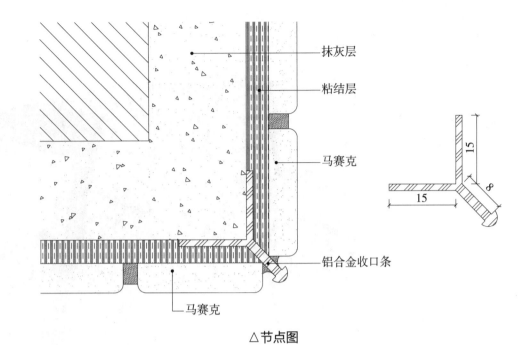

抹灰层

粘结层

马赛克

铝合金收口条

△节点图

抹灰层

粘结层

马赛克

铝合金收口条 ┊ 该金属收口条可应用于石材、瓷砖和马赛
┊ 克。由于金属条的前端比较小，用在小尺寸
┊ 的材料上比较美观。就例如马赛克。

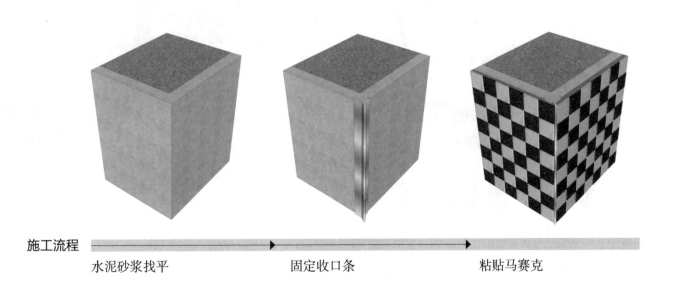

施工流程

水泥砂浆找平　　　　　　固定收口条　　　　　　粘贴马赛克

3. 墙面石材与防火卷帘收口

（1）墙面石材与单轨道防火卷帘收口

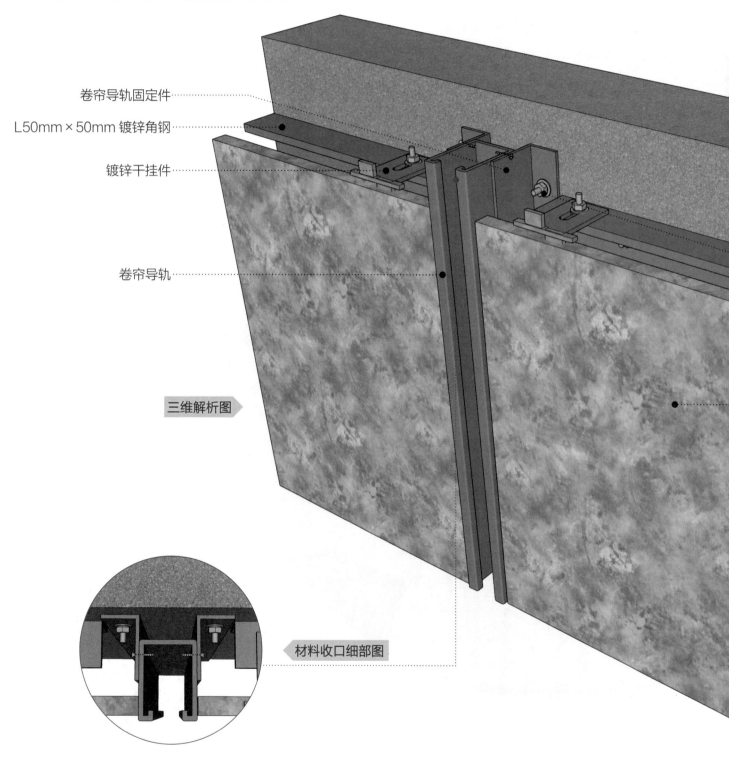

卷帘导轨固定件

L50mm×50mm 镀锌角钢

镀锌干挂件

卷帘导轨

三维解析图

材料收口细部图

施工流程

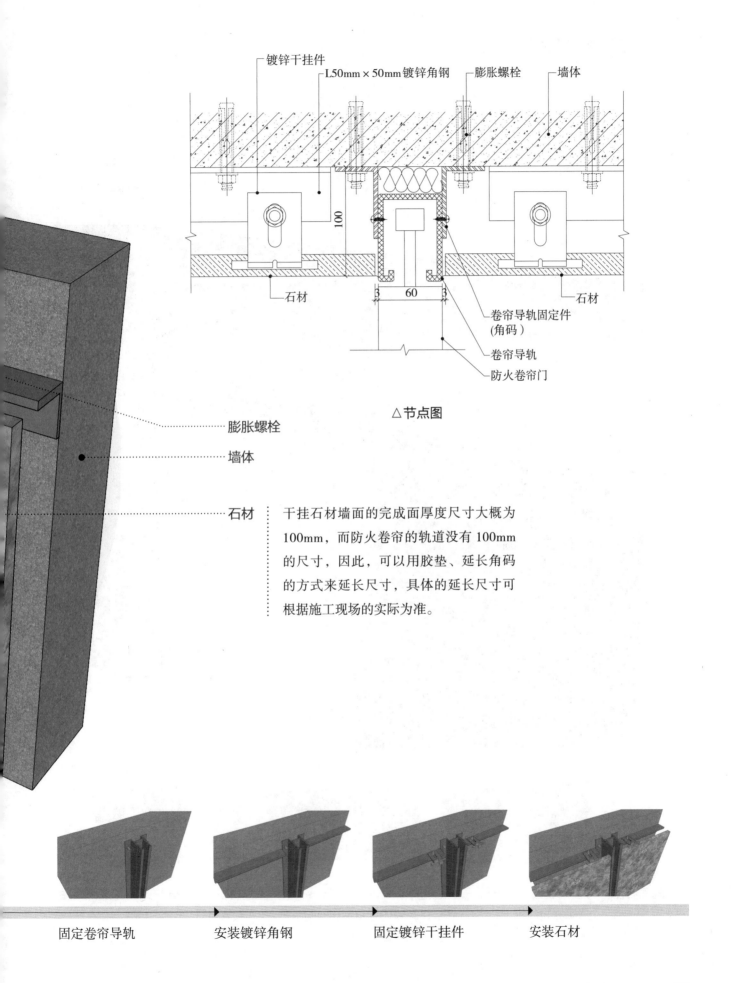

镀锌干挂件
L50mm×50mm镀锌角钢
膨胀螺栓
墙体

100

石材
3 60 3
卷帘导轨固定件
（角码）
卷帘导轨
防火卷帘门

石材

△节点图

膨胀螺栓

墙体

石材 干挂石材墙面的完成面厚度尺寸大概为 100mm，而防火卷帘的轨道没有 100mm 的尺寸，因此，可以用胶垫、延长角码 的方式来延长尺寸，具体的延长尺寸可 根据施工现场的实际为准。

固定卷帘导轨　　安装镀锌角钢　　固定镀锌干挂件　　安装石材

（2）墙面石材与单轨道防火卷帘收口

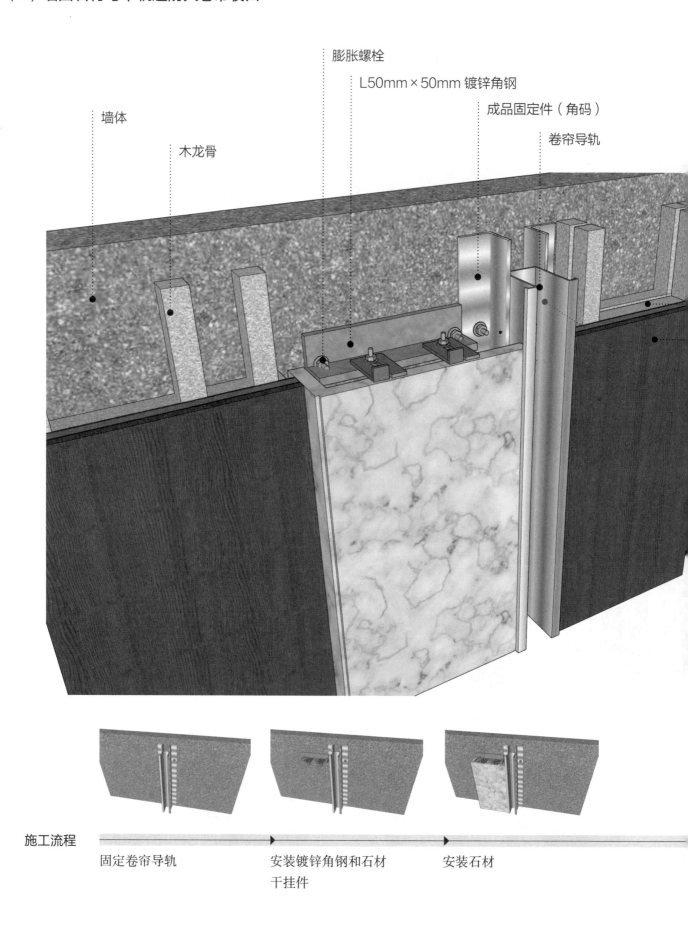

膨胀螺栓

L50mm×50mm 镀锌角钢

成品固定件（角码）

卷帘导轨

墙体

木龙骨

施工流程

固定卷帘导轨　　　　　　安装镀锌角钢和石材　　　安装石材
　　　　　　　　　　　　干挂件

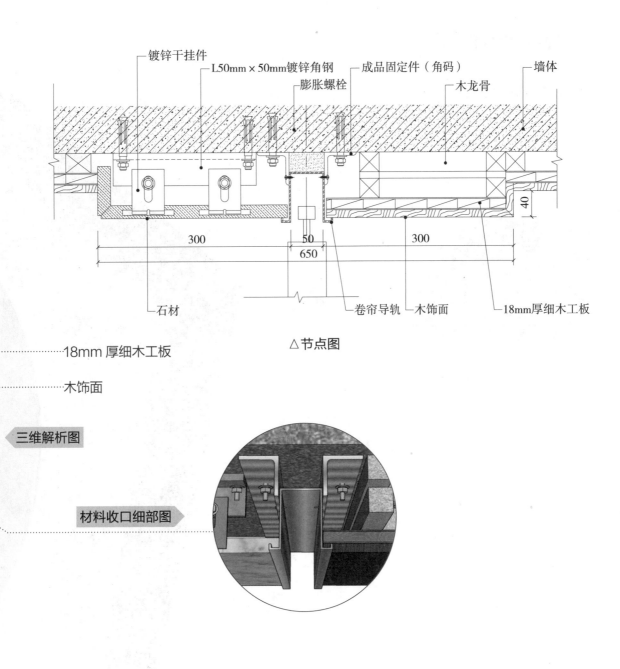

镀锌干挂件　L50mm×50mm镀锌角钢　成品固定件（角码）　墙体

膨胀螺栓　木龙骨

40

300　　50　　300

650

石材　　卷帘导轨　木饰面　18mm厚细木工板

△节点图

18mm 厚细木工板

木饰面

三维解析图

材料收口细部图

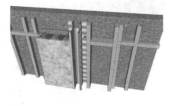

固定木方做框架

固定细木工板

安装木饰面

4. 墙面石材与灯光收口

（1）墙面石材阴角灯光收口

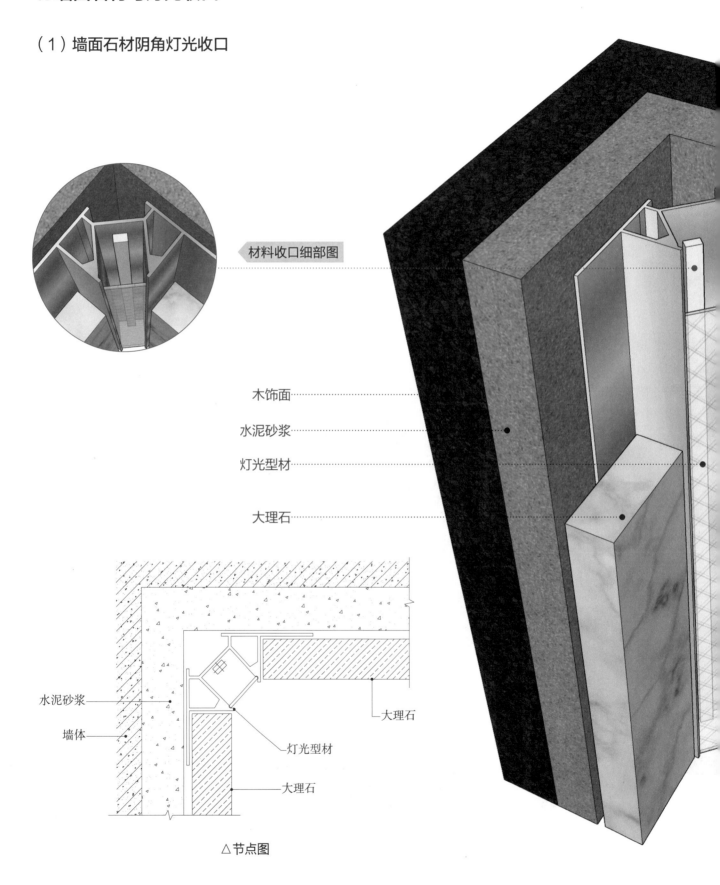

材料收口细部图

木饰面

水泥砂浆

灯光型材

大理石

大理石

水泥砂浆

墙体

灯光型材

大理石

△节点图

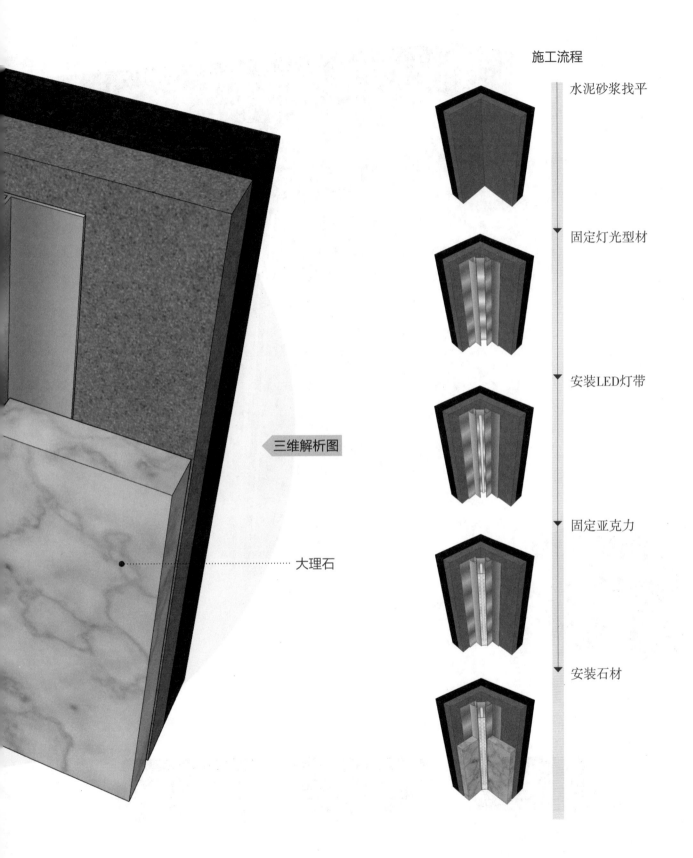

三维解析图

大理石

施工流程

水泥砂浆找平

固定灯光型材

安装LED灯带

固定亚克力

安装石材

（2）墙面石材平装灯带收口

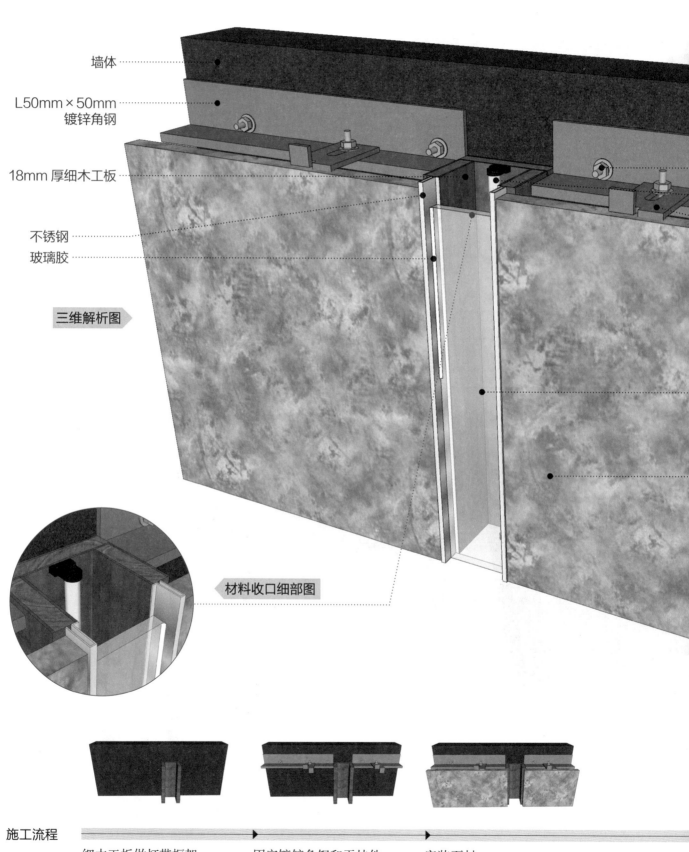

墙体

L50mm × 50mm
镀锌角钢

18mm 厚细木工板

不锈钢

玻璃胶

三维解析图

材料收口细部图

施工流程

细木工板做灯带框架　　　　固定镀锌角钢和干挂件　　　　安装石材

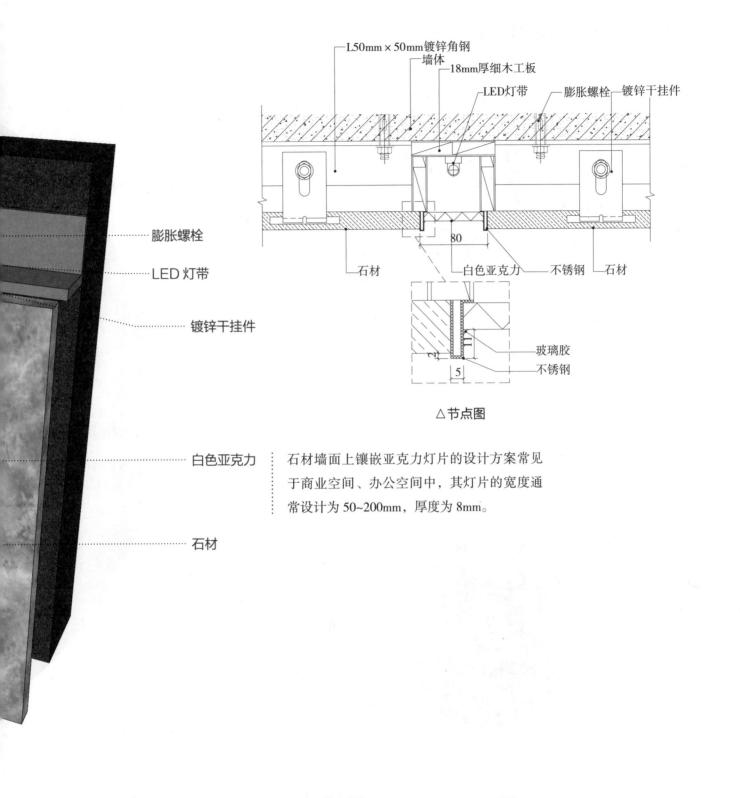

膨胀螺栓

LED 灯带

镀锌干挂件

白色亚克力

石材

L50mm×50mm镀锌角钢
墙体
18mm厚细木工板
LED灯带
膨胀螺栓 镀锌干挂件

石材 白色亚克力 不锈钢 石材

玻璃胶
不锈钢

80
2
5

△节点图

石材墙面上镶嵌亚克力灯片的设计方案常见于商业空间、办公空间中，其灯片的宽度通常设计为 50~200mm，厚度为 8mm。

固定LED灯带　　　　固定不锈钢收边条　　　　安装亚克力　　　　打胶

（3）墙面石材内凹式灯带收口

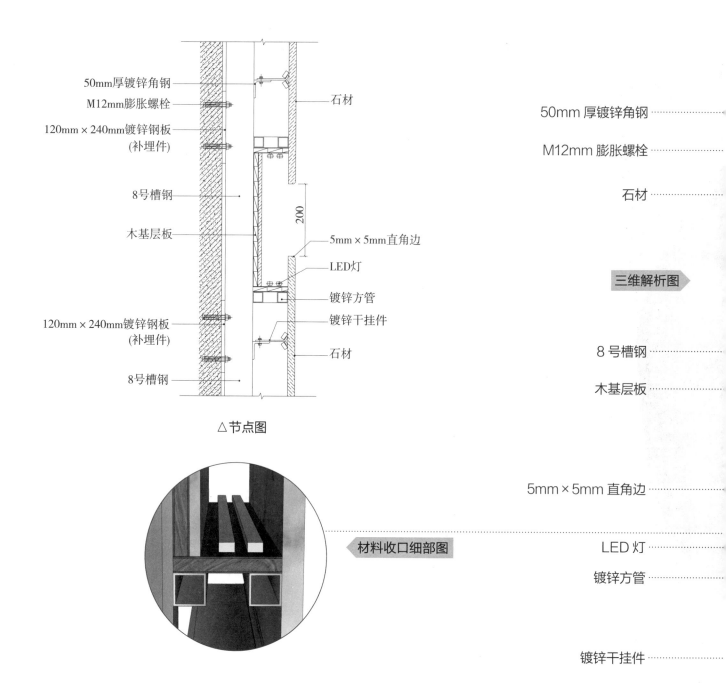

50mm厚镀锌角钢
M12mm膨胀螺栓
120mm×240mm镀锌钢板（补埋件）
8号槽钢
木基层板
120mm×240mm镀锌钢板（补埋件）
8号槽钢

石材
200
5mm×5mm直角边
LED灯
镀锌方管
镀锌干挂件
石材

△节点图

材料收口细部图

三维解析图

50mm 厚镀锌角钢
M12mm 膨胀螺栓
石材
8 号槽钢
木基层板
5mm×5mm 直角边
LED 灯
镀锌方管
镀锌干挂件

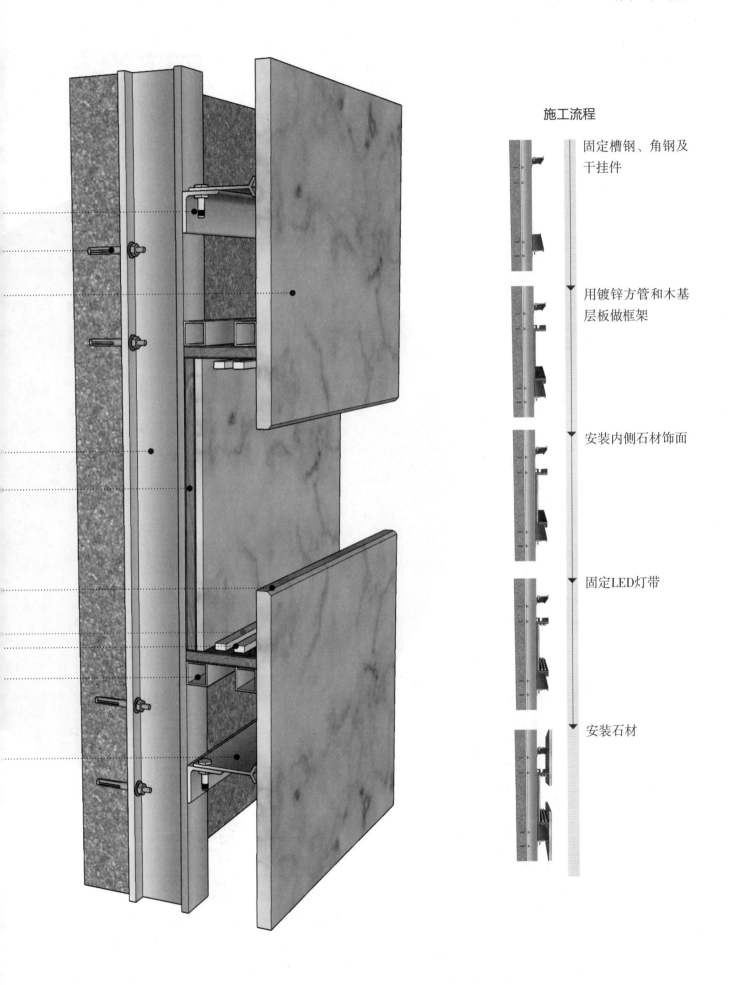

施工流程

固定槽钢、角钢及
干挂件

用镀锌方管和木基
层板做框架

安装内侧石材饰面

固定LED灯带

安装石材

（4）墙面石材上金属扶手灯光收口

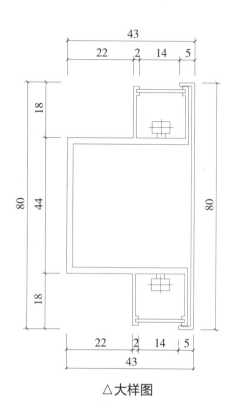

△大样图

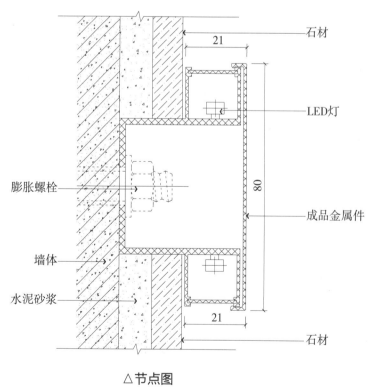

石材

LED灯

膨胀螺栓

墙体

水泥砂浆

成品金属件

石材

△节点图

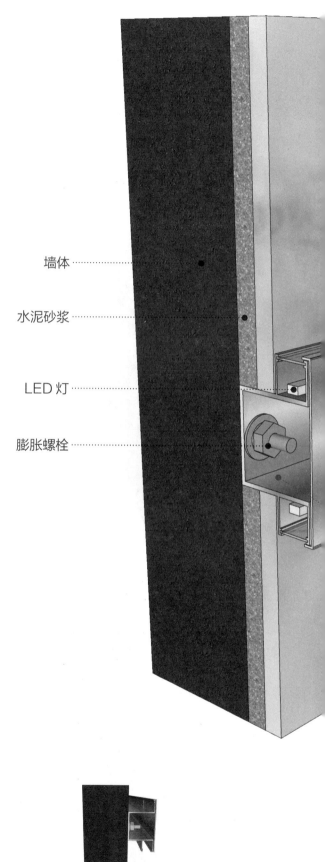

墙体

水泥砂浆

LED 灯

膨胀螺栓

施工流程

固定金属件

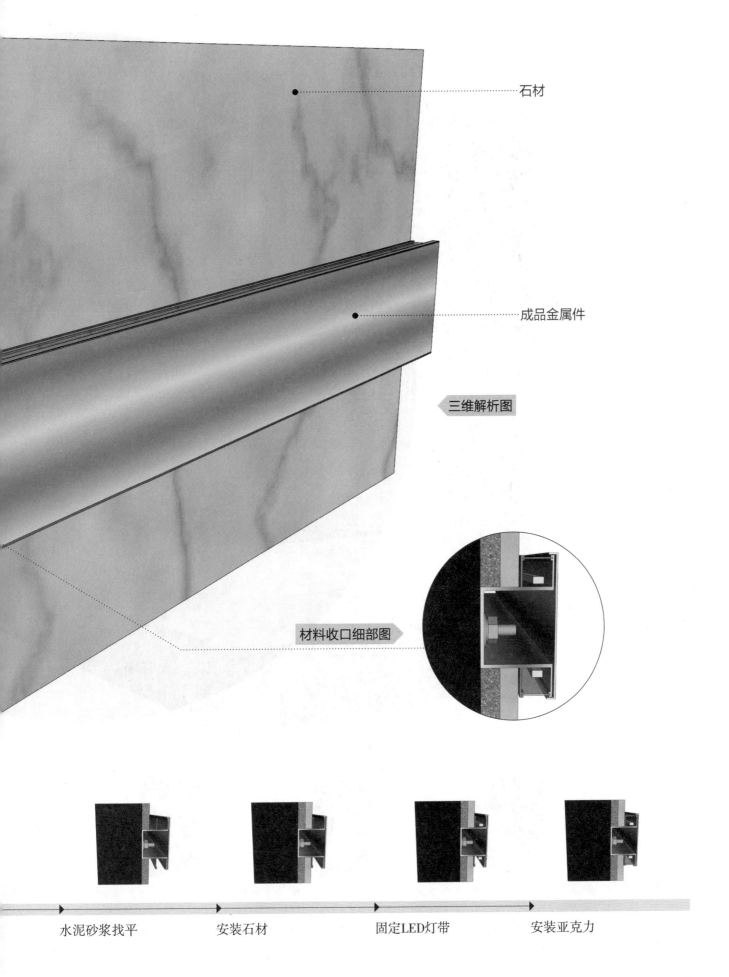

石材

成品金属件

三维解析图

材料收口细部图

水泥砂浆找平　　　　　安装石材　　　　　固定LED灯带　　　　　安装亚克力

（5）墙面石材踢脚线灯光收口

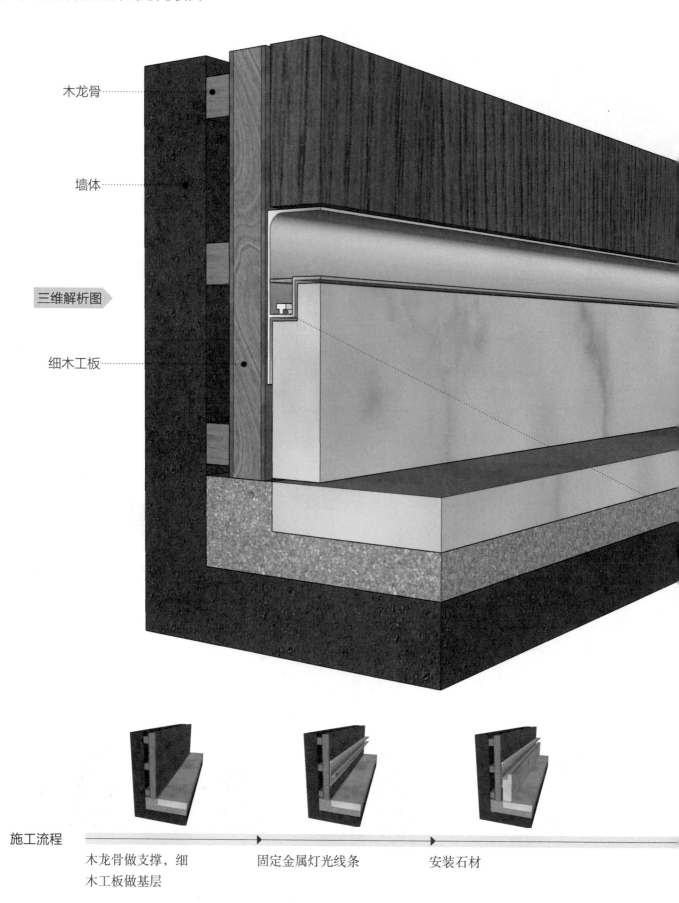

木龙骨

墙体

三维解析图 ▶

细木工板

施工流程

木龙骨做支撑，细
木工板做基层

固定金属灯光线条

安装石材

在墙面上的暗藏灯光，且
设计在了踢脚线的位置上，
一方面起到了材料过渡的
作用，另一方面起到了照
明的作用，隐藏在内部的
灯光光晕会更加柔和。

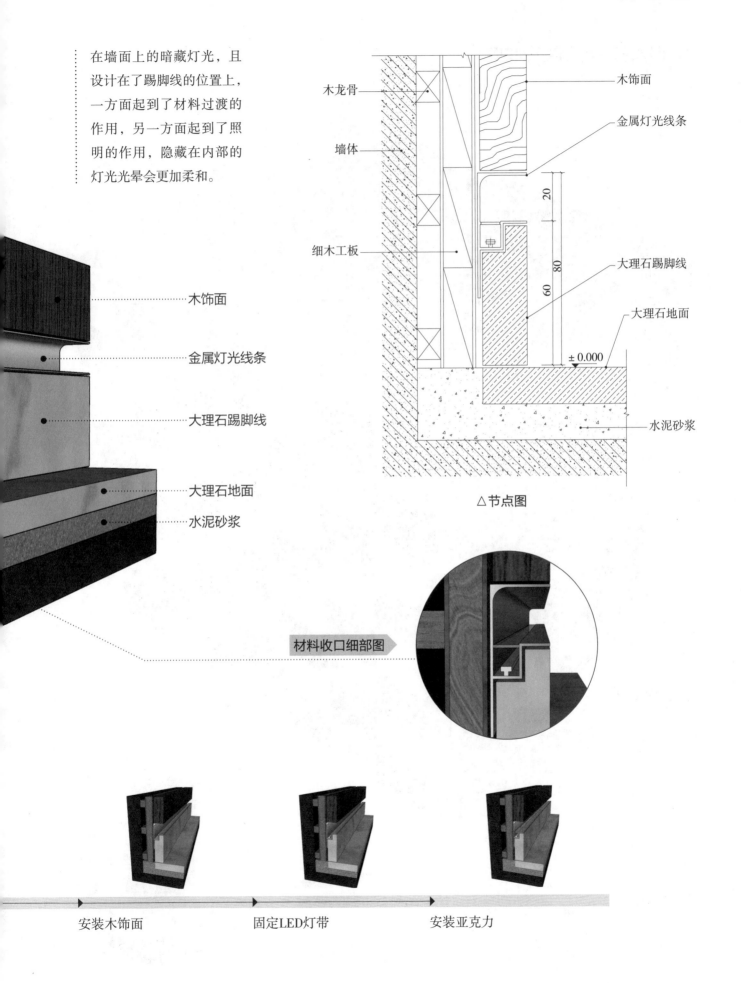

木龙骨
墙体
细木工板

木饰面
金属灯光线条
大理石踢脚线
大理石地面
水泥砂浆

20
80
60
±0.000

△节点图

木饰面
金属灯光线条
大理石踢脚线
大理石地面
水泥砂浆

材料收口细部图

安装木饰面　　固定LED灯带　　安装亚克力

5. 墙面石材与马赛克收口

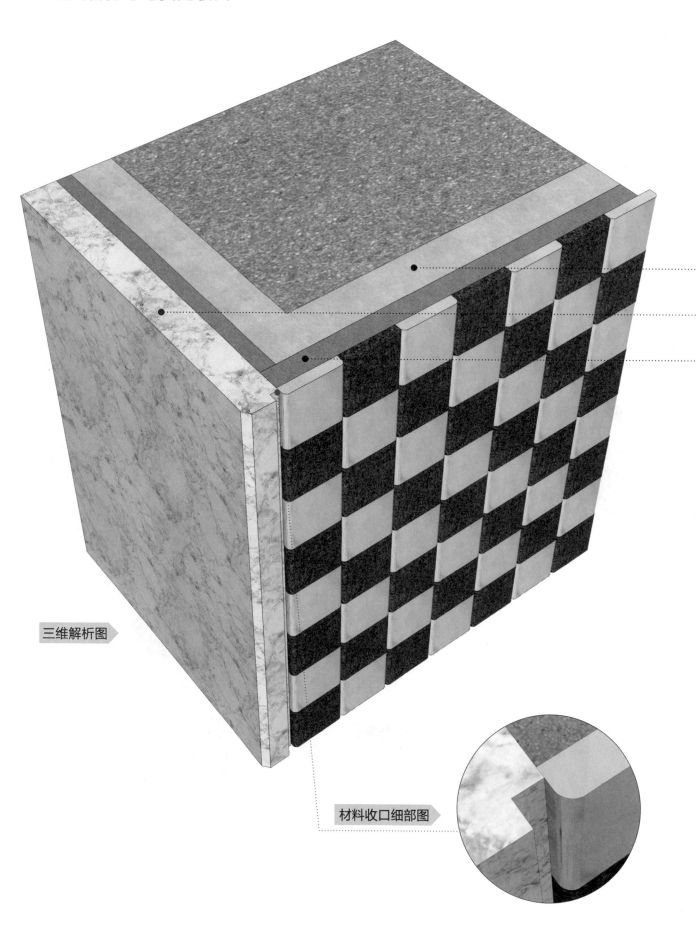

三维解析图

材料收口细部图

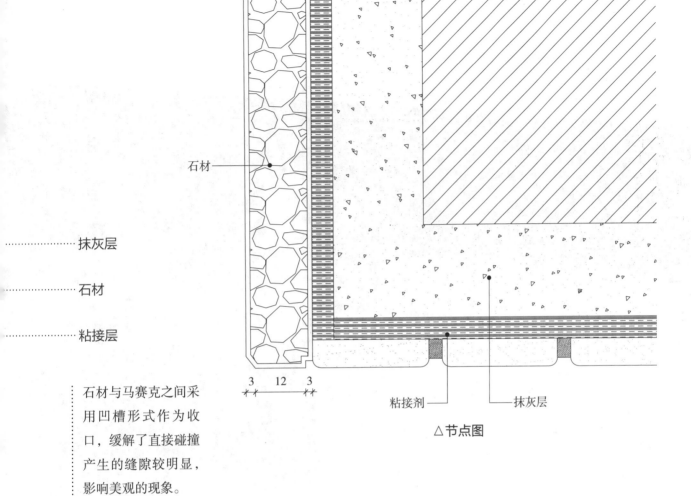

抹灰层

石材

粘接层

石材与马赛克之间采
用凹槽形式作为收
口，缓解了直接碰撞
产生的缝隙较明显，
影响美观的现象。

3 12 3

粘接剂   抹灰层

△节点图

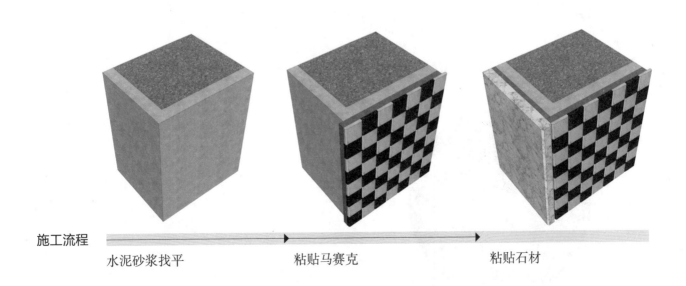

施工流程

水泥砂浆找平   粘贴马赛克   粘贴石材

6. 墙面石材与木饰面收口

三维解析图

材料收口细部图

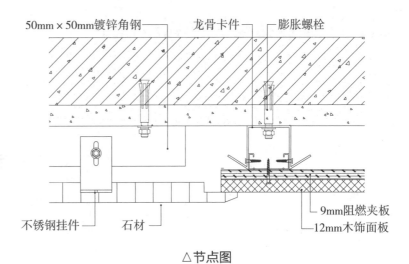

50mm×50mm镀锌角钢　　龙骨卡件　　膨胀螺栓

不锈钢挂件　　石材　　9mm阻燃夹板　　12mm木饰面板

△ 节点图

龙骨卡件

膨胀螺栓

50mm×50mm 镀锌角钢

12mm 木饰面板

石材

不锈钢挂件

以石材压木饰面的方式作为不同材料相接的收口。还将石材进行磨边处理，缓解了未磨边石材，因太过尖利而损伤人和物的现象。

施工流程

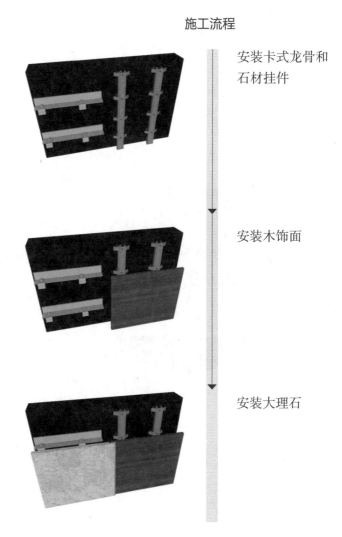

安装卡式龙骨和石材挂件

安装木饰面

安装大理石

二、地面石材与其他材料收口

1. 地面石材与环氧磨石收口

石材

专用黏结剂

找平层

界面剂

防护罩面层
集料层
环氧磨石底涂
找平层
界面剂
混凝土楼板

石材
专用黏结剂
找平层
界面剂

分隔条

与石材做找平的找平层

三维解析图

△节点图

材料收口细部图

施工流程

涂刷界面剂

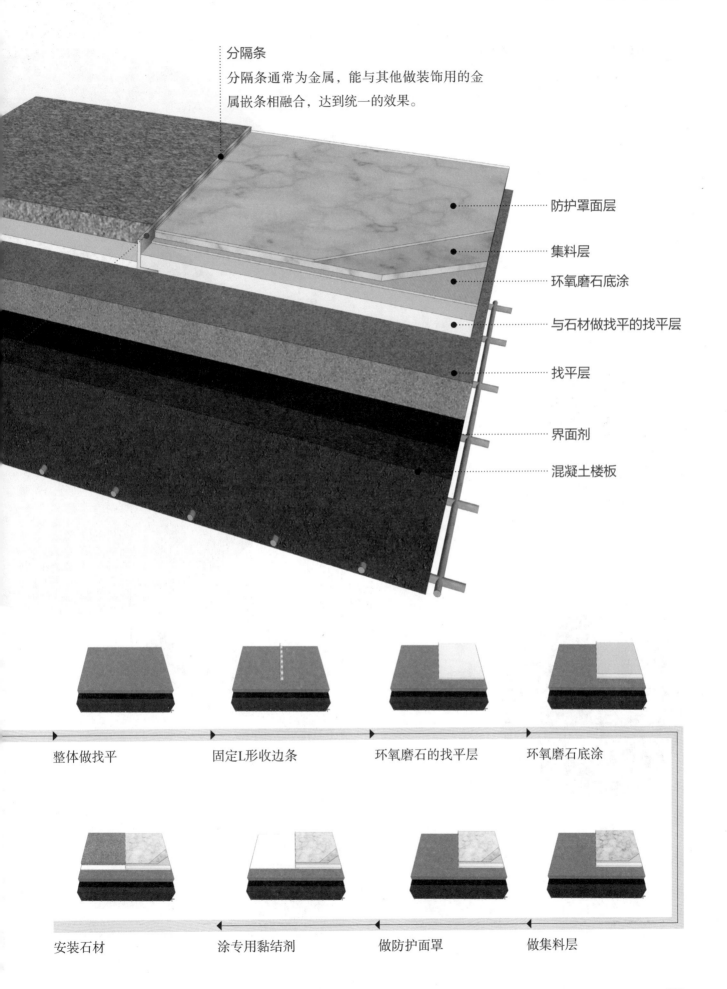

分隔条

分隔条通常为金属，能与其他做装饰用的金属嵌条相融合，达到统一的效果。

防护罩面层

集料层

环氧磨石底涂

与石材做找平的找平层

找平层

界面剂

混凝土楼板

整体做找平

固定L形收边条

环氧磨石的找平层

环氧磨石底涂

安装石材

涂专用黏结剂

做防护面罩

做集料层

2. 地面石材与木地板收口

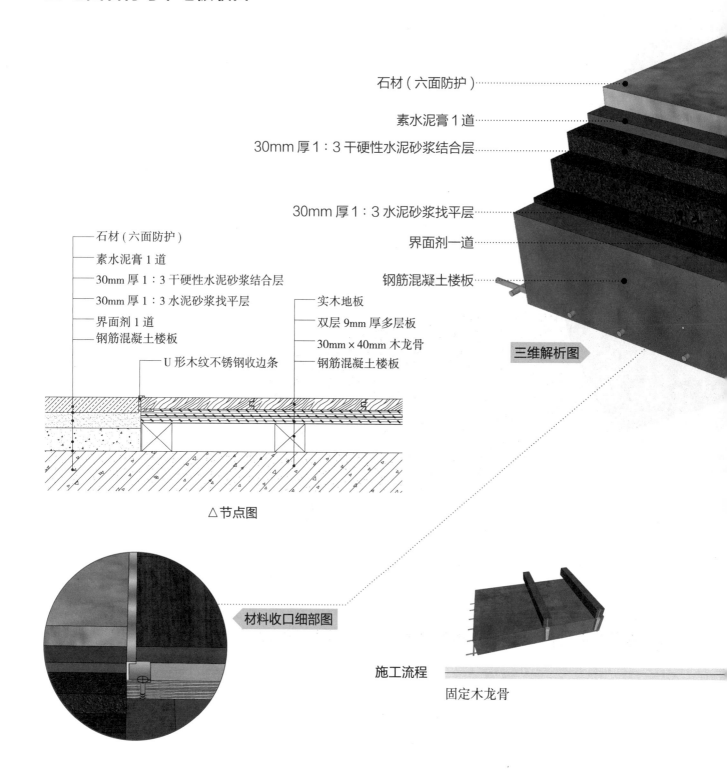

石材（六面防护）

素水泥膏1道

30mm 厚1：3干硬性水泥砂浆结合层

30mm 厚1：3水泥砂浆找平层

界面剂一道

钢筋混凝土楼板

三维解析图

石材（六面防护）
素水泥膏1道
30mm 厚1：3干硬性水泥砂浆结合层
30mm 厚1：3水泥砂浆找平层
界面剂1道
钢筋混凝土楼板

实木地板
双层 9mm 厚多层板
30mm×40mm 木龙骨
钢筋混凝土楼板

U 形木纹不锈钢收边条

△ 节点图

材料收口细部图

施工流程

固定木龙骨

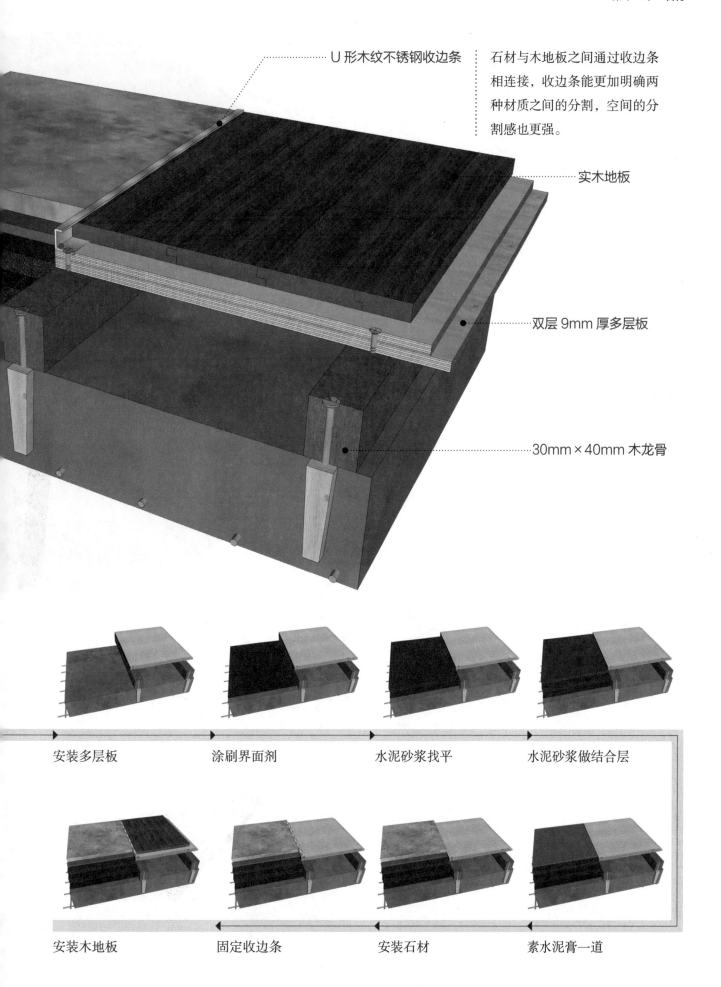

U形木纹不锈钢收边条

石材与木地板之间通过收边条相连接，收边条能更加明确两种材质之间的分割，空间的分割感也更强。

实木地板

双层9mm厚多层板

30mm×40mm木龙骨

安装多层板

涂刷界面剂

水泥砂浆找平

水泥砂浆做结合层

安装木地板

固定收边条

安装石材

素水泥膏一道

3. 地面石材踏步与灯光收口

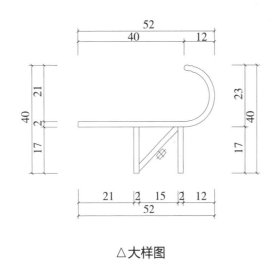

△大样图

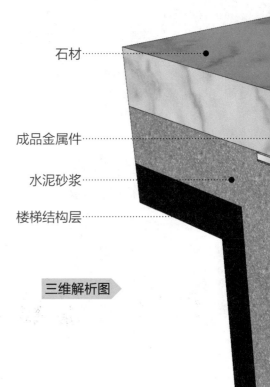

三维解析图

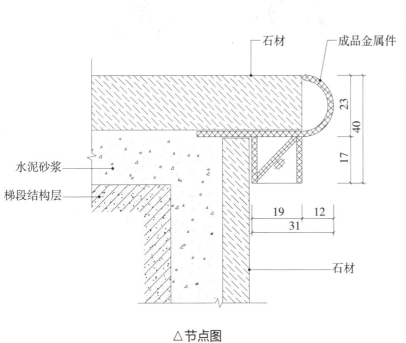

石材
成品金属件

水泥砂浆

梯段结构层

石材

△节点图

施工流程

水泥砂浆找平

石材
成品金属件
水泥砂浆
楼梯结构层

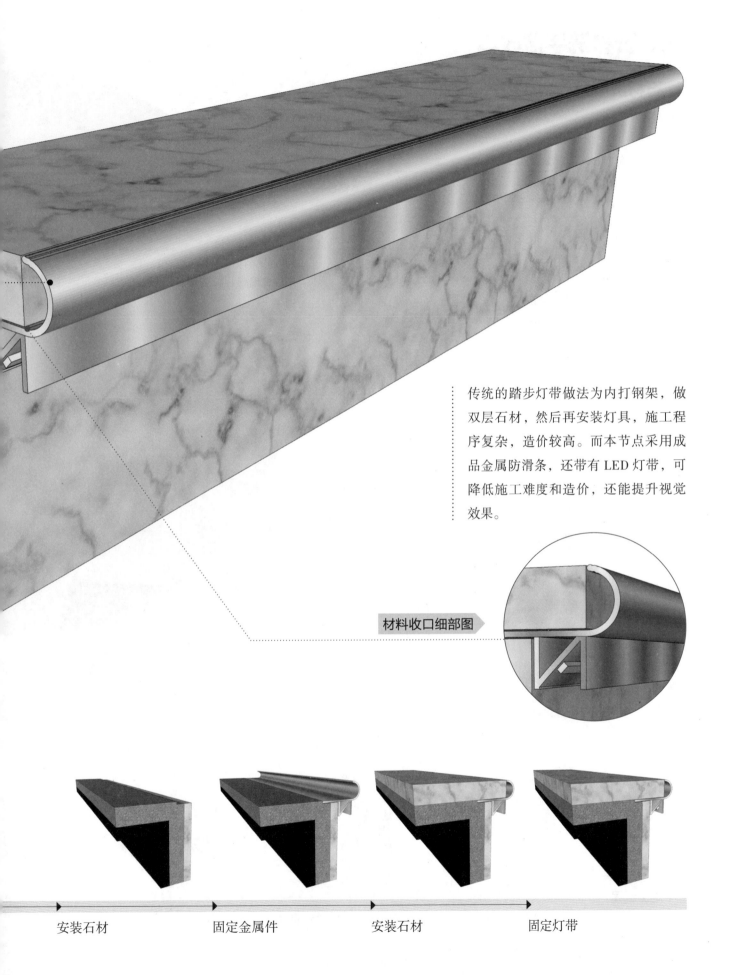

传统的踏步灯带做法为内打钢架，做双层石材，然后再安装灯具，施工程序复杂，造价较高。而本节点采用成品金属防滑条，还带有 LED 灯带，可降低施工难度和造价，还能提升视觉效果。

材料收口细部图

安装石材　　　　固定金属件　　　　安装石材　　　　固定灯带

三、石材洗手盆收口

1. 石材洗手盆收口 1

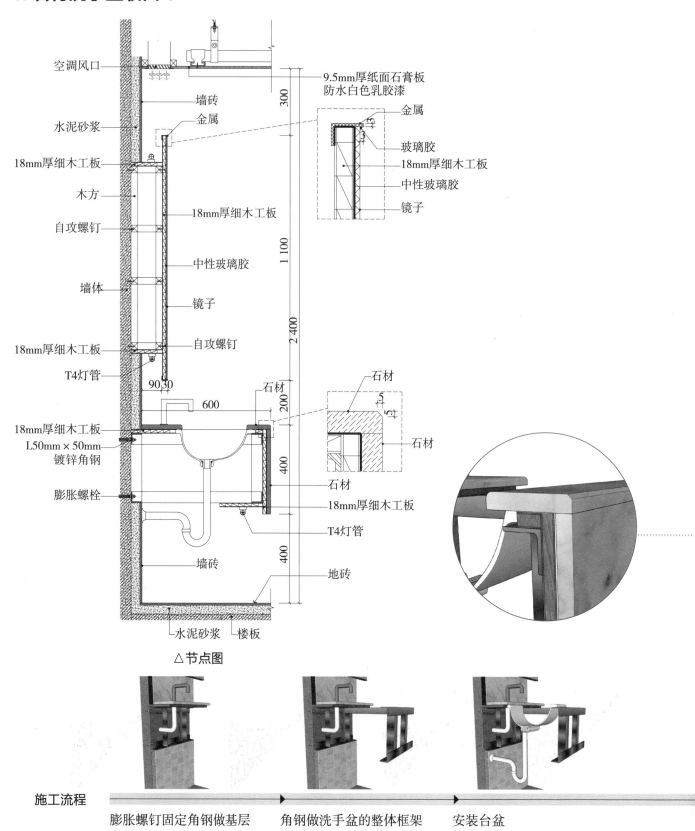

空调风口

墙砖

水泥砂浆

18mm厚细木工板

木方

自攻螺钉

墙体

18mm厚细木工板

T4灯管

18mm厚细木工板

L50mm×50mm
镀锌角钢

膨胀螺栓

9.5mm厚纸面石膏板
防水白色乳胶漆

金属

玻璃胶

18mm厚细木工板

中性玻璃胶

镜子

金属

300

18mm厚细木工板

中性玻璃胶

镜子

自攻螺钉

90 30

1 100

2 400

600

石材

200

石材

石材

18mm厚细木工板

400

T4灯管

石材

墙砖

地砖

400

水泥砂浆

楼板

△节点图

施工流程

膨胀螺钉固定角钢做基层   角钢做洗手盆的整体框架   安装台盆

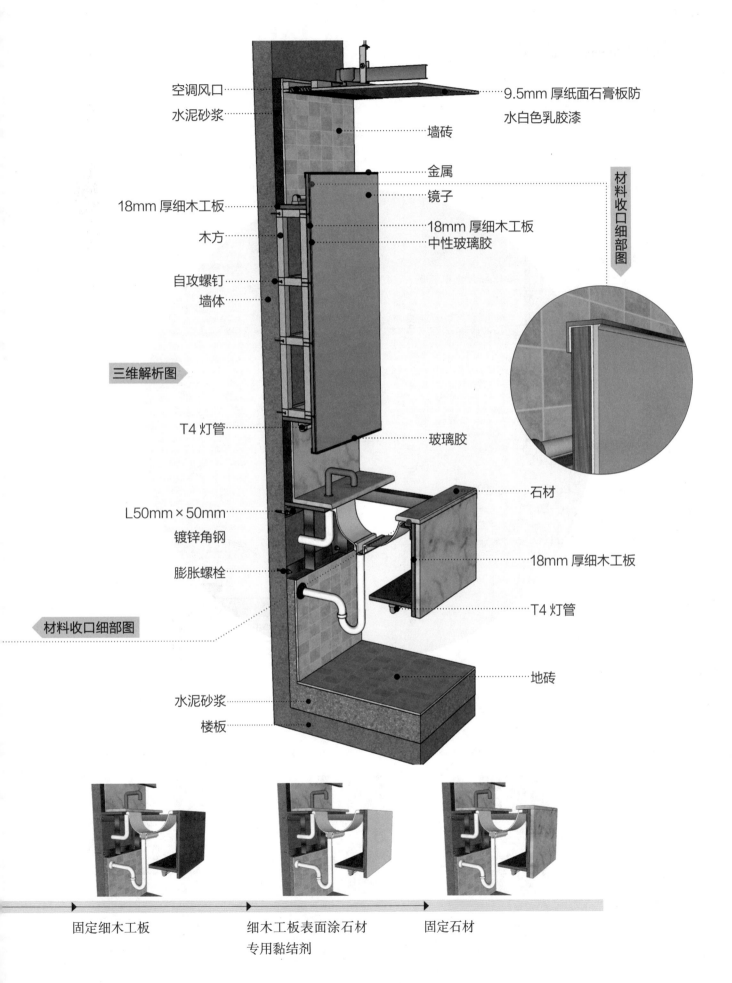

空调风口
水泥砂浆

18mm 厚细木工板
木方

自攻螺钉
墙体

三维解析图

T4 灯管

L50mm×50mm
镀锌角钢

膨胀螺栓

材料收口细部图

水泥砂浆
楼板

9.5mm 厚纸面石膏板防
水白色乳胶漆

墙砖

金属
镜子
18mm 厚细木工板
中性玻璃胶

材料收口细部图

玻璃胶

石材

18mm 厚细木工板

T4 灯管

地砖

固定细木工板　　　细木工板表面涂石材　　固定石材
　　　　　　　　　专用黏结剂

2.石材洗手盆收口 2

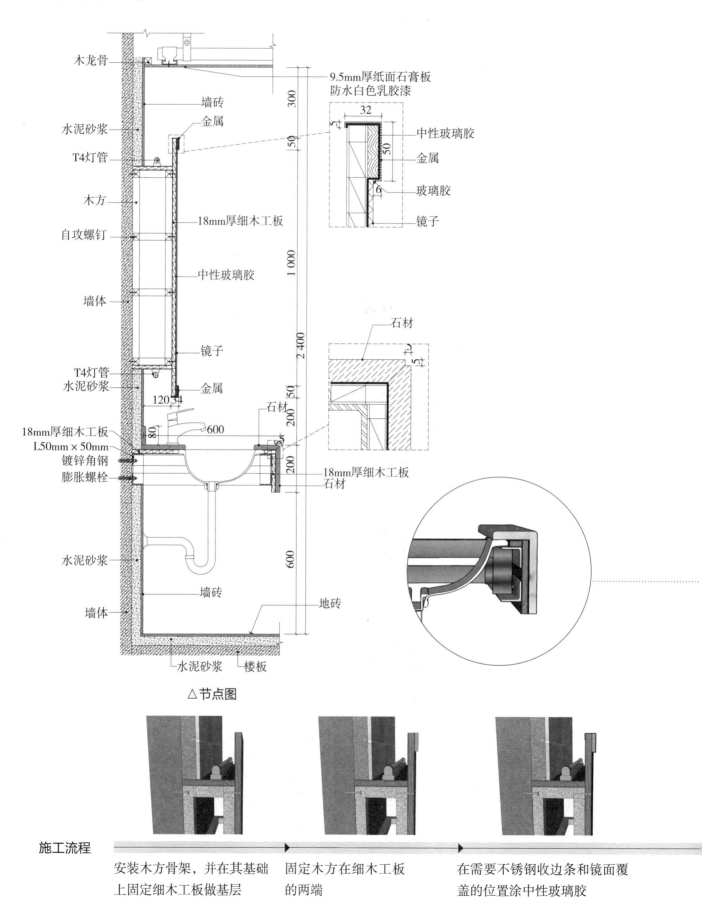

木龙骨

墙砖

水泥砂浆

T4灯管

木方

自攻螺钉

中性玻璃胶

墙体

T4灯管
水泥砂浆

18mm厚细木工板
L50mm×50mm
镀锌角钢
膨胀螺栓

水泥砂浆

墙体

9.5mm厚纸面石膏板
防水白色乳胶漆

金属

18mm厚细木工板

镜子

金属

石材

中性玻璃胶

金属

玻璃胶

镜子

石材

石材

18mm厚细木工板
石材

墙砖

地砖

水泥砂浆 楼板

300

150

1 000

2 400

50

200

200

200

600

32

5

50

6

120 54

80

600

△ 节点图

施工流程

安装木方骨架,并在其基础
上固定细木工板做基层

固定木方在细木工板
的两端

在需要不锈钢收边条和镜面覆
盖的位置涂中性玻璃胶

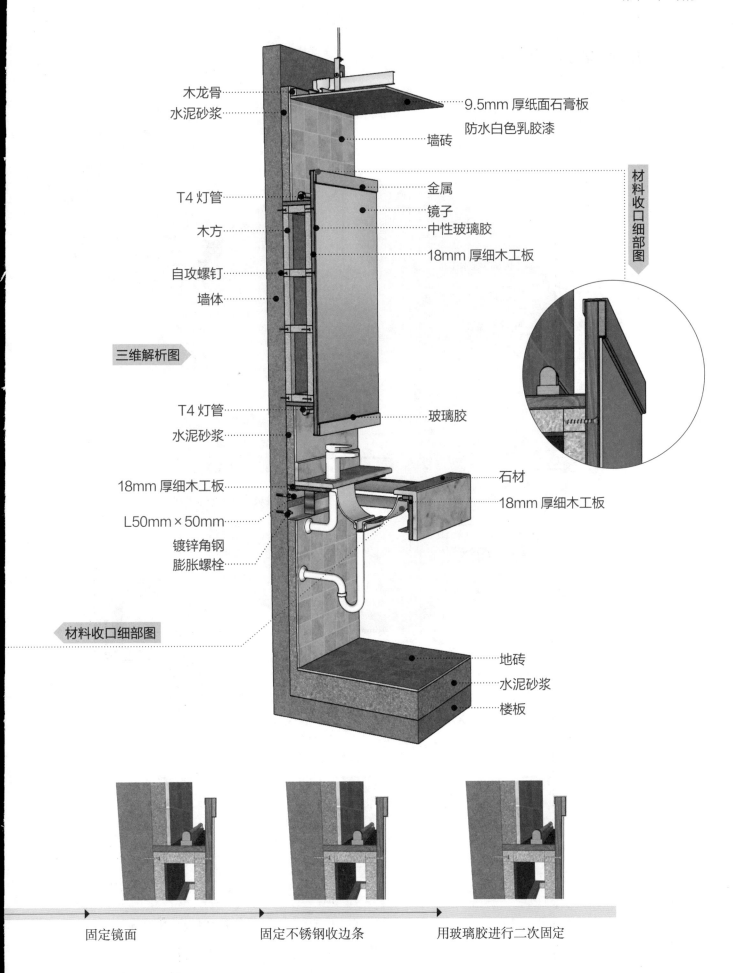

木龙骨
水泥砂浆

9.5mm 厚纸面石膏板
防水白色乳胶漆
墙砖

材料收口细部图

T4 灯管
木方
自攻螺钉
墙体

金属
镜子
中性玻璃胶
18mm 厚细木工板

三维解析图

T4 灯管
水泥砂浆

玻璃胶

18mm 厚细木工板
L50mm×50mm
镀锌角钢
膨胀螺栓

石材
18mm 厚细木工板

材料收口细部图

地砖
水泥砂浆
楼板

固定镜面   固定不锈钢收边条   用玻璃胶进行二次固定

3. 石材洗手盆收口 3

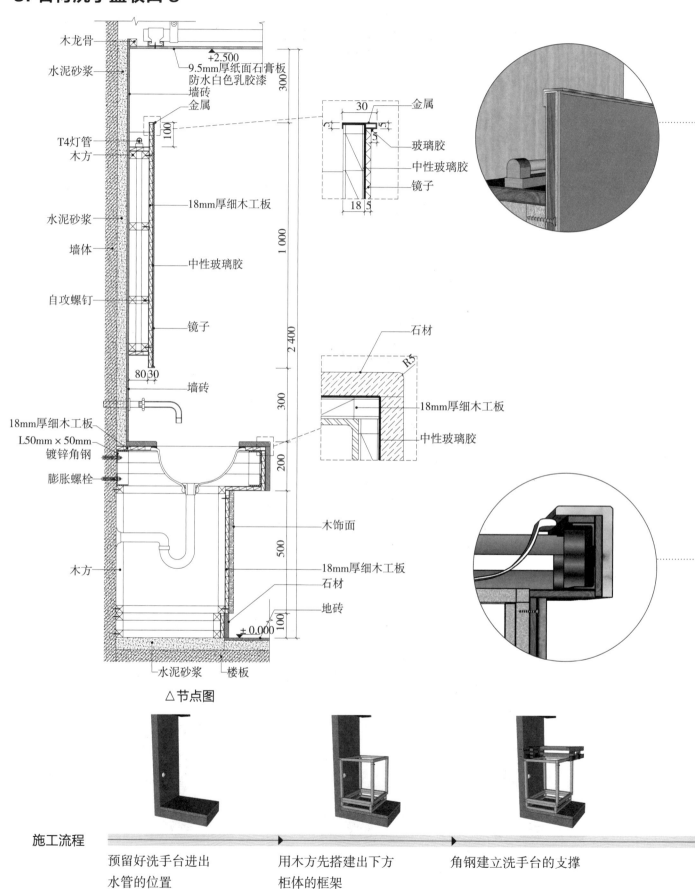

△节点图

木龙骨
水泥砂浆
+2.500
9.5mm厚纸面石膏板
防水白色乳胶漆
墙砖
金属
300
金属
T4灯管
木方
水泥砂浆
墙体
自攻螺钉
30
5
5
玻璃胶
中性玻璃胶
镜子
18 5
18mm厚细木工板
1 000
中性玻璃胶
2 400
镜子
石材
R5
80 30
墙砖
300
18mm厚细木工板
中性玻璃胶
18mm厚细木工板
L50mm × 50mm
镀锌角钢
膨胀螺栓
200
木饰面
500
18mm厚细木工板
石材
木方
地砖
100
± 0.000
水泥砂浆 楼板

施工流程

预留好洗手台进出
水管的位置

用木方先搭建出下方
柜体的框架

角钢建立洗手台的支撑

312

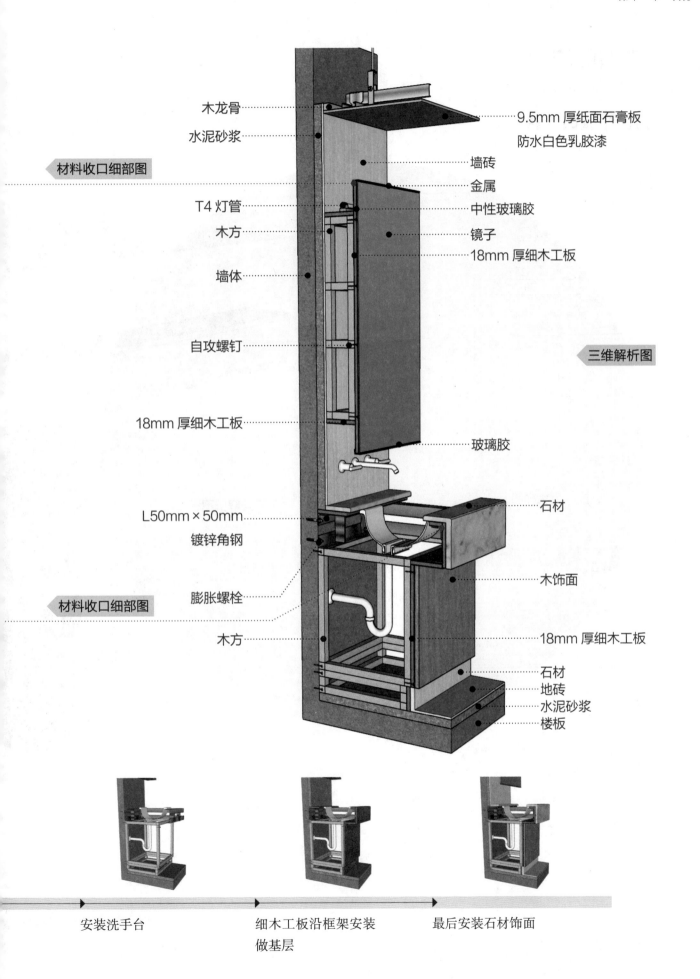

木龙骨

水泥砂浆

材料收口细部图

T4 灯管

木方

墙体

自攻螺钉

18mm 厚细木工板

L50mm×50mm

镀锌角钢

膨胀螺栓

材料收口细部图

木方

9.5mm 厚纸面石膏板
防水白色乳胶漆

墙砖

金属

中性玻璃胶

镜子

18mm 厚细木工板

三维解析图

玻璃胶

石材

木饰面

18mm 厚细木工板

石材
地砖
水泥砂浆
楼板

安装洗手台

细木工板沿框架安装
做基层

最后安装石材饰面

四、石材收口

1. 石材台面收口（直角）

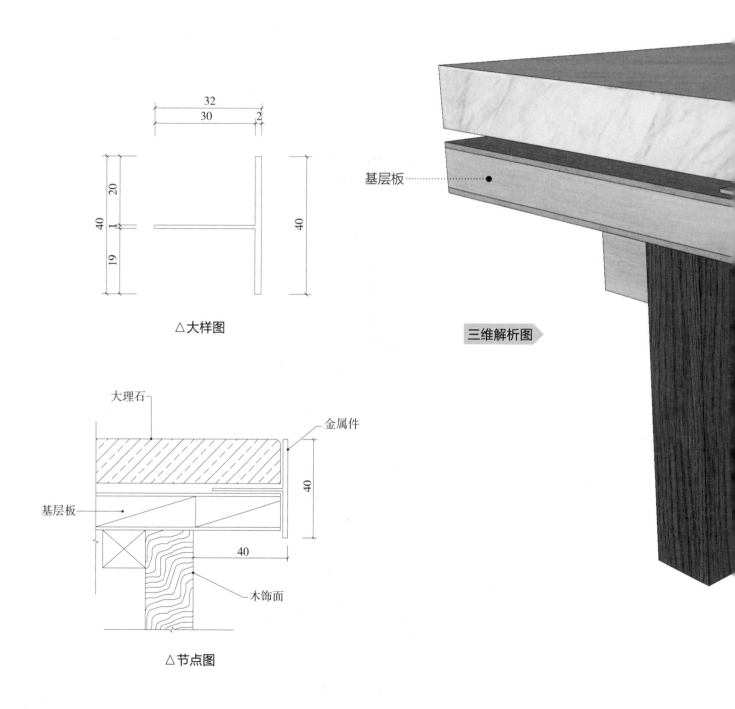

基层板

△大样图

三维解析图

大理石

金属件

基层板

木饰面

△节点图

施工流程

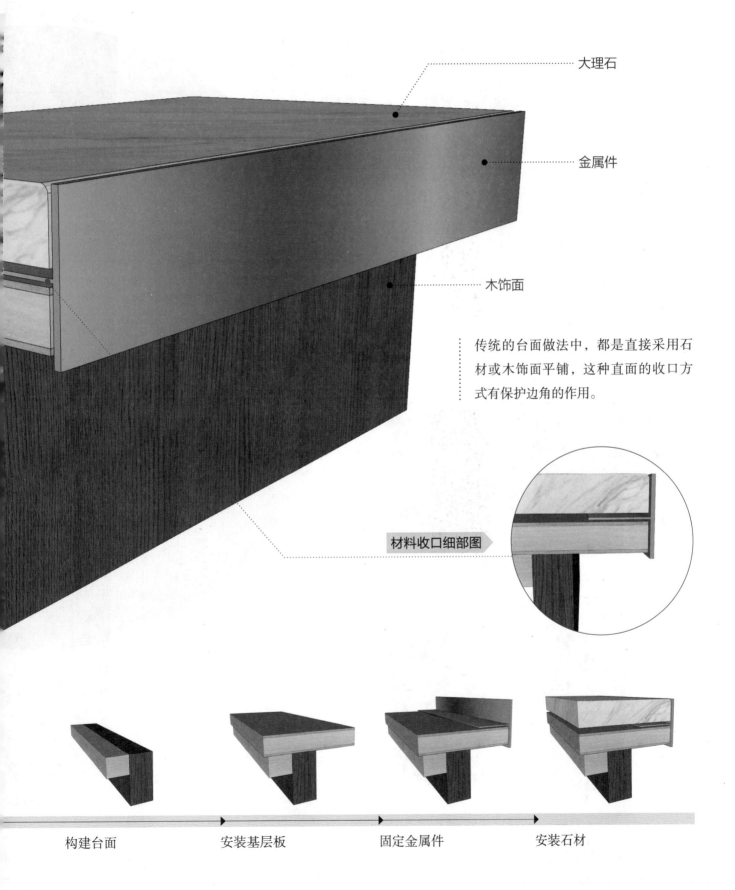

大理石

金属件

木饰面

传统的台面做法中，都是直接采用石材或木饰面平铺，这种直面的收口方式有保护边角的作用。

材料收口细部图

构建台面 → 安装基层板 → 固定金属件 → 安装石材

2. 石材平角收口 1

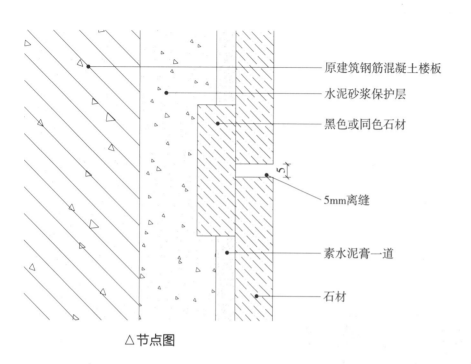

原建筑钢筋混凝土楼板

水泥砂浆保护层

黑色或同色石材

5mm离缝

素水泥膏一道

石材

△ 节点图

原建筑钢筋混凝土楼板 ·············

黑色或同色石材 ·············

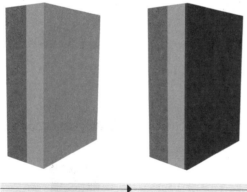

施工流程

水泥砂浆找平   粘贴层

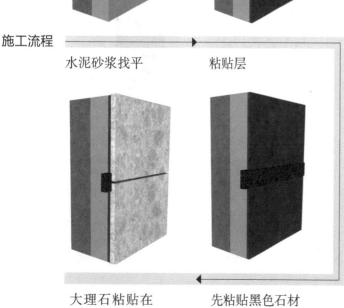

大理石粘贴在
黑色石材上   先粘贴黑色石材

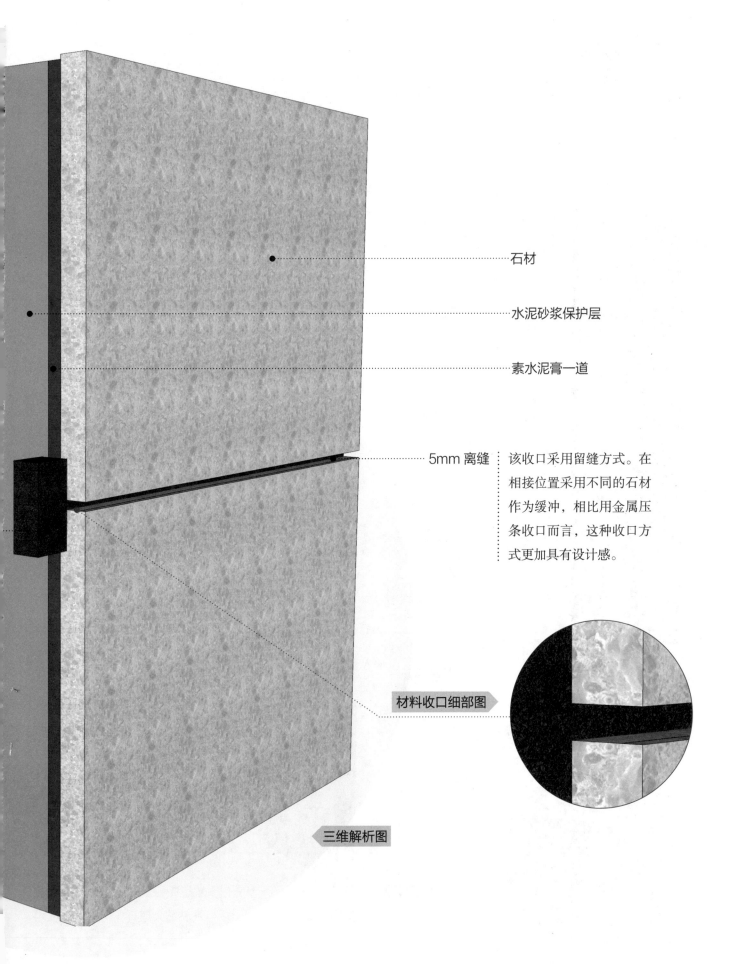

石材

水泥砂浆保护层

素水泥膏一道

5mm 离缝

该收口采用留缝方式。在相接位置采用不同的石材作为缓冲，相比用金属压条收口而言，这种收口方式更加具有设计感。

材料收口细部图

三维解析图

3. 石材平角收口 2

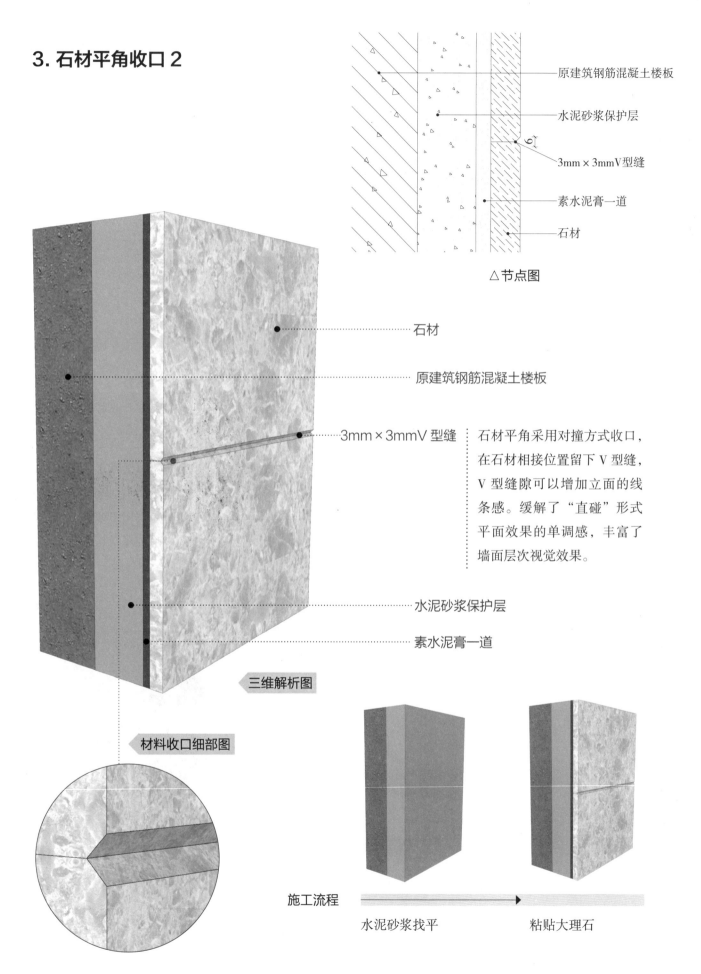

原建筑钢筋混凝土楼板

水泥砂浆保护层

3mm×3mmV型缝

素水泥膏一道

石材

△ 节点图

石材

原建筑钢筋混凝土楼板

3mm×3mmV 型缝

水泥砂浆保护层

素水泥膏一道

石材平角采用对撞方式收口，在石材相接位置留下 V 型缝，V 型缝隙可以增加立面的线条感。缓解了"直碰"形式平面效果的单调感，丰富了墙面层次视觉效果。

三维解析图

材料收口细部图

施工流程

水泥砂浆找平   粘贴大理石